Über dieses Buch

Die **Selbstlernen-Seiten** ermöglichen ein eigenständiges Erarbeiten von neuen Inhalten, die sich dafür besonders eignen.

In einem **Fokus** werden Inhalte zur Geschichte der Mathematik, zusätzliche mathematische Inhalte oder fachübergreifende Themen angesprochen.

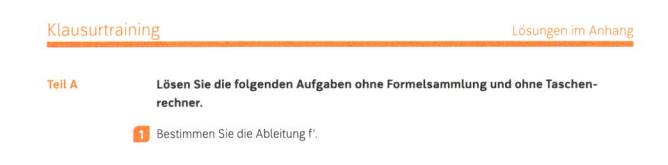

Das **Wichtigste auf einen Blick** zeigt eine übersichtliche Zusammenstellung der wesentlichen Inhalte des Kapitels mit Beispielen.

Das **Klausurtraining** bietet Aufgaben zur Vorbereitung auf eine Klausur, unterteilt in Aufgaben ohne und mit Hilfsmittel. Die Lösungen sind im Anhang abgedruckt.

Wiederholungen zu bekannten Inhalten findet man dort, wo diese anschließend benötigt werden.

Symbole

 Die Übungsaufgaben werden in 3 Anforderungsniveaus ausgewiesen.

 Diese Arbeitsaufträge sind für die Bearbeitung in Partner- oder Gruppenarbeit konzipiert.

 Bei einer Aufgabe mit Lupe werden typische Schülerfehler angesprochen.

westermann

Herausgegeben von
Daniel Frohn
Andreas Gundlach
Friedrich Suhr

Einführungsphase

der Mathematik

der Mathematik

Herausgegeben von
Dr. Daniel Frohn, Dr. Andreas Gundlach, Friedrich Suhr

Bearbeitet von
Karin Benecke, Lutz Breidert, Sibylle Brinkmann, Martin Brüning, Benno Burbat, Gabriele Denkhaus, Gabriele Dybowski, Thorsten Eßeling, Dr. Daniel Frohn, Martina Groß, Dr. Andreas Gundlach, Stephan Hoffeld, Jakob Langenohl, Matthias Lösche, Barbara Mrzyk, Dr. Holger Reeker, Sigrid Schwarz, Gudrun Sobotka, Friedrich Suhr, Frank Wackeroth

Zum Schülerband erscheinen:
Lösungen: Best.-Nr. 978-3-14-101401-3
Arbeitsheft: Best.-Nr. 978-3-14-101402-0
Unterrichtsmaterialien: Best.-Nr. 978-3-14-101431-0

Vorbereiten. Organisieren. Durchführen.
BiBox ist das umfassende Digitalpaket zu diesem Lehrwerk mit zahlreichen Materialien und dem digitalen Schulbuch. Für Lehrkräfte und für Schülerinnen und Schüler sind verschiedene Lizenzen verfügbar. Nähere Informationen unter **www.bibox.schule**

westermann GRUPPE

© 2020 Bildungshaus Schulbuchverlage Westermann Schroedel Diesterweg Schöningh Winklers GmbH
Braunschweig, www.westermann.de

Das Werk und seine Teile sind urheberrechtlich geschützt. Jede Nutzung in anderen als den gesetzlich zugelassenen bzw. vertraglich zugestandenen Fällen bedarf der vorherigen schriftlichen Einwilligung des Verlages. Nähere Informationen zur vertraglich gestatteten Anzahl von Kopien finden Sie auf www.schulbuchkopie.de.

Für Verweise (Links) auf Internet-Adressen gilt folgender Haftungshinweis: Trotz sorgfältiger inhaltlicher Kontrolle wird die Haftung für die Inhalte der externen Seiten ausgeschlossen. Für den Inhalt dieser externen Seiten sind ausschließlich deren Betreiber verantwortlich. Sollten Sie daher auf kostenpflichtige, illegale oder anstößige Inhalte treffen, so bedauern wir dies ausdrücklich und bitten Sie, uns umgehend per E-Mail davon in Kenntnis zu setzen, damit beim Nachdruck der Verweis gelöscht wird.

Druck A^3 / Jahr 2021
Alle Drucke der Serie A sind im Unterricht parallel verwendbar.

Redaktion: Manjing Bi
Umschlagentwurf und Innenlayout: Lio Designagentur, Braunschweig
Zeichnungen: Ilona Külen, imprint, Zusmarshausen; Birgit und Olaf Schlierf, Lachendorf;
Langner und Partner, Hemmingen; Michael Wojczak, Braunschweig
Taschenrechner-Screenshots: Texas Instruments Education Technology GmbH, Freising
Druck und Bindung: Westermann Druck GmbH, Braunschweig

ISBN 978-3-14-**101400**-6

Inhalt

1

Funktionen

1.1	Potenzen	8
1.2	Potenzfunktionen	15
	Fokus: Vierte-Potenz-Regel	20
1.3	Exponentielles Wachstum – Exponentialfunktionen	21
	Wiederholung: Trigonometrie	30
1.4	Sinus- und Kosinusfunktion	31
1.5	Funktionsgraphen verschieben und strecken	37
	Das Wichtigste auf einen Blick	43
	Klausurtraining	46

2

Differenzialrechnung

2.1	Mittlere Änderungsrate	48
2.2	Lokale Änderungsrate	54
2.3	Ableitungen berechnen	62
2.4	Ableitungsfunktion	66
2.5	Monotonie	71
	Fokus: Mit Mindmaps Übersicht gewinnen	76
2.6	Potenzregel	77
2.7	Faktor- und Summenregel	80
2.8	**Selbstlernen:** Ableitung der Sinusfunktion und der Kosinusfunktion	85
2.9	Differenzierbarkeit	87
	Fokus: Die Entstehung der Differenzialrechnung	90
	Das Wichtigste auf einen Blick	92
	Klausurtraining	94

Inhalt

3  Funktionsuntersuchung

3.1	Ganzrationale Funktionen	98
3.2	**Selbstlernen:** Symmetrien bei ganzrationalen Funktionen	102
3.3	Nullstellen	106
3.4	Extrempunkte	112
3.5	Aspekte von Funktionsuntersuchungen	118
	Fokus: Klassifikation ganzrationaler Funktionen 3. Grades	124
	Das Wichtigste auf einen Blick	126
	Klausurtraining	127

4  Wahrscheinlichkeitsrechnung

	Wiederholung: Zufallsexperimente	130
4.1	Mehrstufige Zufallsexperimente	133
4.2	Stochastische Unabhängigkeit und bedingte Wahrscheinlichkeit	137
4.3	Vierfeldertafeln und Baumdiagramme	141
4.4	Wahrscheinlichkeitsverteilungen und zu erwartende Mittelwerte	149
4.5	Simulation	153
	Das Wichtigste auf einen Blick	157
	Klausurtraining	159

Inhalt

5

Punkte und Vektoren im Raum

5.1	Punkte im Raum beschreiben	162
5.2	Vektoren	167
5.3	Addition und Subtraktion von Vektoren	172
5.4	Selbstlernen: Vervielfachen von Vektoren	177
	Das Wichtigste auf einen Blick	181
	Klausurtraining	182

Anhang

Lösungen zum Klausurtraining	184
Mathematische Symbole	196
Stichwortverzeichnis	198
Bildquellenverzeichnis	200

Funktionen 1

▲ In den letzten Jahrzehnten ist der Bestand an Kranichen stark gewachsen. Die Grauen Kraniche leben in Sumpf- und Moorlandschaften im nördlichen und östlichen Europa.

In diesem Kapitel
lernen Sie verschiedene Funktionen kennen, mit denen oft zeitliche Entwicklungsprozesse mathematisch beschrieben werden. ▶

Funktionen

1.1 Potenzen

Einstieg

Der britische Bakteriologe Alexander Fleming entdeckte 1928, dass der Pinselschimmel Penicillium notatum besonders wirksam gegen Bakterien ist. Noch heute wird das Antibiotikum Penicillin daraus gewonnen.

Eine anfangs 1 cm² große Schimmelpilzkultur verdreifacht ihre Größe stündlich. Bestimmen Sie die Größe der Kultur zu verschiedenen Zeitpunkten vor und nach dem Beginn der Beobachtung.

Aufgabe mit Lösung

Rechnen mit Potenzen

→ Betrachten Sie eine anfangs 1 cm³ große Hefekultur, deren Größe sich jede Stunde verdoppelt. Bestimmen Sie deren Größe nach 1; 2; 3; 4 … Stunden sowie 1; 2; 3; 4 … Stunden vor Beobachtungsbeginn.
Notieren Sie einen Term für die Größe.

Hefe
Hefen sind einzellige Lebewesen, die eine große Rolle bei der Herstellung von Lebensmitteln spielen. Unter bestimmten Bedingungen vermehren sich die Hefezellen so schnell, dass jede Stunde eine Verdoppelung stattfindet.

Lösung
Für jeden Zeitpunkt t (in h) nach dem Beobachtungsbeginn bezeichnet V(t) das Volumen der Hefekultur in der Einheit cm³. Von Stunde zu Stunde wird das Volumen doppelt so groß. Daher halbiert sich das Volumen beim Zurückgehen der Zeitpunkte stündlich.

Zeitpunkt t der Beobachtung (in h)	…	-4	-3	-2	-1	0	1	2	3	4	5	6	…
Volumen V(t) der Kultur (in cm³)	…	$\frac{1}{2^4}$ $=2^{-4}$	$\frac{1}{2^3}$ $=2^{-3}$	$\frac{1}{2^2}$ $=2^{-2}$	$\frac{1}{2^1}$ $=2^{-1}$	1 $=2^0$	2 $=2^1$	4 $=2^2$	8 $=2^3$	16 $=2^4$	32 $=2^5$	64 $=2^6$	…

Für alle ganzzahligen Zeitpunkte t gilt somit $V(t) = 2^t$.

→ Bestimmen Sie, wie sich die Größe der Hefekultur in einer Zeitspanne von 2 Stunden und in einer Zeitspanne von 3 Stunden ändert.

Zeitpunkt t (in h)	0	1	2	3	4	5	6	7
Volumen V(t) der Kultur (in cm³)	2^0	2^1	2^2	2^3	2^4	2^5	2^6	2^7

Lösung
Alle 2 Stunden wird die Größe der Hefekultur mit dem Faktor 2^2 vervielfacht, egal, wie viel vorhanden war und zwischen welchen Zeitpunkten der Zeitraum von 2 Stunden liegt.
Alle 3 Stunden wird die Größe der Hefekultur mit dem Faktor 2^3 vervielfacht, egal, wie viel vorhanden war und zwischen welchen Zeitpunkten der Zeitraum von 3 Stunden liegt.

1.1 Potenzen

→ Bestimmen Sie die Größe der Hefekultur nach einer halben Stunde.

Lösung

Zwei halbe Stunden ergeben zusammen eine Stunde: $\frac{1}{2}h + \frac{1}{2}h = 1\,h$

Zu einer Stunde, zu zwei Stunden und auch zu drei Stunden gehören feste Vervielfachungsfaktoren der Größe der Hefekultur. Dies soll auch für die Zeitspanne von einer halben Stunde gelten. Bezeichnet man den Vervielfachungsfaktor für einer halben Stunde mit a, so gilt:

$a \cdot a = 2$, also $a^2 = 2$, d.h. $a = \sqrt{2}$.

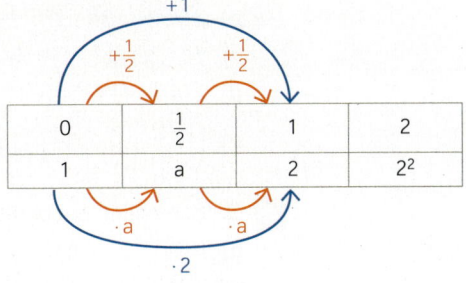

Nach einer halben Stunde sind $\sqrt{2}\,cm^3$ vorhanden, das sind ungefähr $1{,}41\,cm^3$.

→ Bestimmen Sie die Größe der Hefekultur nach 20 Minuten sowie nach 40 Minuten.

Lösung

20 Minuten sind eine drittel Stunde. In jeder Zeitspanne von $\frac{1}{3}$ h wird die Hefekultur mit demselben Faktor b vervielfacht. Somit muss gelten: $b \cdot b \cdot b = 2$, also $b^3 = 2$. Durch systematisches Probieren ermittelt man $b \approx 1{,}26$. Nach 20 Minuten sind somit ca. $1{,}26\,cm^3$ vorhanden.

Die Größe (in cm^3) nach 40 min beträgt b^2.
Nach 40 Minuten sind somit ca. $1{,}59\,cm^3$ vorhanden.

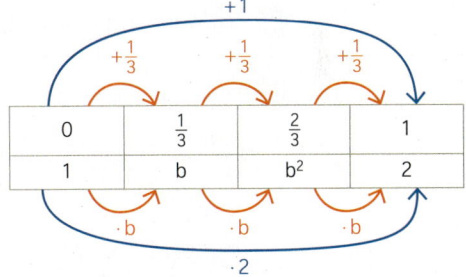

Information

Potenzen mit natürlichen Exponenten

Für reelle Zahlen a und natürliche Zahlen n gilt: $a^0 = 1$; $a^1 = a$; $a^2 = a \cdot a$; ...;
$a^n = \underbrace{a \cdot a \cdot a \cdot \ldots \cdot a}_{n \text{ Faktoren } a}$

$3^4 = 3 \cdot 3 \cdot 3 \cdot 3 = 81$

$(-1{,}5)^2 = (-1{,}5) \cdot (-1{,}5) = 2{,}25$

$\left(-\frac{1}{2}\right)^3 = \left(-\frac{1}{2}\right) \cdot \left(-\frac{1}{2}\right) \cdot \left(-\frac{1}{2}\right) = -\frac{1}{8}$

$0^7 = 0$

a^n — Exponent, Basis

Potenzen mit negativen Exponenten

Für reelle Zahlen $a \neq 0$ und natürliche Zahlen n gilt: $a^{-n} = \frac{1}{a^n}$

$4^{-3} = \frac{1}{4^3} = \frac{1}{64}$

0^{-2} ist nicht definiert.

Potenzen mit rationalen Exponenten

Für reelle Zahlen $a \geq 0$, natürliche Zahlen $n \geq 2$ und ganze Zahlen m gilt:

$a^{\frac{1}{n}}$ ist die Zahl, die mit n potenziert a ergibt;
also $\left(a^{\frac{1}{n}}\right)^n = a$ sowie $a^{\frac{m}{n}} = \left(a^{\frac{1}{n}}\right)^m$.

Weiterhin gilt: $a^{\frac{m}{n}} = \left(\sqrt[n]{a}\right)^m = \sqrt[n]{a^m}$

$3^{\frac{1}{2}} = \sqrt{3} \approx 1{,}72$

$3^{\frac{5}{2}} = \left(3^{\frac{1}{2}}\right)^5 = \sqrt{3}^5 \approx 15{,}59$

$\sqrt{3}^5 = \sqrt{3^5} = \sqrt{243}$

Funktionen

Potenzen mit ganzzahligen Exponenten

Üben

1 Berechnen Sie ohne Taschenrechner möglichst geschickt.
a) 10^3; 10^2; 10^1; 10^0; 10^{-1}; 10^{-2}; 10^{-3}
b) 3^3; 3^2; 3^1; 3^0; 3^{-1}; 3^{-2}; 3^{-3}
c) 5^3; 5^2; 5^1; 5^0; 5^{-1}; 5^{-2}; 5^{-3}
d) $(-4)^3$; $(-4)^2$; $(-4)^1$; $(-4)^0$; $(-4)^{-1}$; $(-4)^{-2}$; $(-4)^{-3}$
e) $\left(\frac{1}{2}\right)^3$; $\left(\frac{1}{2}\right)^2$; $\left(\frac{1}{2}\right)^1$; $\left(\frac{1}{2}\right)^0$; $\left(\frac{1}{2}\right)^{-1}$; $\left(\frac{1}{2}\right)^{-2}$; $\left(\frac{1}{2}\right)^{-3}$

2 Berechnen Sie ohne Taschenrechner und vergleichen Sie.
a) $(-2)^4$ b) $(-4)^3$ c) $(-\sqrt{3})^0$ d) $(-\sqrt{100})^4$ e) $(-2^3)^2$ f) $(-4)^3$
   -2^4 -4^3 $-\sqrt{3}^0$ $-\sqrt{100^4}$ $-2^{(3^2)}$ $(-3)^4$

3 Berechnen Sie im Kopf. Beachten Sie die Klammern.
a) 2^{-3}; -2^3; $(-2)^3$; $(-2)^{-3}$; -2^{-3}
b) 5^{-2}; -5^2; $(-5)^2$; $(-5)^{-2}$; -5^{-2}

4 Wann ist eine Potenz a^n mit $a \neq 0$ und $n \in \mathbb{Z}$ positiv, wann ist sie negativ?

5 Kontrollieren Sie Pauls Hausaufgaben.

a) $-5^{-2} = -25$ b) $2^{-4} < 2^{-3}$ c) $0{,}1^{-2} = 100$
d) $\left(\frac{1}{2}\right)^{-3} < \left(\frac{1}{2}\right)^3$ e) $\left(\frac{3}{4}\right)^{-2} = -\frac{16}{9}$ f) $(-3)^0 > (-3)^{-3}$
g) $(\sqrt{2})^{-4} < (\sqrt{2})^{-2}$ h) $(\sqrt{2})^{-6} = 2^{-3}$ i) $(-\sqrt{2})^{-3} < 0$

6 Patrick wollte die Zahl -47 mit 4 potenzieren. Die Ausgabe seines Taschenrechners überrascht ihn.

$-47^4 \qquad -4879681$

Potenzen mit rationalen Exponenten

7 Bestimmen Sie die Potenz ohne Verwendung eines Rechners. Kontrollieren Sie Ihr Ergebnis mithilfe eines Rechners.

$16^{-0{,}75} = 16^{-\frac{3}{4}} = \left(16^{\frac{1}{4}}\right)^{-3} = 2^{-3} = \frac{1}{8}$

$125^{0{,}\overline{6}} = 125^{\frac{2}{3}} = \left(125^{\frac{1}{3}}\right)^2 = 5^2 = 25$

a) $16^{\frac{1}{4}}$; $100^{\frac{3}{2}}$; $8^{\frac{2}{3}}$; $81^{\frac{3}{4}}$; $27^{\frac{5}{3}}$; $64^{\frac{5}{6}}$; $64^{\frac{3}{2}}$; $125^{\frac{4}{3}}$; $625^{\frac{3}{4}}$; $1^{\frac{6}{7}}$; $0^{\frac{3}{5}}$
b) $4^{-\frac{1}{2}}$; $8^{-\frac{2}{3}}$; $16^{-\frac{1}{2}}$; $16^{-\frac{3}{4}}$; $\left(\frac{1}{27}\right)^{-\frac{2}{3}}$; $32^{-\frac{4}{5}}$; $\left(\frac{125}{27}\right)^{-\frac{1}{3}}$; $\left(\frac{81}{625}\right)^{-\frac{3}{4}}$; $1^{-\frac{2}{3}}$; $\left(\frac{32}{243}\right)^{-\frac{3}{5}}$
c) $9^{0{,}5}$; $25^{-0{,}5}$; $9^{-2{,}5}$; $16^{-2{,}25}$; $1^{0{,}7}$; $0^{0{,}35}$; $1^{-0{,}125}$; $256^{0{,}375}$; $256^{-0{,}625}$

8 Schreiben Sie die Zahl auf mehrere Arten als Potenz mit einem rationalen Exponenten.
a) 3   b) 5
c) 2^3 d) 3^8
e) 1   f) 1000

$7 = 49^{\frac{1}{2}} = 343^{\frac{1}{3}} = 2401^{\frac{1}{4}}$

1.1 Potenzen

9 ≡ Stimmt hier alles?

a) $4^{\frac{1}{2}} = 2$ b) $27^{\frac{1}{3}} = 9$ c) $1000^{\frac{1}{3}} = 1$

d) $0{,}125^{\frac{2}{3}} = \frac{1}{4}$ e) $128^{\frac{3}{7}} = 12$ f) $1^{2,4} = 1$

g) $1^{-2,4} = -1$ h) $0^{2,4} = 1$ i) $125^{\frac{1}{5}} = 25$

j) $-125^{\frac{2}{3}} = -25$ k) $125^{-\frac{2}{3}} = -0{,}04$ l) $\left(\frac{1}{256}\right)^{-0,75} = -64$

10 ≡ Berechnen Sie im Kopf und begründen Sie Ihr Ergebnis.

a) $\sqrt[3]{8}$ b) $\sqrt[3]{1\,000}$ c) $\sqrt[3]{512}$ d) $\sqrt[3]{0{,}008}$

e) $\sqrt[4]{256}$ f) $\sqrt[4]{0{,}0081}$ g) $\sqrt[7]{1}$ h) $\sqrt[5]{0{,}00001}$

i) $\sqrt[12]{0}$ j) $\sqrt[3]{\frac{8}{27}}$ k) $\sqrt[5]{\frac{243}{32}}$ l) $\sqrt{\frac{9}{16}}$

11 ≡ Schreiben Sie mithilfe einer Wurzel.

a) $x^{\frac{2}{3}}$ b) $a^{\frac{1}{3}}$

c) $b^{-\frac{3}{4}}$ d) $e^{0,8}$

e) $p^{-5,2}$ f) $a^{7,2}$

$a^{-3,6} = a^{-\frac{36}{10}} = a^{-\frac{18}{5}} = \frac{1}{\sqrt[5]{a^{18}}}$

(für $a > 0$)

12 ≡ Schreiben Sie die Wurzeln als Potenzen.

a) $\sqrt[3]{a^5}$; $\sqrt[5]{x^2}$; $\sqrt[4]{z^5}$ b) $\sqrt[4]{x^{-1}}$; $\sqrt[5]{z^{-2}}$; $\sqrt[3]{u^{-7}}$ c) $\sqrt{x^{-3}}$; $\sqrt[3]{c^4}$; $\sqrt{k}$ d) $\sqrt[3]{\frac{1}{z^2}}$; $\sqrt[5]{\frac{1}{x^4}}$; $\sqrt{\frac{1}{m^3}}$

13 ≡ Vereinfachen Sie wie im Beispiel.

a) $\sqrt[4]{a^6}$ b) $\sqrt[9]{x^3}$

c) $\sqrt[10]{z^5}$ d) $\frac{1}{\sqrt[12]{x^8}}$

e) $\sqrt[3k]{x^k}$ f) $\sqrt[2n]{r^{-n}}$

$\sqrt[8]{y^6} = y^{\frac{6}{8}} = y^{\frac{3}{4}} = \sqrt[4]{y^3}$

Potenzen für irrationale Exponenten

14 ≡ Zunächst waren Potenzen nur für natürliche Zahlen als Exponenten definiert. Schrittweise wurde dann der Potenzbegriff auf ganze und später rationale Zahlen als Exponenten erweitert. Zu den reellen Zahlen gehören auch irrationale Zahlen wie $\sqrt{2}$. Erläutern Sie anhand der Überlegung für $3^{\sqrt{2}}$, wie man Potenzen mit irrationalen Exponenten definieren kann.

Exponent	Potenz
$1 < \sqrt{2} < 2$	$3^1 < 3^{\sqrt{2}} < 3^2$, also $3 < 3^{\sqrt{2}} < 9$
$1{,}4 < \sqrt{2} < 1{,}5$	$3^{1,4} < 3^{\sqrt{2}} < 3^{1,5}$, also $(\sqrt[5]{3})^7 < 3^{\sqrt{2}} < (\sqrt{3})^3$

15 ≡ Bestimmen Sie ausgehend von einer Einschachtelung des Exponenten einen Näherungswert für die Potenz, bei dem die erste Nachkommastelle gesichert ist.

a) $2^{\sqrt{3}}$ b) $0{,}7^{\sqrt{2}}$ c) $1{,}2^{\pi}$ d) $0{,}3^{-\sqrt{5}}$

Funktionen

Aufgabe mit Lösung

Potenzgesetze

→ Schreiben Sie als eine Potenz: $a^5 \cdot a^3$; $\frac{a^5}{a^3}$; $a^4 \cdot b^4$; $\frac{a^4}{b^4}$; $(a^3)^4$

Lösung

$a^5 \cdot a^3 = \underbrace{(a \cdot a \cdot a \cdot a \cdot a)}_{\text{5 Faktoren}} \cdot \underbrace{(a \cdot a \cdot a)}_{\text{3 Faktoren}} = \underbrace{a \cdot a \cdot a \cdot a \cdot a \cdot a \cdot a \cdot a}_{5 + 3 = 8 \text{ Faktoren}} = a^8 = a^{5+3}$

$\frac{a^5}{a^3} = \dfrac{\overbrace{a \cdot a \cdot a \cdot a \cdot a}^{\text{5 Faktoren}}}{\underbrace{a \cdot a \cdot a}_{\text{3 Faktoren}}} = \underbrace{a \cdot a}_{5-3 = 2 \text{ Faktoren}} = a^2 = a^{5-3}$ *kürzen*

$a^4 \cdot b^4 = (a \cdot a \cdot a \cdot a) \cdot (b \cdot b \cdot b \cdot b) = \underbrace{(a \cdot b) \cdot (a \cdot b) \cdot (a \cdot b) \cdot (a \cdot b)}_{\text{4 Faktoren } (a \cdot b)} = (a \cdot b)^4$ *Kommutativgesetz anwenden*

$\frac{a^4}{b^4} = \frac{a \cdot a \cdot a \cdot a}{b \cdot b \cdot b \cdot b} = \underbrace{\frac{a}{b} \cdot \frac{a}{b} \cdot \frac{a}{b} \cdot \frac{a}{b}}_{\text{4 Faktoren } \frac{a}{b}} = \left(\frac{a}{b}\right)^4$

$(a^3)^4 = \underbrace{(a \cdot a \cdot a) \cdot (a \cdot a \cdot a) \cdot (a \cdot a \cdot a) \cdot (a \cdot a \cdot a)}_{3 \cdot 4 = 12 \text{ Faktoren}} = a^{12} = a^{3 \cdot 4}$

Information

Potenzgesetze

Für reelle Zahlen r und s und positive Zahlen a und b gilt:

- $a^r \cdot a^s = a^{r+s}$

  Potenzen mit gleicher Basis werden multipliziert, indem man die Exponenten addiert und die Basis beibehält.

  $2^4 \cdot 2^{-7} = 2^{4+(-7)} = 2^{-3}$

  $5^{\frac{3}{4}} \cdot 5^{0,5} = 5^{\frac{3}{4}+\frac{1}{2}} = 5^{\frac{3}{4}+\frac{2}{4}} = 5^{\frac{5}{4}}$

- $\frac{a^r}{a^s} = a^{r-s}$

  Potenzen mit gleicher Basis werden dividiert, indem man die Exponenten subtrahiert und die Basis beibehält.

  $\frac{13^6}{13^4} = 13^{6-4} = 13^2$

- $a^r \cdot b^r = (a \cdot b)^r$

  Potenzen mit gleichen Exponenten werden multipliziert, indem man die Basen multipliziert und den Exponenten beibehält.

  $2,5^3 \cdot 4^3 = (2,5 \cdot 4)^3 = 10^3$

  $2^{\frac{2}{3}} \cdot 13,5^{\frac{2}{3}} = (2 \cdot 13,5)^{\frac{2}{3}} = 27^{\frac{2}{3}}$

- $\frac{a^r}{b^r} = \left(\frac{a}{b}\right)^r$

  Potenzen mit gleichen Exponenten werden dividiert, indem man die Basen dividiert und den Exponenten beibehält.

  $\frac{1,5^4}{0,75^4} = \left(\frac{1,5}{0,75}\right)^4 = 2^4$

- $(a^r)^s = a^{r \cdot s}$

  Eine Potenz wird potenziert, indem man die Exponenten multipliziert und die Basis beibehält.

  $(5^3)^2 = 5^{3 \cdot 2} = 5^6$

  $\left(1,2^{\frac{5}{2}}\right)^{0,8} = 1,2^{\frac{5}{2} \cdot \frac{8}{10}} = 1,2^2$

1.1 Potenzen

Üben

16 ≡ Berechnen Sie unter Verwendung der Potenzgesetze.

a) $2^3 \cdot 2^2$
b) $\dfrac{12^3}{4^3}$
c) $(2^{-2})^2$
d) $2{,}5^4 \cdot 4^4$

e) $\dfrac{3^7}{3^5}$
f) $(3^{0{,}5})^4$
g) $\left(\left(\dfrac{1}{2}\right)^{-2}\right)^{-1}$
h) $4^{\frac{1}{8}} \cdot 4^{\frac{3}{8}}$

i) $2^{-3} \cdot 5^{-3}$
j) $\dfrac{3^{1{,}5}}{3^{3{,}5}}$
k) $\left(\dfrac{1}{2}\right)^4 \cdot 4^4$
l) $\left(\dfrac{1}{4}\right)^{-2} \cdot \left(\dfrac{1}{4}\right)^{0{,}5}$

17 ≡ Vereinfachen Sie mithilfe der Potenzgesetze.

a) $5^4 : 5^8$
b) $2^3 \cdot 2^{12}$
c) $(0{,}5^3)^{-4}$
d) $\left(\dfrac{2}{3}\right)^5 \cdot \left(\dfrac{3}{4}\right)^5$

e) $\dfrac{3^4}{6^4}$
f) $(64^2)^{\frac{1}{4}}$
g) $(-4{,}5)^{-4} : (-4{,}5)^{-5}$
h) $(-7)^8 \cdot (-0{,}3)^8$

i) $\left(1024^{\frac{1}{5}}\right)^{0{,}5}$
j) $2^{\frac{3}{5}} \cdot 0^{\frac{3}{5}}$
k) $3^{\frac{1}{2}} \cdot 27^{\frac{1}{2}}$
l) $\dfrac{16^{\frac{15}{2}}}{16^{\frac{19}{2}}}$

18 ≡ Kontrollieren Sie Merlins Behauptungen. Finden Sie Gegenbeispiele, falls Merlin etwas falsch gemacht hat, oder begründen Sie, warum die Umformung richtig ist.

> (1) $n^m = m^n$ (2) $(a^m)^n = (a^n)^m$ (3) $(a^n)^m = a^{(nm)}$

19 ≡ Vereinfachen Sie mithilfe der Potenzgesetze.

a) $z^3 \cdot z^7$
b) $\dfrac{(2a)^4}{a^4}$
c) $\dfrac{w^3}{w^{-3}}$
d) $((-a)^3)^2$

e) $x^{-5} : x^5$
f) $(4z)^{-2} \cdot (4z)^4$
g) $((25b^2)^3)^{\frac{1}{2}}$
h) $(-3x)^4 \cdot (3x)^4$

i) $2^5 : (4x)^5$
j) $(5a)^6 \cdot (2a)^6$
k) $\left(\left(-\dfrac{1}{3}\right)^{-3}\right)^{-2}$
l) $x^{-4} \cdot x^3 : x^{-2}$

20 ≡ a) Bilden Sie alle Produkte.
Der 1. Faktor soll von der 1. Tafel, der 2. Faktor soll von der 2. Tafel stammen.
Vereinfachen Sie, wenn es möglich ist.
b) Bilden Sie alle Quotienten.
Der Dividend soll von der 1. Tafel, der Divisor soll von der 2. Tafel stammen.
Vereinfachen Sie, wenn es möglich ist.

> $a^{\frac{3}{4}}$ $b^{0{,}25}$ $a^{-0{,}2}$

> $b^{\frac{3}{4}}$ $b^{\frac{1}{4}}$ $b^{-\frac{1}{5}}$

21 ≡ Wenden Sie die Potenzgesetze an. Notieren Sie das Ergebnis ohne Brüche und ohne negative Zahlen im Exponenten.

> $a^{\frac{1}{4}} \cdot a^{\frac{2}{3}} = a^{\frac{1}{4}+\frac{2}{3}} = a^{\frac{3}{12}+\frac{8}{12}} = a^{\frac{11}{12}} = \sqrt[12]{a^{11}}$
> (für $a \geq 0$)

a) $y^{\frac{1}{2}} \cdot y^{\frac{1}{3}}$
b) $a^{\frac{1}{2}} \cdot a^{-\frac{1}{6}}$
c) $b^{\frac{3}{4}} \cdot b^{-\frac{1}{12}}$
d) $c^0 \cdot c^{-\frac{1}{3}}$

e) $d \cdot d^{\frac{1}{4}}$
f) $b^{-\frac{1}{2}} \cdot \sqrt{b}$
g) $c^{\frac{1}{4}} \cdot \sqrt[4]{c}$
h) $a^{\frac{2}{3}} \cdot \sqrt[3]{a^7}$

i) $(a^{0{,}6})^{1{,}2}$
j) $b^{-\frac{1}{2}} \cdot b^{-\frac{3}{2}}$
k) $(r^3 \cdot s^{-5})^{0{,}7}$
l) $\sqrt{x} \cdot x^{\frac{1}{2}}$

m) $3^{\frac{1}{n}} \cdot 3^{\frac{1}{m}}$
n) $2^{\frac{1}{n}} \cdot 2^{\frac{1}{n-1}}$
o) $8^{\frac{m}{n}} \cdot 8^{-\frac{m}{n}}$
p) $7^{\frac{m}{n-1}} \cdot 7^{\frac{m}{n+1}}$

22 ≡ Welche Fehler wurden hier gemacht? Erklären und korrigieren Sie in Ihrem Heft.

a) $a^{\frac{2}{3}} \cdot a^{\frac{2}{3}} = a^2$
b) $y^{\frac{2}{3}} \cdot y^{\frac{2}{3}} = \sqrt[6]{y^4}$
c) $\left(c^{\frac{5}{3}}\right)^2 = c^{\frac{25}{3}}$
d) $r^{0{,}6} + r^{0{,}4} = r$

Funktionen

23 Vervollständigen Sie die Multiplikationsmauer in Ihrem Heft.

a) 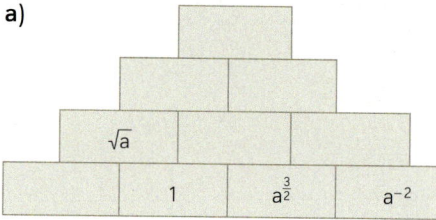   b)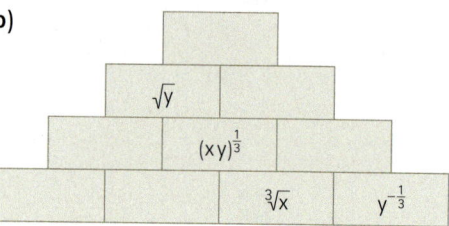

24 Schreiben Sie ohne Wurzel und fassen Sie mithilfe der Potenzgesetze zusammen.

a) $\sqrt[2]{5} \cdot \sqrt[3]{5}$ 　 b) $\sqrt[5]{7} \cdot \sqrt[3]{7}$
c) $\sqrt[3]{4} : \sqrt[4]{4}$ 　 d) $\sqrt[2]{8} : \sqrt[4]{8}$
e) $\sqrt[4]{\sqrt[3]{2^{12}}}$ 　 f) $\sqrt[5]{x^4} : \sqrt[10]{x}$
g) $\sqrt[2]{2^{-3}} \cdot \sqrt[3]{2^2}$ 　 h) $\sqrt[4]{3^{-3}} : \sqrt[3]{3^4}$ 　 i) $\sqrt[5]{x^7} \cdot \sqrt[6]{x^{-4}}$ 　 j) $\sqrt{\sqrt[3]{x^{18}}}$

$$\sqrt[3]{5^2} \cdot \sqrt[4]{5^{-2}} \qquad \sqrt[4]{x^3} \cdot \sqrt{x^{-5}}$$
$$= 5^{\frac{2}{3}} \cdot 5^{-\frac{2}{4}} = 5^{\frac{2}{3}} \cdot 5^{-\frac{1}{2}} \qquad = x^{\frac{3}{4}} \cdot x^{-\frac{5}{2}} = x^{\frac{3}{4} - \frac{5}{2}}$$
$$= 5^{\frac{2}{3} - \frac{1}{2}} = 5^{\frac{4-3}{6}} = 5^{\frac{1}{6}} \qquad = x^{\frac{3-10}{4}} = x^{-\frac{7}{4}}$$

25 Prüfen Sie, ob folgende Beziehung wahr ist.

a) $a^r + a^s = a^{r+s}$ 　 b) $a^r + b^r = (a+b)^r$ 　 c) $\sqrt{a+b} = \sqrt{a} + \sqrt{b}$ 　 d) $\sqrt{a} \cdot \sqrt{b} = \sqrt{a \cdot b}$

26 Führen Sie die angegebenen Wurzelgesetze auf die Potenzgesetze zurück.

Für natürliche Zahlen n und m gilt:
$\sqrt[n]{a} \cdot \sqrt[n]{b} = \sqrt[n]{a \cdot b}$ für $a \geq 0$, $b \geq 0$
$\dfrac{\sqrt[n]{a}}{\sqrt[n]{b}} = \sqrt[n]{\dfrac{a}{b}}$ für $a \geq 0$, $b > 0$
$\sqrt[m]{\sqrt[n]{a}} = \sqrt[m \cdot n]{a}$ für $a \geq 0$

Weiterüben

27 Fassen Sie die folgenden Terme mithilfe der Potenzgesetze möglichst weit zusammen und schreiben Sie das Ergebnis ohne negative und gebrochene Exponenten.

a) $\sqrt[4]{x} \cdot \sqrt[3]{x^2}$ 　 b) $\sqrt[5]{v^2} \cdot \sqrt[2]{v}$ 　 c) $\sqrt[3]{r} \cdot \sqrt[4]{r} \cdot \sqrt[6]{r}$ 　 d) $\dfrac{\sqrt[3]{w^2}}{\sqrt{w}}$

e) $\dfrac{\sqrt[2]{c} \cdot \sqrt[3]{c^2}}{c}$ 　 f) $\dfrac{\sqrt[4]{d^3} \cdot \sqrt{d}}{\sqrt[3]{d}}$ 　 g) $\sqrt{s \cdot t} \cdot \sqrt[3]{s^2 \cdot t}$ 　 h) $\sqrt[3]{2x} \cdot \sqrt[6]{16x^2}$

i) $\sqrt[3]{3x \cdot 9y} \cdot \sqrt{4x}$ 　 j) $\sqrt[5]{\dfrac{x^3}{y^2}} \cdot \sqrt{\dfrac{4y}{x}}$ 　 k) $\sqrt{2st} \cdot \sqrt[4]{4s^2t^3} \cdot \sqrt[8]{t^6}$ 　 l) $\dfrac{\sqrt[2]{2m \cdot 8m} \cdot \sqrt[3]{8m^2}}{2 \cdot \sqrt[3]{\dfrac{m^5}{8}}}$

m) $\dfrac{\sqrt[3]{5y^2} \cdot \sqrt[4]{5x^2y}}{\sqrt[12]{5^7 x^{-2} y^{-1}}}$ 　 n) $\sqrt{\sqrt[3]{64r^3}} \cdot \dfrac{\sqrt{r}}{2}$ 　 o) $\dfrac{\sqrt{3z} \cdot \sqrt[3]{9z^4}}{\sqrt[6]{3z^3} \cdot z}$ 　 p) $\sqrt[4]{\sqrt[3]{w^2}} \cdot \sqrt[6]{w^5}$

28 Obwohl manche Taschenrechner auch Wurzeln aus negativen Zahlen ziehen, verzichtet man in der Regel darauf. Folgendes Beispiel zeigt, dass es nicht möglich ist, Potenzen mit negativer Basis und gebrochenem Exponenten eindeutig zu definieren. Erläutern Sie jeden Umformungsschritt und begründen Sie, dass der Widerspruch beim Erweitern des rationalen Exponenten entsteht.

$$-2 = \sqrt[3]{-8} = (-8)^{\frac{1}{3}} = (-8)^{\frac{2}{6}} = \sqrt[6]{(-8)^2} = \sqrt[6]{64} = 2$$

14

1.2 Potenzfunktionen

Einstieg

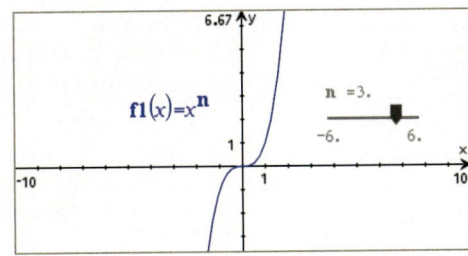

Untersuchen Sie mithilfe eines GTR die Graphen der Potenzfunktionen zu $f(x) = x^n$ mit ganzzahligen Exponenten n. Stellen Sie die Gemeinsamkeiten und Unterschiede für verschiedene n dar.
Hinweis: Sie können dazu im GTR einen Schieberegler n mit Schrittweite 1 erstellen.

Aufgabe mit Lösung

Potenzfunktionen zuordnen

→ Ordnen Sie die Funktionsterme den abgebildeten Funktionsgraphen zu und begründen Sie Ihre Entscheidung.
Oben: x^3, x^4, x^7, x^{10}
Mitte: x^{-1}, x^{-2}, x^{-3}, x^{-4}
Unten: $x^{\frac{1}{2}}$, $x^{\frac{1}{3}}$

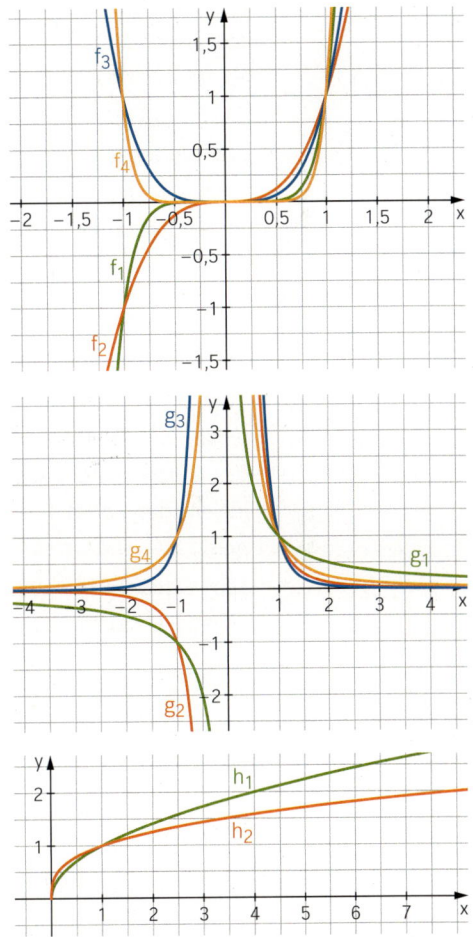

Lösung

Oben: Wegen $(-1)^3 = -1 = (-1)^7$ kommen für x^3 und x^7 nur f_1 und f_2 infrage. Für $-1 < x < 0$ liegt x^7 näher an 0 als x^3. Also ist $f_1(x) = x^7$ und $f_2(x) = x^3$.
Allgemein liegt x^n für $0 < x < 1$ umso näher an 0, je größer n ist.
Somit ist $f_3(x) = x^4$ und $f_4(x) = x^{10}$.
Mitte: Für $x = -2$ ergibt sich:
$(-2)^{-1} = -\frac{1}{2}$, also $g_1(x) = x^{-1}$;
$(-2)^{-2} = \frac{1}{4}$, also $g_4(x) = x^{-2}$;
$(-2)^{-3} = -\frac{1}{8}$, also $g_2(x) = x^{-3}$;
$(-2)^{-4} = \frac{1}{16}$, also $g_3(x) = x^{-4}$.
Unten: Es ist $4^{\frac{1}{2}} = 2$, also $h_1(x) = x^{\frac{1}{2}}$.
Wegen $8^{\frac{1}{3}} = 2$ passt auch $h_2(x) = x^{\frac{1}{3}}$.

→ Untersuchen Sie den Definitionsbereich der dargestellten Potenzfunktionen.

Lösung

Die Funktionen mit natürlichen Exponenten sind für alle reellen Zahlen definiert. Die Funktionen mit negativen ganzzahligen Exponenten sind nicht für $x = 0$ definiert, da bei $x^{-n} = \frac{1}{x^n}$ sonst 0 im Nenner stehen würde. Die Funktion h_1 ist die Quadratwurzelfunktion und somit nicht für $x < 0$ definiert. Die Kubikwurzelfunktion h_2 könnte dagegen auch für $x < 0$ definiert werden, denn zum Beispiel ist $(-8)^{\frac{1}{3}} = -2$. In der Regel beschränkt man sich aber auf $x > 0$.

Funktionen

Information

Potenzfunktionen

Definition

Eine Funktion f mit der Gleichung $f(x) = x^q$ für $q \in \mathbb{Q}$ heißt **Potenzfunktion**.

Eigenschaften von Potenzfunktionen

(1) Natürlicher Exponent

$f(x) = x^n$ mit $n \in \mathbb{N} \setminus \{0\}$

(1 a) Gerader Exponent n

Es ist $f(x) \geq 0$ für alle x (Wertebereich $\mathbb{R}_+$).
Der Graph ist achsensymmetrisch zur y-Achse, d. h., es gilt $f(-x) = f(x)$ für alle x.
Der Graph fällt für $x \leq 0$ und steigt für $x \geq 0$.

(1 b) Ungerader Exponent n

Der Wertebereich von f ist $\mathbb{R}$.
Der Graph ist punktsymmetrisch zum Koordinatenursprung, d. h., es gilt $f(-x) = -f(x)$ für alle x. Der Graph steigt überall.

(2) Negativer ganzzahliger Exponent

$f(x) = x^{-n} = \frac{1}{x^n}$ mit $n \in \mathbb{N} \setminus \{0\}$

f hat an der Stelle $x = 0$ eine Definitionslücke. Definitionsbereich ist also $\mathbb{R} \setminus \{0\}$.
Der Graph besteht aus zwei Teilen, die sich jeweils den Koordinatenachsen anschmiegen.

(2 a) Gerader Exponent n

Es ist $f(x) > 0$ für alle x (Wertebereich $\mathbb{R}_+ \setminus \{0\}$).
Der Graph ist achsensymmetrisch zur y-Achse, steigt für $x < 0$ und fällt für $x > 0$.

(2 b) Ungerader Exponent n

Es ist $f(x) \neq 0$ für alle x (Wertebereich $\mathbb{R} \setminus \{0\}$).
Der Graph ist punktsymmetrisch zum Koordinatenursprung und fällt sowohl für $x < 0$ als auch für $x > 0$.

(3) Gebrochener Exponent

$f(x) = x^{\frac{1}{n}} = \sqrt[n]{x}$ mit $n \in \mathbb{N}$ und $n > 1$

Der Definitions- und Wertebereich ist $\mathbb{R}_+$.
Der Graph steigt für alle x.

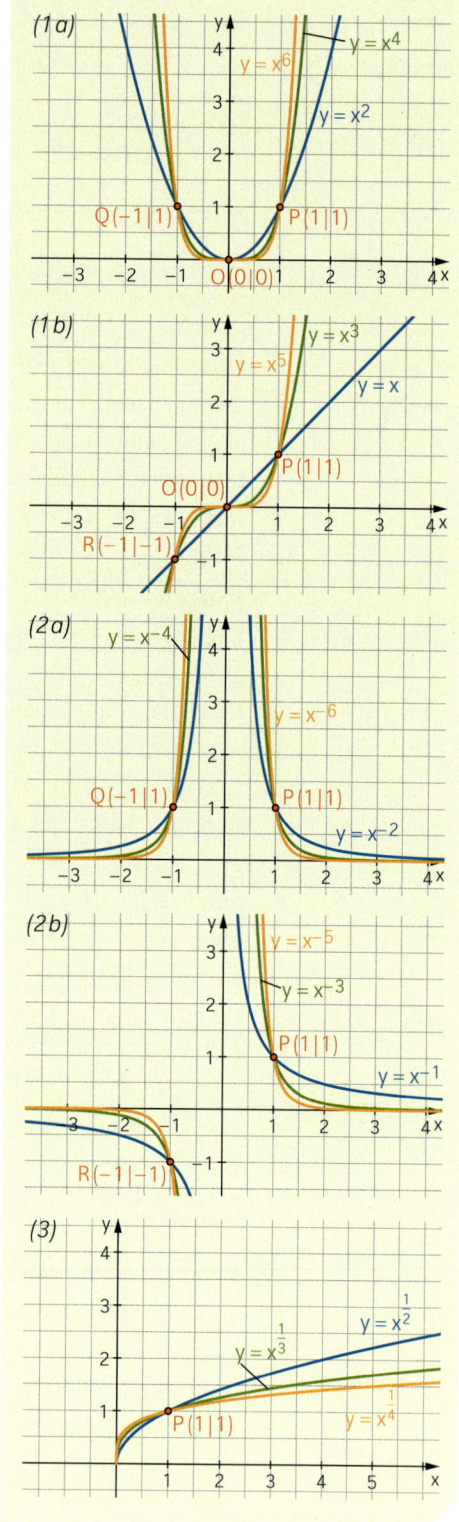

1.2 Potenzfunktionen

Üben

1 Die Punkte gehören zum Graphen der angegebenen Funktionsgleichung.
Bestimmen Sie die fehlenden Koordinaten ohne Verwendung eines Taschenrechners.

a) $f(x) = x^3$; $P_1(4|\blacksquare)$, $P_2(\blacksquare|27)$, $P_3(\blacksquare|-27)$, $P_4(\blacksquare|0{,}125)$, $P_5(-0{,}5|\blacksquare)$

b) $f(x) = x^4$; $P_1(-3|\blacksquare)$, $P_2(\blacksquare|16)$, $P_3\left(\blacksquare\left|\frac{1}{625}\right.\right)$, $P_4(\blacksquare|0)$, $P_5(\blacksquare|8)$

c) $f(x) = \frac{1}{x^2}$; $P_1\left(-\frac{1}{3}\middle|\blacksquare\right)$, $P_2(\blacksquare|16)$, $P_3\left(\blacksquare\left|\frac{1}{625}\right.\right)$, $P_4(\blacksquare|1)$, $P_5(\blacksquare|5)$

d) $f(x) = \frac{1}{x^3}$; $P_1(2|\blacksquare)$, $P_2(\blacksquare|27)$, $P_3(\blacksquare|-27)$, $P_4\left(\blacksquare\left|\frac{1}{64}\right.\right)$, $P_5\left(-\frac{1}{8}\middle|\blacksquare\right)$

e) $f(x) = x^{-4}$; $P_1(-1|\blacksquare)$, $P_2(-2|\blacksquare)$, $P_3(\blacksquare|0{,}0625)$, $P_4\left(\blacksquare\left|\frac{1}{81}\right.\right)$, $P_5(\blacksquare|0{,}0001)$

f) $f(x) = x^{\frac{1}{2}}$; $P_1(4|\blacksquare)$, $P_2(9|\blacksquare)$, $P_3(\blacksquare|5)$, $P_4(\blacksquare|2{,}25)$, $P_5(\blacksquare|0{,}09)$

g) $f(x) = x^{\frac{1}{3}}$; $P_1(8|\blacksquare)$, $P_2(27|\blacksquare)$, $P_3(\blacksquare|5)$, $P_4(\blacksquare|0{,}125)$, $P_5(\blacksquare|0{,}2)$

2 Jan hat mithilfe seines Rechners die Graphen zu $f(x) = x^4$, $f(x) = x^5$, $f(x) = x^6$ und $f(x) = x^7$ gezeichnet.
Ordnen Sie die Graphen richtig zu, ohne einen Rechner zu verwenden.
Begründen Sie Ihre Entscheidung.

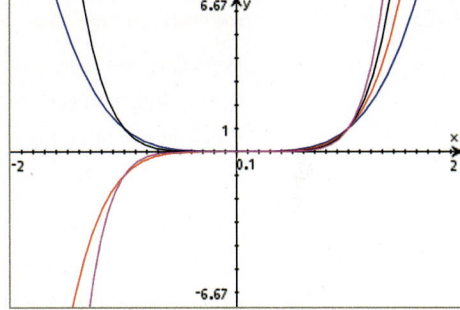

3 Julia hat die Graphen zu $f(x) = \frac{1}{x^4}$, $f(x) = \frac{1}{x^5}$, $f(x) = \frac{1}{x^6}$ und $f(x) = \frac{1}{x^7}$ gezeichnet, aber die Beschriftung vergessen.
Entscheiden und begründen Sie, welcher Graph zu welcher Funktion gehört.

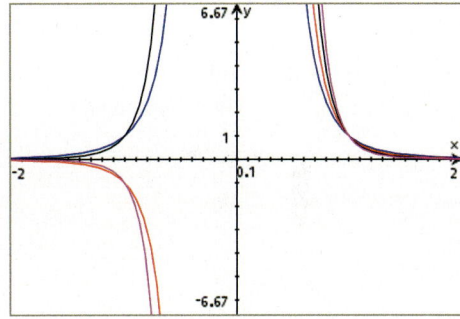

4 Gegeben ist der Beweis der Achsensymmetrie der Potenzfunktionen mit geraden Exponenten.
Leiten Sie die Symmetrieeigenschaften der anderen Potenzfunktionen rechnerisch her.
Verdeutlichen Sie den Sachverhalt durch eine Skizze.

a) $f(x) = x^n$ mit $n \in \mathbb{N}\setminus\{0\}$ und n ungerade

b) $f(x) = x^{-n} = \frac{1}{x^n}$ mit $n \in \mathbb{N}\setminus\{0\}$ und n gerade

c) $f(x) = x^{-n} = \frac{1}{x^n}$ mit $n \in \mathbb{N}\setminus\{0\}$ und n ungerade

Für $f(x) = x^n$ mit $n \in \mathbb{N}\setminus\{0\}$ und n gerade gilt:
$f(-x) = (-x)^n = (-1)^n x^n = 1 \cdot x^n = x^n = f(x)$
Die Funktionswerte an den Stellen $-x$ und x stimmen also überein. Somit ist der Graph symmetrisch zur y-Achse.

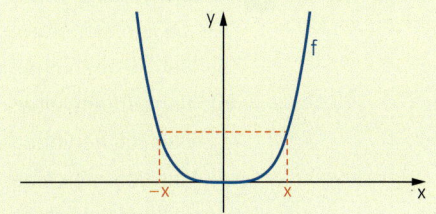

Potenzielles Wachstum

5 Die Kantenlänge eines Würfels wird verdoppelt bzw. verdreifacht.

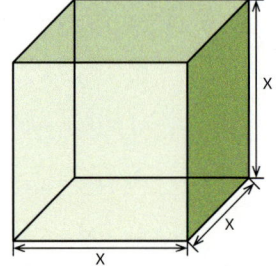

a) Untersuchen Sie, wie sich dabei das Volumen des Würfels ändert.

b) Untersuchen Sie die gleiche Fragestellung auch jeweils für den Oberflächeninhalt und die Gesamtkantenlänge statt des Volumens.

c) Verallgemeinern Sie Ihr Ergebnis für Funktionen mit der Gleichung $f(x) = a \cdot x^n$, $a > 0$ und $n \in \mathbb{N}\setminus\{0\}$. Formulieren Sie eine Vermutung und begründen Sie diese.

Information

Potenzielles Wachstum

Potenzielles Wachstum liegt vor, wenn das Anwachsen einer Größe durch eine Funktion f mit $f(x) = a \cdot x^n$ für $a > 0$ und $n \in \mathbb{Q}$ beschrieben werden kann.

Für den Exponenten $n = 2$ spricht man von **quadratischem Wachstum**, für den Exponenten $n = 3$ von **kubischem Wachstum**.

Satz
Für eine Funktion f mit $f(x) = a \cdot x^n$ für $a > 0$ und $n \in \mathbb{N}\setminus\{0\}$ gilt: Multipliziert man den x-Wert mit dem Faktor $c \in \mathbb{R}$, so vervielfacht sich der Funktionswert mit dem Faktor c^n.

Die Oberfläche einer Kugel wächst quadratisch mit dem Radius:

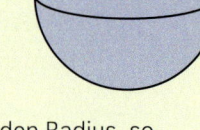

$A(r) = 4\pi r^2$

Verdoppelt man den Radius, so vervierfacht sich die Oberfläche:
$A(2r) = 4\pi(2r)^2 = 4\pi \cdot 4r^2$
$= 4(4\pi r^2) = 4A(r)$

Das Volumen einer Kugel wächst kubisch mit dem Radius: $V(r) = \frac{4}{3}\pi r^3$
Verdoppelt man den Radius, so verachtfacht sich das Volumen:
$V(2r) = \frac{4}{3}\pi(2r)^3 = \frac{4}{3}\pi \cdot 8r^3$
$= 8\left(\frac{4}{3}\pi r^3\right) = 8V(r)$

Beweis:
$f(c \cdot x) = a \cdot (c \cdot x)^n = a \cdot c^n \cdot x^n = c^n \cdot a \cdot x^n = c^n \cdot f(x)$

6 Beschreiben Sie folgende Zusammenhänge durch potenzielles Wachstum und geben Sie die Funktionsterme an. Was passiert bei Verdopplung des x-Werts?

a) Den Flächeninhalt eines Quadrates in Abhängigkeit von der Seitenlänge.

b) Den Umfang eines Kreises in Abhängigkeit vom Radius.

c) Den Flächeninhalt eines gleichseitigen Dreiecks in Abhängigkeit von der Seitenlänge.

d) Das Volumen eines Zylinders in Abhängigkeit von der Höhe, wobei der Radius der Grundfläche gleich der Höhe ist.

1.2 Potenzfunktionen

7 ≡ Für den Reaktionsweg (in m), den Bremsweg (in m) und den Anhalteweg (in m) eines Autos in Abhängigkeit von der Geschwindigkeit (in $\frac{km}{h}$) findet man in einem Fahrschullehrbuch die folgenden Faustformeln.

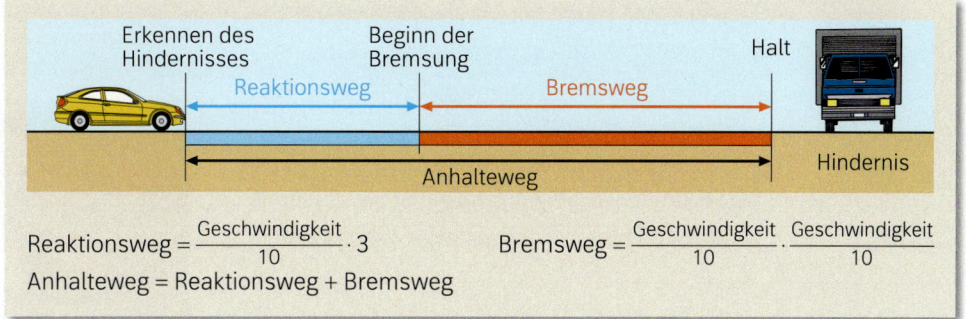

$$\text{Reaktionsweg} = \frac{\text{Geschwindigkeit}}{10} \cdot 3$$
$$\text{Bremsweg} = \frac{\text{Geschwindigkeit}}{10} \cdot \frac{\text{Geschwindigkeit}}{10}$$
$$\text{Anhalteweg} = \text{Reaktionsweg} + \text{Bremsweg}$$

Beschreiben Sie die Zusammenhänge mithilfe von Funktionen und untersuchen Sie, in welchem Fall potenzielles Wachstum vorliegt.

8 ≡ Eine Firma stellt würfelförmige Behälter her. Da solche Behälter gut übereinandergestapelt werden können, eignen sie sich besonders zum sicheren Transport und zur Lagerung chemischer Flüssigkeiten. Es gibt würfelförmige Behälter mit folgenden Volumen:
(1) $0{,}5\,m^3$; (2) $0{,}8\,m^3$; (3) $1\,m^3$; (4) $1{,}5\,m^3$; (5) $2\,m^3$.
a) Welche Kantenlänge hat jeweils ein Behälter, wenn man die Wanddicke vernachlässigt?
b) Bestimmen Sie einen Funktionsterm und zeichnen Sie für $x > 0$ den Graphen der Funktion *Volumen eines Behälters → Kantenlänge des Behälters*. Beschreiben Sie den Verlauf des Graphen.

9 ≡ In dem Koordinatensystem sind die Graphen zu $y = x^2$, $y = x^{\frac{1}{2}}$, $y = x^3$, $y = x^{\frac{1}{3}}$ und die Gerade zu $y = x$ eingezeichnet. Ordnen Sie die Graphen zu. Was fällt auf? Begründen Sie.

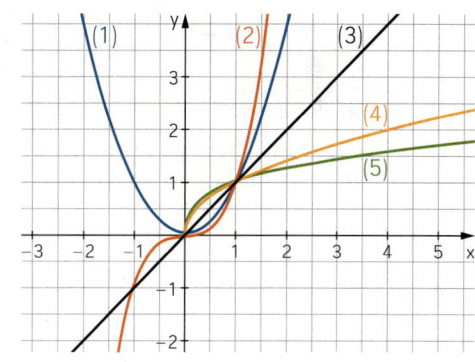

Weiterüben

10 ≡ Die Funktion f mit der Gleichung $f(x) = x^0$ wird häufig nicht mit zu den Potenzfunktionen gerechnet. Nennen Sie mögliche Gründe.

11 ≡ Untersuchen Sie mit Ihrem GTR Potenzfunktionen der Form $f(x) = x^{\frac{n}{m}}$, wobei $\frac{n}{m}$ ein vollständig gekürzter Bruch mit $n \in \mathbb{N}\setminus\{0\}$ und $m \in \mathbb{N}\setminus\{0\}$ ist. Beschreiben Sie die Eigenschaften (Definitions- und Wertebereich, gemeinsame Punkte, Verlauf der Graphen) und unterscheiden Sie dabei verschiedene Fälle für n und m.

12 ≡ Ein Metallwürfel mit der Kantenlänge 2,5 cm wiegt 120 g.
Wie viel wiegt ein Würfel aus demselben Material mit der Kantenlänge
(1) 5 cm; (2) 7,5 cm; (3) 10 cm; (4) 20 cm?

Fokus

Vierte-Potenz-Regel

In den USA wurde bereits von 1956 bis 1961 im AASHO-Road-Test untersucht, wie die Schädigung einer Straße von der Achslast des Fahrzeugs abhängt.
Das Ergebnis war die Vierte-Potenz-Regel: Die Straßenschädigung steigt mit der 4. Potenz des Gewichtes an, das auf einer Achse lastet.

Schädigt ein Lkw die Straße 100 000-mal so stark wie ein Pkw?

1 Vergleichen Sie einen Kleinwagen der Masse 1 t mit einem Mittelklasse-Pkw (1,4 t), einem Oberklassen-Kombi (2 t) und einem SUV (2,4 t). Berechnen Sie für jeden Fahrzeugtyp die Masse, die auf einer Achse lastet, und zeichnen Sie den Graphen der Funktion f mit $f(x) = x^4$ in geeignetem Maßstab. Dabei steht die Variable x für das Achsgewicht (in t) und $f(x)$ für die Straßenabnutzung. Markieren Sie die Punkte, die zu diesen Fahrzeugen gehören, und untersuchen Sie die Straßenabnutzung im Vergleich mit dem Kleinwagen.

> **So rechnet ein Straßenbauingenieur:**
> Bei einem kleinen Pkw der Masse 1 t drückt jede Achse mit 500 kg auf die Straße. Ein dreiachsiger 24-Tonner-Lkw drückt je Achse mit 8 t auf die Straße, also mit dem 16-fachen der Achslast des Pkw. Die Straßenabnutzung des Lkw ist pro Achse dann $16^4 = 65\,536$-mal so groß. Da der dreiachsige Lkw aber anderthalbmal so viele Achsen hat, ist die gesamte Straßenabnutzung des Lkw sogar $1{,}5 \cdot 65\,536 = 98\,304$-mal so groß wie die des kleinen Pkw.

2 Kontrollieren Sie die Angaben aus der folgenden Zeitungsnotiz.

Wer macht die Straßen kaputt?
Die Abnutzung der Straße steigt nicht linear mit der Fahrzeuggröße, sondern mit der vierten Potenz der Achslast. Ein großer Lkw belastet die Straße daher 100 000-mal so stark wie ein Kleinwagen. Ausländische Pkw tragen also nur minimal zur Abnutzung der Autobahn bei.

3 Untersuchen Sie, wie es sich auf die Straßenabnutzung auswirkt, wenn ein Lkw mehr Achsen hat.

1.3 Exponentielles Wachstum – Exponentialfunktionen

Einstieg

Das soziale Netzwerk „Kennst-du-den?" hatte bei seiner Gründung im Januar 2020 sofort 500 Mitglieder. Die Mitgliederzahl steigt von Monat zu Monat um 200 an. Der Kurznachrichtendienst WING startete im Januar 2020 mit 50 Mitgliedern. In den ersten Monaten veranderthalbfachte sich die Nutzeranzahl monatlich. Berechnen Sie, wie viele Mitglieder beide Netzwerke in den nächsten Jahren haben werden.

Aufgabe mit Lösung

Exponentielles Wachstum

In einer Flussniederung wird Kies ausgebaggert. Ein anfangs 500 m² großer See vergrößert sich durch die Baggerarbeiten jede Woche um 200 m². Da der See später als Wassersportfläche genutzt werden soll, wird die Wasserqualität regelmäßig untersucht. Besonders genau wird eine Algenart beobachtet, die sich sehr schnell vermehrt. Die von den grünen Algen bedeckte Fläche ist zu Beginn der Baggerarbeiten 10 m² groß, sie verdoppelt sich jede Woche.

→ Untersuchen Sie, wie sich die Größe des Baggersees und die Größe der von den Algen bedeckten Fläche im Laufe der ersten acht Wochen verändern. Wann ungefähr ist der ganze See von Algen bedeckt?

Lösung

Wertetabellen erstellen und Funktionsgraphen zeichnen:

Zeit (in Wochen)	0	1	2	3	4	5	6	7	8	...
Baggerseegröße (in m²)	500	700	900	1100	1300	1500	1700	1900	2100	...

Zeit (in Wochen)	0	1	2	3	4	5	6	7	8	...
Algenflächengröße (in m²)	10	20	40	80	160	320	640	1280	2560	...

Funktionen

Die Punkte zu den Wertepaaren der Tabelle zur Baggerseegröße liegen auf einer Geraden. Die Punkte aus der Tabelle zur Algenflächengröße liegen nicht auf einer Geraden. Zeichnet man eine Kurve durch diese Punkte, so erkennt man am Graphen: Zwischen der 7. und 8. Woche ist der ganze See mit Algen bedeckt. Nach diesem Zeitpunkt beschreiben die Graphen das Wachstum nicht mehr realitätsnah.

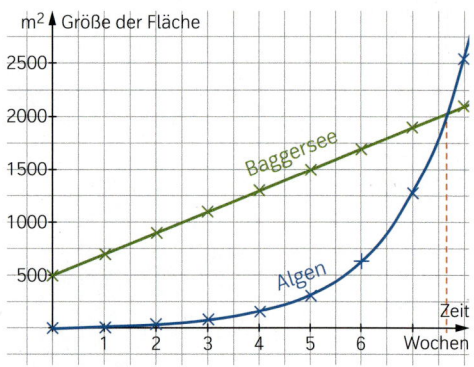

→ Geben Sie für das Anwachsen des Baggersees und der mit Algen bedeckten Fläche eine Funktionsgleichung an.

Lösung

Die Größe des Baggersees wird durch die Funktion
g: Zeit (in Wochen) → Baggerseegröße (in m²) beschrieben.
Diese Funktion ist linear, da sich der Baggersee jede Woche um den gleichen Betrag von 200 m² vergrößert. Da zu Beginn 500 m² vorhanden waren, lautet der Funktionsterm:
$g(t) = 500 + \underbrace{200 + 200 + \ldots + 200}_{t \text{ Summanden}} = 500 + 200\,t$

Die Größe der Algenfläche wird durch die Funktion
f: Zeit (in Wochen) → Algenflächengröße (in m²) beschrieben.
Zu Beginn der Beobachtung, also zum Zeitpunkt t = 0, beträgt die Größe der Algenfläche f(0) = 10. In jeder Woche verdoppelt sich die Größe der mit Algen bedeckten Fläche.
Sie beträgt nach 5 Wochen $10 \cdot 2 \cdot 2 \cdot 2 \cdot 2 \cdot 2 = 10 \cdot 2^5 = 320$.
Der Funktionsterm für die Algenflächengröße zum Zeitpunkt t lautet damit
$f(t) = 10 \cdot \underbrace{2 \cdot 2 \cdot \ldots \cdot 2}_{t \text{ Faktoren}} = 10 \cdot 2^t$.

→ Der Graph zeigt, dass die Algen zwischen der 7. und 8. Woche den Baggersee komplett bedecken. Untersuchen Sie, ob dies schon nach $7\frac{1}{2}$ Wochen der Fall ist.
Wie kann man den ungefähren Zeitpunkt, an dem der See komplett bedeckt ist, mit einem Rechner bestimmen?

Lösung

Die Funktionsterme treffen auch für nicht ganzzahlige Zeitpunkte zu:
$g(7{,}5) = 500 + 7{,}5 \cdot 200 = 2000$
$f(7{,}5) = 10 \cdot 2^{7{,}5} = 10 \cdot 2^{\frac{15}{2}} = 10 \cdot (\sqrt{2})^{15} \approx 1810$

Nach $7\frac{1}{2}$ Wochen ist der Baggersee noch nicht vollständig von Algen bedeckt; es fehlen noch ca. 190 m².

Um zu berechnen, wann der See vollständig bedeckt ist, muss die Gleichung g(t) = f(t) gelöst werden. Der solve-Befehl des Taschenrechners liefert dafür t ≈ 7,668.

⚠ solve(500+200·t=10·2^t, t)
t=−2.49111 or t=7.66787

1.3 Exponentielles Wachstum – Exponentialfunktionen

Information

Exponentielles Wachstum
Eine Größe f(t), die in einer Zeiteinheit immer mit dem gleichen Faktor b mit b ≠ 1 multipliziert wird, wächst **exponentiell**.

Exponentielles Wachstum kann durch eine Funktion f mit der Vorschrift
$f(t) = a \cdot b^t$ mit a ≠ 0, b > 0 sowie b ≠ 1 beschrieben werden. Dabei gibt a den **Anfangswert** der Größe zum Zeitpunkt t = 0 und b den **Wachstumsfaktor** für eine Zeitspanne von einer Zeiteinheit an.

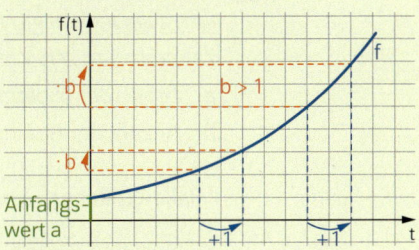

$f(t) = 0{,}5 \cdot 1{,}2^t$
Exponentielle Zunahme mit:
Anfangswert a = f(0) = 0,5
Wachstumsfaktor b = 1,2 > 1

Definition
Eine Funktion f mit der Vorschrift $f(x) = a \cdot b^x$ mit a ≠ 0, b > 0, b ≠ 1 heißt **Exponentialfunktion zur Basis b**.

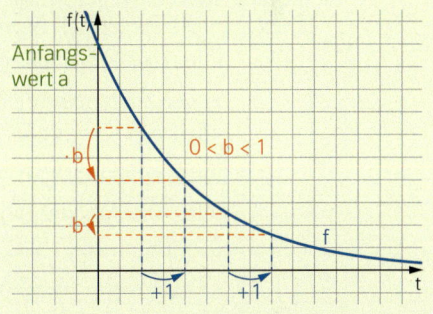

$f(t) = 5 \cdot 0{,}63^t$
Exponentielle Abnahme mit:
Anfangswert a = f(0) = 5
Wachstumsfaktor b = 0,63 < 1

Man unterscheidet folgende Fälle:
b > 1: exponentielle Zunahme
0 < b < 1: exponentielle Abnahme

Der Begriff exponentielles Wachstum wird als Oberbegriff für exponentielle Abnahme und exponentielle Zunahme verwendet. Abnahmeprozesse werden auch als „negatives Wachstum" bezeichnet.

Üben

1 ≡ Für das Algenwachstum eines Sees gilt $f(x) = 10 \cdot 2^x$. Dabei gibt x die Zeit (in Wochen) nach dem Beobachtungsbeginn und f(x) die Größe der bedeckten Fläche (in dm²) an.
a) Mit welchem Faktor vervielfacht sich die von den Algen bedeckte Fläche jeweils nach 4 Wochen, nach 6 Wochen, nach 8 Wochen, nach 10 Wochen?
b) Welche Fläche ist nach 9 Wochen, 10 Wochen, 11 Wochen mit Algen bedeckt?
c) Wie groß ist die Algenfläche nach einer Viertel-Woche, nach einem Tag?
d) Begründen Sie: Nach 10 Wochen hat sich die mit Algen bedeckte Fläche ungefähr vertausendfacht. Bewerten Sie das Ergebnis.

2 ≡ Die Tabelle beschreibt Zunahmeprozesse. Welche Art von Wachstum könnte dem Prozess zugrunde liegen? Begründen Sie. Finden Sie auch einen Funktionsterm.

	Zeit (in Tagen)	0	1	2	3	4	5	6	7	8
a)	Volumen einer Hefekultur (in cm³)	1	3		27		243			6561
b)	Füllhöhe eines Wasserbeckens (in cm)	0	26	52		104	130			
c)	Anzahl der infizierten Personen	1	4	16		256				65536

Funktionen

3 Radioaktiver Schwefel zerfällt so, dass die Masse jedes Jahr um $\frac{1}{12}$ abnimmt.
Es sind anfangs 6 g Schwefel vorhanden. Wie viel Schwefel sind nach einem Jahr, zwei Jahren, drei Jahren … noch vorhanden? Zeichnen Sie einen Graphen und geben Sie einen Funktionsterm an. Welcher Anteil ist nach 10 Jahren noch vorhanden?

4 Aus den Angaben im Artikel unten kann man nicht entnehmen, welche Art von Wachstum zugrunde liegt. Vergleichen Sie lineares Wachstum und exponentielles Wachstum im Zeitraum von 2014 bis 2030 für:
a) Größe der ökologisch bewirtschafteten Fläche
b) Anzahl der Biohöfe

Ökologischer Landbau im Trend

Durch den Verzicht auf Mineraldünger und chemische Pflanzenschutzmittel ist ökologischer Landbau ressourcenschonend, umweltfreundlich, tiergerecht und somit auf Nachhaltigkeit ausgerichtet. Die ökologisch bewirtschaftete Fläche in Niedersachsen hat 2015 einen Rekordstand erreicht: Nach Angaben des Landwirtschaftsministeriums stieg sie in nur einem Jahr um 1 200 auf 72 500 Hektar. Die Zahl der Biohöfe nahm im selben Zeitraum von 1 400 auf 1 500 Betriebe zu.

Prozentuale Wachstumsrate – Verdopplungs- und Halbwertszeit

5 Untersuchen Sie mit den Daten des Artikels die Bevölkerungsentwicklung afrikanischer Städte und kontrollieren Sie die Angabe über die Zeit zur Verdopplung.

Verstädterung

Urbanisierung (von lat. urbs: Stadt) bezeichnet die Ausbreitung städtischer Lebensformen in ländlichen Gebieten. Dieser Prozess ist seit Jahrhunderten zu beobachten, hat aber in den letzten Jahrzehnten in den Schwellen- und Entwicklungsländern bisher ungekannte Ausmaße angenommen. Mit diesem rasanten Wachstum und der Bildung sogenannter Mega-Citys geht dort ein ebenso massives Anwachsen der ungeplanten und unterversorgten Stadtgebiete, der Slums, einher. Besonders in Afrika ist der Trend zu Urbanisierung (Verstädterung) überdeutlich: In dem ländlich geprägten Kontinent mit nur 38,3 % städtischer Bevölkerung (2005) wachsen die Städte pro Jahr um 3,0 % (Verstädterungsrate). Hat in Afrika im Jahr 2014 eine „statistisch ideale" Stadt eine Million Einwohner, kann sich ihre Größe in etwa zwanzig Jahren verdoppeln.

Funktionen

13 Wie ändert sich der Funktionswert bei $f(x) = 2^x$, wenn man den x-Wert
a) um 2 vergrößert;
b) um 2 verkleinert;
c) um 3 vergrößert;
d) um 3 verkleinert;
e) um 0,5 vergrößert;
f) um 0,5 verkleinert;
g) verdoppelt;
i) halbiert?

14 Zeichnen Sie die Graphen zu $y = 3^x$ und $y = \left(\frac{1}{3}\right)^x$ in ein gemeinsames Koordinatensystem. Zeigen Sie durch eine Rechnung, dass die Graphen durch Spiegeln an der y-Achse auseinander hervorgehen.

15 Bilden Sie Paare von Funktionstermen, deren Graphen beim Spiegeln an der y-Achse auseinander hervorgehen:

$\left(\frac{3}{4}\right)^x$; 10^x; $1{,}2^x$; $\left(\frac{4}{3}\right)^x$; $1{,}4^x$; $\left(\frac{5}{6}\right)^x$; $\left(\frac{5}{7}\right)^x$

16 Zeichnen Sie den Graphen der Exponentialfunktion zur
a) Basis 2,5;
b) Basis 1,7;
c) Basis 0,8;
d) Basis 1,25.

Beschreiben Sie Eigenschaften der Graphen.
Wie ändert sich jeweils der Funktionswert, wenn man den x-Wert
(1) um 1 vergrößert;
(2) um 2 verkleinert;
(3) um 0,5 vergrößert;
(4) um 0,5 verkleinert?

17 In dem Koordinatensystem sind die Einheiten nicht eingetragen.
Trotzdem kann man jedem Graphen je einen der folgenden Funktionsterme richtig zuordnen.
Begründen Sie.
(1) $2{,}7^x$
(2) $1{,}8^x$
(3) $0{,}8x + 1$
(4) $2{,}8x + 1$
(5) $3{,}4^x$
(6) $2x + 2$

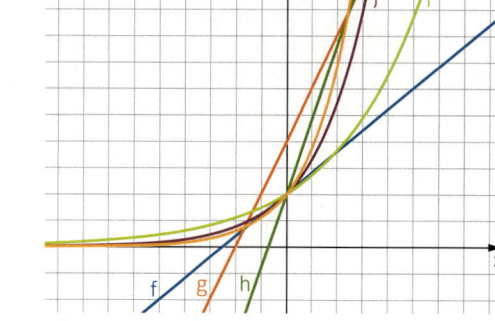

18 In dem Koordinatensystem sind die Einheiten nicht eingetragen.
Trotzdem kann man jedem Graphen je einen der folgenden Funktionsterme richtig zuordnen.
Begründen Sie.
(1) $0{,}3^x$
(2) $\left(\frac{1}{4}\right)^x$
(3) $-x + 1$
(4) $0{,}9^x$
(5) $1 - \frac{5}{8}x$
(6) $2 - 0{,}9x$

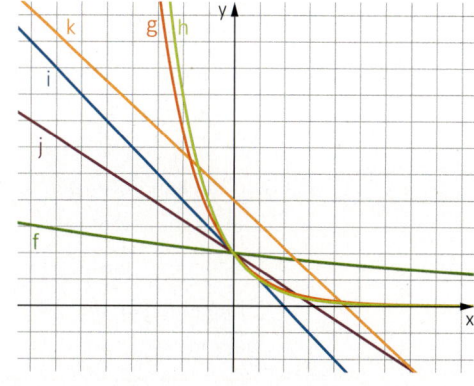

1.3 Exponentielles Wachstum – Exponentialfunktionen

11 ≡ Röntgenstrahlen werden durch Bleiplatten abgeschirmt. Pro Millimeter Plattendicke nimmt die Strahlungsintensität um 5 % ab.
Bestimmen Sie, wie dick eine Bleiplatte sein muss, damit die Strahlung auf
a) die Hälfte;   b) ein Zehntel
der ursprünglichen Intensität vermindert wird.

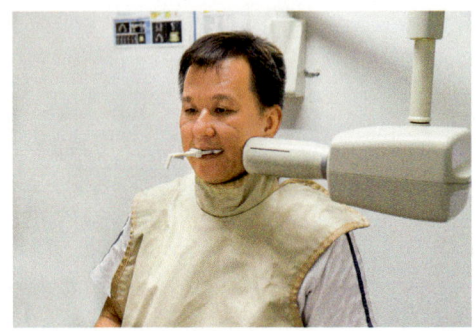

Eigenschaften von Exponentialfunktionen

12 ≡ 🔢 Untersuchen Sie mithilfe eines Rechners die Graphen der Exponentialfunktionen f mit $f(x) = b^x$ für verschiedene Werte von b (b > 0) auf Gemeinsamkeiten und Unterschiede.
Wählen Sie für b auch Werte kleiner als 1.
Fassen Sie Ihre Ergebnisse für eine Präsentation zusammen.

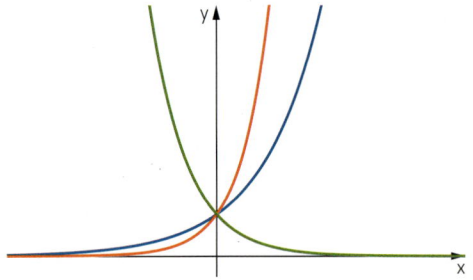

Information

Eigenschaften von Exponentialfunktionen

Für jede Exponentialfunktion f mit $f(x) = b^x$ mit $x \in \mathbb{R}$ und beliebiger positiver Basis $b \neq 1$ gilt:
- Der Graph
  - steigt für $b > 1$;
  - fällt für $0 < b < 1$.
- Der Graph liegt oberhalb der x-Achse.
- Der Graph schmiegt sich
  - für $b > 1$ dem negativen Teil der x-Achse an;
  - für $0 < b < 1$ dem positiven Teil der x-Achse an.

Alle Graphen haben den Punkt P(0|1) und nur diesen Punkt gemeinsam.
Die Graphen der Exponentialfunktionen zu $f(x) = b^x$ und $g(x) = \left(\frac{1}{b}\right)^x$ gehen durch Spiegelung an der y-Achse auseinander hervor.

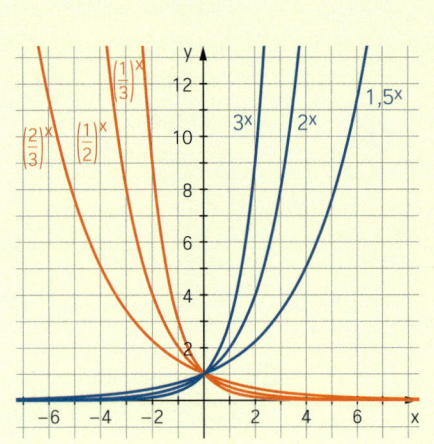

$f(0) = b^0 = 1$

$f(-x) = b^{-x} = \frac{1}{b^x} = \left(\frac{1}{b}\right)^x = g(x)$

Funktionen

7 In einem Wald sind 40 000 Festmeter Holzbestand vorhanden.
a) Der Holzbestand wächst unter günstigen Bedingungen jährlich um 3,5 %. Beschreiben Sie die Entwicklung des Holzbestandes.
b) Bei schädlichen Umwelteinflüssen verläuft das Wachstum des Holzbestandes langsamer und zwar so, dass er jährlich nur noch um 2,5 % zunimmt. Auf wie viele Festmeter wächst der Holzbestand unter diesen Voraussetzungen im Laufe der Jahre an?
c) Für einen Festmeter Holz wird durchschnittlich ein Erlös von 45 € erzielt. Wie hoch ist der durch Umweltschäden verursachte Verlust (gegenüber dem natürlichen Wachstum) in den nächsten 5 Jahren?

8 Eine gesunde Leber baut den Farbstoff Indocyaningrün (ICG) mit einer Halbwertszeit von 3 bis 4 min ab.
a) Einem Patienten werden 40 mg des Farbstoffs ICG in Form einer verdünnten Lösung injiziert. Sein Körper baut pro Minute 20 % des Farbstoffs ab. Berechnen Sie, wie lange es dauert, bis die Hälfte des injizierten Farbstoffs abgebaut ist.
b) Ein anderer Patient bekommt 50 mg Farbstoff injiziert. Nach 10 min sind noch 10 % des Farbstoffs nachweisbar.
Arbeitet die Leber dieses Patienten normal?

9 Im Jahr 2018 lebten in Ägypten ca. 97,2 Millionen Menschen, die prozentuale jährliche Wachstumsrate beträgt 2,5 %.
a) Geben Sie einen Funktionsterm an, der die Bevölkerungsentwicklung Ägyptens ab dem Jahr 2018 beschreibt, und berechnen Sie einen Prognosewert für die Bevölkerung Ägyptens nach 50 Jahren.

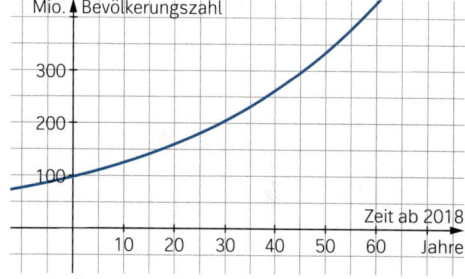

b) Ermitteln Sie mithilfe der Grafik, nach wie vielen Jahren sich die Bevölkerung Ägyptens verdoppelt hat. Überprüfen Sie den Wert rechnerisch.
c) Vergleichen Sie den ermittelten Wert mit der angegebenen Faustformel.

Faustformel für die Verdopplungszeit d bei prozentualem Wachstum mit Wachstumsrate p: $d = \frac{72}{p}$

10 Das Nuklid Caesium-137 ist ein Beta- und Gammastrahler. Es hat eine Halbwertszeit von etwa 30 Jahren. Anfangs sind 5 mg vorhanden.
a) Ermitteln Sie einen Funktionsterm für die Zuordnung *Zeit (in Jahren) → Masse (in mg)* und zeichnen Sie den Graphen.
b) Wie viel Prozent der ursprünglichen Masse sind nach 10 Jahren noch vorhanden?
c) Ermitteln Sie die Zeitspanne, nach der noch 1 % der Ausgangssubstanz vorhanden ist.

> Eine Substanz hat eine Halbwertszeit von 10 Tagen. Der Anfangsbestand beträgt 3 g.
> Abnahmefaktor ermitteln und Funktionsterm bestimmen:
> $3 \cdot b^{10} = 0{,}5 \cdot 3$
> $b^{10} = 0{,}5$
> $b = (0{,}5)^{\frac{1}{10}}$
> $b \approx 0{,}933$.
> Der Abnahmefaktor ist 0,933, also:
> $f(t) = 3 \cdot 0{,}933^t$.

1.3 Exponentielles Wachstum – Exponentialfunktionen

6 ≡ Eine Patientin nimmt einmalig 8 Milligramm eines Medikaments zu sich. Im Körper werden im Laufe eines Tages 25 % des Medikaments abgebaut, d. h., es sind am nächsten Tag noch 75 % davon vorhanden.
a) Legen Sie eine Wertetabelle an und stellen Sie einen Funktionsterm für die Zuordnung *Zeit (in Tagen) → Masse des Medikaments (in mg)* auf.
b) Zeichnen Sie den zugehörigen Graphen und ermitteln Sie den Zeitpunkt, zu dem das verabreichte Medikament im Körper der Patientin auf die Hälfte der verabreichten Masse abgebaut wurde.
Zeigen Sie am Graphen: Die Zeitspannen, in denen die Masse des Medikaments im Körper der Patientin jeweils halbiert wird, sind immer gleich groß.

Information

Prozentuales Wachstum als exponentielles Wachstum

(1) Bei einem Anfangswert a und einer **Zuwachsrate** von p % pro Zeitspanne liegt ein exponentielles Wachstum vor.
Es gilt: $f(t) = a \cdot b^t$ mit $b = 1 + p\%$, wobei die Zeit t die Einheit der Zeitspanne hat.
Man sagt auch: Der Bestand wächst um p % pro Zeitspanne.

Die **Verdopplungszeit** ist die Zeitspanne, in der sich ein Anfangswert verdoppelt.
Die Verdopplungszeit ist unabhängig vom Anfangswert.
Begründung:
$f(t) = a \cdot b^t = 2a$ für $b^t = 2$, daher ist t unabhängig von a.

(1) Eine Population von 350 Insekten wächst um 24 % innerhalb einer Woche. Damit ergibt sich
$f(t) = 350 \cdot (1 + 0{,}24)^t = 350 \cdot 1{,}24^t$
mit t in Wochen.

Wegen $1{,}24^t = 2$ für $t \approx 3{,}22$ (berechnet mit dem solve-Befehl des Taschenrechners) hat sich die Population nach etwa 3 Wochen und 1,5 Tagen verdoppelt.

(2) Bei einem Anfangswert a und einer **Abnahmerate** von p % pro Zeitspanne liegt ein exponentielles Wachstum vor.
Es gilt: $f(t) = a \cdot b^t$ mit $b = 1 - p\%$, wobei die Zeit t die Einheit der Zeitspanne hat.
Man sagt auch: Der Bestand sinkt um p % pro Zeitspanne.

Die **Halbwertszeit** ist die Zeitspanne, in der sich ein Anfangswert halbiert. Die Halbwertszeit ist unabhängig vom Anfangswert.
Begründung:
$f(t) = a \cdot b^t = 0{,}5a$ für $b^t = 0{,}5$, daher ist t unabhängig von a.

(2) Die Konzentration eines Medikaments im Blut eines Patienten sinkt um 3 % pro Stunde. Anfangs sind 500 mg des Medikaments im Blut vorhanden. Damit ergibt sich:
$f(t) = 500 \cdot (1 - 0{,}03)^t = 500 \cdot 0{,}97^t$

Wegen $0{,}97^t = 0{,}5$ für $t \approx 22{,}76$ (berechnet mit dem solve-Befehl des Taschenrechners) befinden sich nach ungefähr 23 Stunden noch 250 mg des Medikaments im Blut des Patienten.

1.3 Exponentielles Wachstum – Exponentialfunktionen

19 Der Graph einer Exponentialfunktion f mit $f(x) = a \cdot b^x$ geht durch die Punkte P und Q.
Bestimmen Sie a und b und geben Sie die Funktionsgleichung an.
a) $P(1|6)$, $Q(2|18)$
b) $P(-1|0,3)$, $Q(2|37,5)$
c) $P(4|12,5)$, $Q(1|0,8)$
d) $P\left(\frac{1}{2}|3\right)$, $Q(2|18)$
e) $P(-2|40)$, $Q(-4|160)$
f) $P(0|r)$, $Q(1|t)$
g) $P(0|r)$, $Q(t|1)$
h) $P(0|r)$, $Q(s|t)$

> $P(2|0,8)$ und $Q(4|5)$; $f(x) = a \cdot b^x$
> Einsetzen von P und Q:
> $0,8 = a \cdot b^2$
> $5 = a \cdot b^4$
> Quotienten der Gleichungen bilden:
> $\frac{5}{0,8} = \frac{a \cdot b^4}{a \cdot b^2}$, also $\frac{5}{0,8} = b^2$, somit
> $b = \sqrt{\frac{5}{0,8}} = 2,5$
> Berechnen von a aus einer der Gleichungen:
> $0,8 = a \cdot b^2 = a \cdot 2,5^2 = a \cdot 6,25$
> folglich $a = \frac{0,8}{6,25} = 0,128$
> Die Funktionsgleichung lautet also:
> $f(x) = 0,128 \cdot 2,5^x$

20 Joghurt entsteht durch Versetzen von Milch mit besonderen Bakterien, z. B. Lactobacillus bulgaricus und Streptococcus thermophilus. Diese Mikroorganismen vermehren sich näherungsweise exponentiell.
Eine Joghurt-Kultur weist nach einer halben Stunde Reifung 6 Millionen Bakterien pro Gramm auf, nach zwei Stunden 48 Millionen. Reichen 2,5 Stunden Reifungszeit, um den geforderten Mindestgehalt von 100 Millionen Bakterien zu erreichen?
Ermitteln Sie dazu eine Exponentialfunktion, die die Abhängigkeit der Anzahl der Bakterien von der Zeit nach Reifungsbeginn beschreibt.

Weiterüben

21 Beim Zeichnen des Graphen einer Exponentialfunktion haben Sie gemerkt, dass die Funktionswerte schnell ansteigen.
Der Graph der Funktion f mit $f(x) = 3^x$ soll in einem Koordinatensystem der Einheit 1 cm gezeichnet werden, wobei der Ursprung links unten auf dem Papier ist.
a) Ermitteln Sie, bis zu welchem x-Wert der Graph auf einem Blatt im Format DIN A4 gezeichnet werden kann.
b) Stellen Sie sich vor, das Blatt ist so hoch, dass es bis zum 384 000 km entfernten Mond reicht. Schätzen Sie zunächst und berechnen Sie dann, bis zu welchem x-Wert der Graph nun gezeichnet werden kann.

22 Ermitteln Sie eine Funktionsgleichung für den Prozess.
a) Ein Anfangsbestand von 30 vervierfacht sich alle drei Tage.
b) Ein Anfangsbestand von 2 drittelt sich alle 5 Stunden.
c) Ein Anfangsbestand von 0,65 vermehrt sich alle 2,5 Minuten auf das 1,5-Fache.
d) Ein Anfangsbestand von 400 verringert sich jeweils in einem halben Jahr um 12 %.
e) Ein Anfangsbestand von 32 vermehrt sich jeweils in 3 Sekunden um 5 %.
f) Ein Anfangsbestand von 4 wächst stündlich um 0,3.
g) Ein Anfangsbestand von 13,7 fällt alle vier Tage um 5.

Wiederholung Trigonometrie

Trigonometrie

Aktivieren

1 Berechnen Sie die Länge der Seite x bzw. die Größe des Winkels α im rechtwinkligen Dreieck.

a) [Dreieck mit 35°, 5,5 cm, x]   b) [Dreieck mit 8 cm, 9 cm, α]   c) [Dreieck mit x, 26°, 11 cm]   d) [Dreieck mit α, 2,3 cm, 5 cm]

Erinnern

Sinus, Kosinus und Tangens

In **rechtwinkligen Dreiecken** hängen die Verhältnisse der Längen zweier Seiten nur von der Größe der beiden spitzen Winkel ab, egal wie groß das Dreieck ist. Deshalb haben diese Verhältnisse bestimmte Namen:

Sinus eines Winkels:

$$\sin(\alpha) = \frac{\text{Länge der Gegenkathete zu } \alpha}{\text{Länge der Hypotenuse}}$$

Kosinus eines Winkels:

$$\cos(\alpha) = \frac{\text{Länge der Ankathete zu } \alpha}{\text{Länge der Hypotenuse}}$$

Tangens eines Winkels:

$$\tan(\alpha) = \frac{\text{Länge der Gegenkathete zu } \alpha}{\text{Länge der Ankathete zu } \alpha}$$

Für ein rechtwinkliges Dreieck mit

$a = 4\,\text{cm}$,
$b = 3\,\text{cm}$ und
$c = 5\,\text{cm}$ gilt:

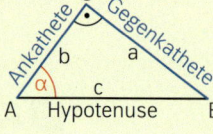

$\sin(\alpha) = \frac{a}{c} = \frac{4}{5} = 0{,}8$

$\cos(\alpha) = \frac{b}{c} = \frac{3}{5} = 0{,}6$

$\tan(\alpha) = \frac{a}{b} = \frac{4}{3} = 1{,}\overline{3}$

Mit den Rechnerbefehlen $\sin^{-1}$, $\cos^{-1}$ oder $\tan^{-1}$ lässt sich der zugehörige Winkel bestimmen:

$\alpha \approx 59{,}03°$ — $\boxed{\sin^{-1}(0{,}8)}$

Festigen

2 Eine 3 m lange Leiter ist an eine Wand gelehnt, mit der sie einen Winkel von 31° bildet. Wie hoch reicht die Leiter an der Wand? Wie weit steht sie von der Wand ab?

3 In dem kleinen Ort Bad Frankenhausen in Thüringen neigt sich ein 56 m hoher Turm jährlich um 2 cm. Er hat schon einen Überhang von 4,60 m und macht damit dem Schiefen Turm von Pisa Konkurrenz, der eine Schieflage von 4,43° hat.

a) Berechnen Sie die Schieflage des Turms von Bad Frankenhausen.

b) Statiker haben herausgefunden, dass es bei einem Überhang von 6,07 m für den Turm von Bad Frankenhausen kritisch wird. Berechnen Sie die Schieflage bei diesem Überhang und geben Sie an, wann diese erreicht wird.

1.4 Sinus- und Kosinusfunktion

Einstieg

Das Rad einer Wassermühle hat einen Durchmesser von 6 m. Betrachten Sie einen festen Punkt P am Rand des Rades. Welche Höhe über der waagerechten Achse hat der Punkt P in Abhängigkeit vom Drehwinkel α? Zeichnen Sie den Graphen der Funktion, die jedem Drehwinkel α die Höhe von P über der Achse zuordnet.

Aufgabe mit Lösung

Drehwinkel und Koordinaten

Sitzt man im Riesenrad London Eye, kann man in der Gondel eine maximale Höhe von 134 m erreichen.

→ Bestimmen Sie mithilfe des eingezeichneten Koordinatensystems die Position P(u|v) einer Gondel in Abhängigkeit vom Drehwinkel α < 90°.

Lösung

Der Radius beträgt 67 m, deshalb gilt

$\sin(\alpha) = \frac{v}{67}$ und

$\cos(\alpha) = \frac{u}{67}$.

Daraus erhält man die Koordinaten von P in Abhängigkeit von α mit

$v = 67 \cdot \sin(\alpha)$ und

$u = 67 \cdot \cos(\alpha)$.

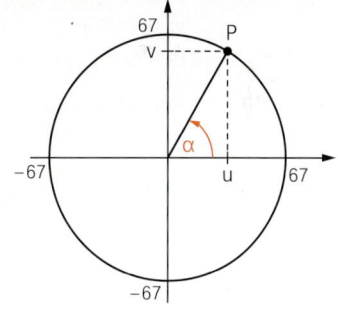

→ Zeichnen Sie den Graphen der Funktion, die jedem Drehwinkel α von 0° bis 360° die zweite Koordinate v von P zuordnet.

Lösung

Die 2. Koordinate eines Punktes P kann direkt in den Graphen übertragen werden.

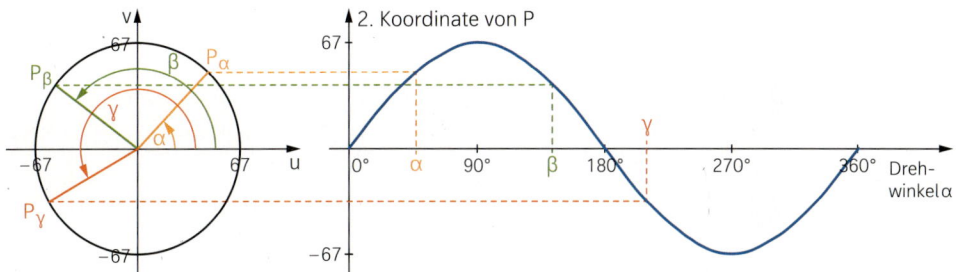

Funktionen

Information

Sinus und Kosinus am Einheitskreis

Dreht man den Punkt (1|0) auf einem **Einheitskreis (M(0|0) und r = 1)** um einen Winkel α < 90°, so hat der Bildpunkt P(u|v) die Koordinaten u = cos(α) und v = sin(α). Allgemein überträgt man dies auf alle Winkelgrößen.

Definition

Der Punkt (1|0) auf dem Einheitskreis wird mit einem beliebigen Drehwinkel α auf dem Einheitskreis gedreht. Die Koordinaten des Bildpunktes P(u|v) werden dann mit u = cos(α) und v = sin(α) bezeichnet.
Der Graph der Funktion mit der Gleichung y = sin(α) heißt **Sinuskurve**.
Der Graph der Funktion mit der Gleichung y = cos(α) heißt **Kosinuskurve**.

Hinweise:
(1) Auch Winkel über 360° hinaus und negative Drehwinkel (im Uhrzeigersinn) sind zugelassen.
(2) Ein Punkt P auf einem Kreis mit dem Radius r hat bei einem Drehwinkel α die Koordinaten u = r · cos(α) und v = r · sin(α).

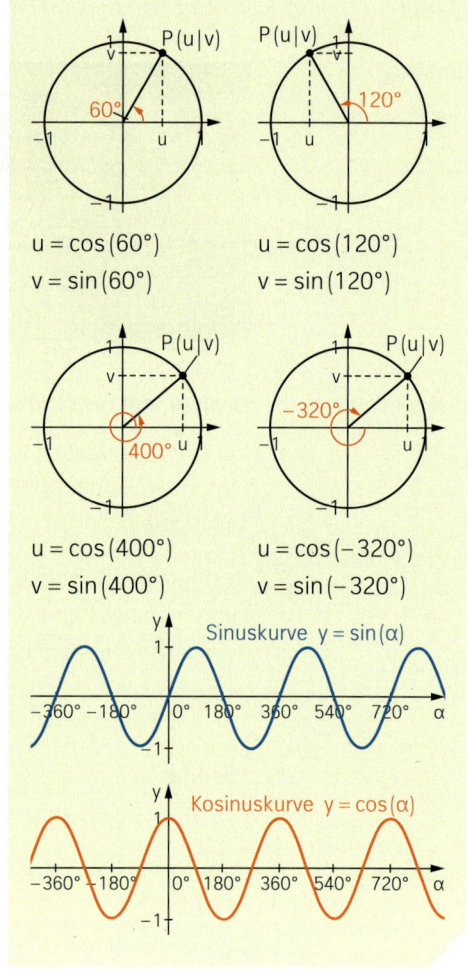

Üben

1 ≡ Zeichnen Sie einen Einheitskreis mit r = 1 dm. Der Punkt (1|0) wird mit dem Drehwinkel α auf dem Kreis gedreht. Ermitteln Sie zeichnerisch die Koordinaten des Bildpunktes P.
 a) α = 75°   b) α = 156°   c) α = 281°   d) α = −320°

2 ≡ Bestimmen Sie am Einheitskreis die Winkel α mit 0° ≤ α ≤ 360°, für die gilt:
 a) sin(α) = 0,24   b) sin(α) = −0,56   c) cos(α) = 0,75   d) cos(α) = −0,32

3 ≡ Bestimmen Sie die Winkel α mit −360° ≤ α ≤ 360°, für die gilt:
 a) sin(α) = 0   b) sin(α) = 1   c) sin(α) = −1   d) cos(α) = 1

4 ≡ Bestimmen Sie mithilfe des Taschenrechners. Runden Sie sinnvoll.
 a) sin(119,5°)   b) sin(775,4°)   c) cos(254,5°)   d) cos(−514,6°)
 e) sin(−202,8°)   f) −sin(−358,1°)   g) cos(−153,1°)   h) −cos(−261,5°)

1.4 Sinus- und Kosinusfunktion

Aufgabe mit Lösung

Bogenlänge eines Winkels

Die Punkte Q(1|0) und P liegen auf dem Einheitskreis um den Koordinatenursprung. Im Punkt Q beginnend bewegt sich P auf dem Kreisbogen und kann durch den Winkel α oder auch durch die Maßzahl x des auf dem Kreisbogen zurückgelegten Weges beschrieben werden.

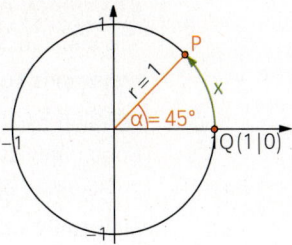

→ Berechnen Sie x für den von Q nach P auf dem Kreisbogen zurückgelegten Weg bei einen eingeschlossenen Winkel α von 45° und von 1°.

Lösung

Dem Vollwinkel von 360° entspricht der Kreisumfang $2\pi r = 2\pi \cdot 1 = 2\pi$. Bei einem gestreckten Winkel von 180° wird genau die Hälfte des Umfangs auf dem Kreisbogen zurückgelegt, somit gilt $x = \pi$. Bei 45° ist es nur noch $\frac{1}{8}$ des Umfangs, also $x = \frac{2\pi}{8} = \frac{\pi}{4}$. Bei 1° ist es dann $\frac{1}{360}$ des Umfangs, also $x = \frac{2\pi}{360} = \frac{\pi}{180}$.

→ Geben Sie allgemein zu jedem auf dem Kreisbogen zurückgelegten Weg eine Vorschrift für x in Abhängigkeit vom eingeschlossenen Winkel α an.

Lösung

Das Ergebnis von oben lässt sich für den auf dem Kreisbogen zurückgelegten Weg x verallgemeinern: $x = 2\pi \cdot \frac{\alpha}{360°} = \pi \cdot \frac{\alpha}{180°}$

→ Zeichnen Sie den Graphen der Sinusfunktion und der Kosinusfunktion und geben Sie zusätzlich zu den α-Werten die zugehörigen x-Werte an.

Lösung

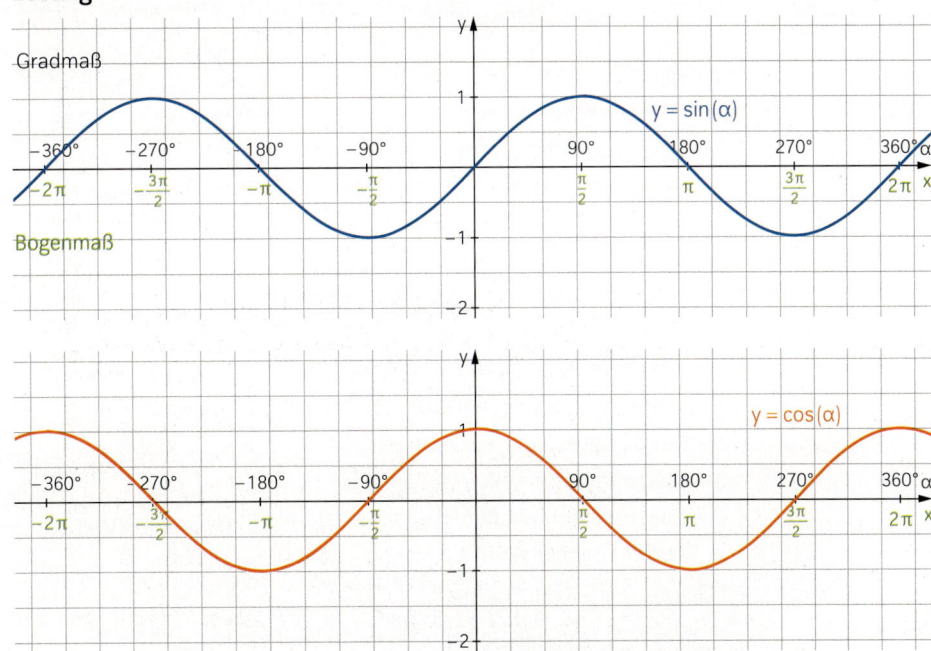

Funktionen

Information

Bogenmaß eines Winkels

Die Maßzahl x der Bogenlänge am Einheitskreis eines zugehörigen Winkels α bezeichnet man als **Bogenmaß** des Winkels. Das Bogenmaß ist eine reelle Zahl.

Zu einem Vollwinkel von 360° gehört die Maßzahl 2π des Kreisumfangs.

Es gilt $\frac{x}{2\pi} = \frac{\alpha}{360°}$ und somit $x = \frac{\pi \cdot \alpha}{180°}$ sowie $\alpha = \frac{180° \cdot x}{\pi}$.

Die Größe eines Winkels kann man im Bogenmaß oder im Gradmaß angeben.

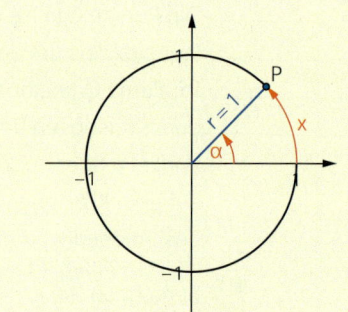

α	0°	90°	180°	270°	360°
x	0	$\frac{\pi}{2}$	π	$\frac{3\pi}{2}$	2π

Hinweis:
Im Taschenrechner kann man für Winkel das Gradmaß (DEG) und das Bogenmaß (RAD) einstellen.

Sinus- und Kosinusfunktion mit ℝ als Definitionsbereich

Die Sinusfunktion ordnet jedem Bogenmaß x ∈ ℝ eines Winkels den Sinus dieses Winkels zu. Man schreibt dafür $f(x) = \sin(x)$. Genauso definiert man die Kosinusfunktion $f(x) = \cos(x)$.

Der Definitionsbereich für die Sinus- und die Kosinusfunktion ist ℝ.

Die Funktionswerte sin(x) kann man als 2. Koordinate v des Punktes P auf dem Einheitskreis deuten; die Funktionswerte cos(x) als 1. Koordinate u von P.

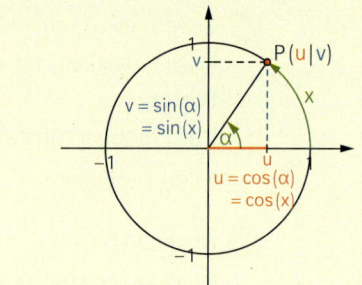

Eigenschaften der Sinus- und der Kosinusfunktion

- Die Sinus- und die Kosinusfunktion sind periodische Funktionen mit der Periode 2π: $\sin(x + 2\pi) = \sin(x)$ und $\cos(x + 2\pi) = \cos(x)$
- Die Sinus- und die Kosinusfunktion haben Funktionswerte von −1 bis 1.
- Der Graph der Sinusfunktion ist punktsymmetrisch zum Koordinatenursprung.
- Der Graph der Kosinusfunktion ist achsensymmetrisch zur y-Achse.
- Die Sinusfunktion hat bei …, −2π, −π, 0, π, 2π, 3π, … Nullstellen.
- Die Kosinusfunktion hat bei …, $-\frac{3\pi}{2}, -\frac{\pi}{2}, \frac{\pi}{2}, \frac{3\pi}{2}, \frac{5\pi}{2}$, … Nullstellen.

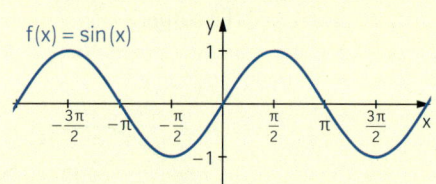

Besondere Werte: $\sin(0) = 0$; $\sin\left(\frac{\pi}{2}\right) = 1$; $\sin(\pi) = 0$; $\sin\left(\frac{3\pi}{2}\right) = -1$; $\sin(2\pi) = 0$

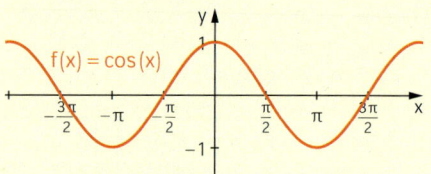

Besondere Werte: $\cos(0) = 1$; $\cos\left(\frac{\pi}{2}\right) = 0$; $\cos(\pi) = -1$; $\cos\left(\frac{3\pi}{2}\right) = 0$; $\cos(2\pi) = 1$

1.4 Sinus- und Kosinusfunktion

Üben

5 Geben Sie jeweils das Bogenmaß des zugehörigen Winkels an:
a) gestreckter Winkel
b) 6-fache Drehung
c) Winkel zwischen den Zeigern einer Uhr um 14 Uhr
d) Richtungsänderung von Nordost über Ost auf Süd
e) eine halbe Drehung rechtsherum
f) Innenwinkel eines gleichseitigen Dreiecks

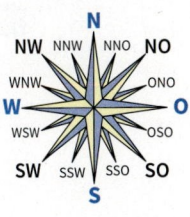

6 Gegeben sind Winkelgrößen im Gradmaß. Berechnen Sie jeweils das zugehörige Bogenmaß.
a) 37°; 109°; 348°; 258°; 17,5°; 339,8°; 127,1°
b) −55°; 456°; −125°; −518°; −256,8°

7 Gegeben sind Winkelgrößen im Bogenmaß. Berechnen Sie jeweils das zugehörige Gradmaß.
a) 2,67; 5,14; 0,5; −3,25; 23,6; −1,3; 20,4   b) $\frac{3}{2}\pi$; $\frac{\pi}{4}$; $\frac{5}{4}\pi$; $-\frac{7}{4}\pi$; $-\frac{3}{8}\pi$; $-\frac{5}{8}\pi$; $\frac{7}{8}\pi$; $-\frac{\pi}{6}$

8 Rechnen Sie jeweils in das andere Winkelmaß um, gerundet auf Zehntel.
a) 17°; 3,4; 2,7; 93°; −93; 1,9°
b) 1°; 1; −1; −1°; π; π°

9 In welchen Quadranten zeigt der schwarze Zeiger eines Winkels mit dem Bogenmaß
a) 2;
b) −2;
c) 12;
d) 20;
e) −200;
f) 314 259?

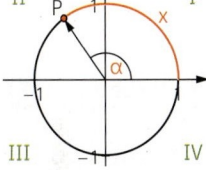

10 Für einige Winkel kann man Sinus, Kosinus und Tagens mithilfe spezieller rechtwinkliger Dreiecke berechnen.
a) Erläutern Sie die gezeigte Berechnung von $\sin\left(\frac{\pi}{4}\right)$ und geben Sie außerdem $\cos\left(\frac{\pi}{4}\right)$ und $\tan\left(\frac{\pi}{4}\right)$ an.
b) Bestimmen Sie mithilfe eines geeigneten rechtwinkligen Dreiecks $\sin\left(\frac{\pi}{3}\right)$, $\cos\left(\frac{\pi}{3}\right)$ und $\tan\left(\frac{\pi}{3}\right)$ sowie $\sin\left(\frac{\pi}{6}\right)$, $\cos\left(\frac{\pi}{6}\right)$ und $\tan\left(\frac{\pi}{6}\right)$.

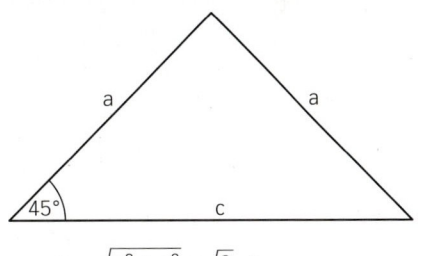

$c = \sqrt{a^2 + a^2} = \sqrt{2} \cdot a$
$\sin\left(\frac{\pi}{4}\right) = \sin(45°) = \frac{a}{\sqrt{2}\cdot a} = \frac{1}{\sqrt{2}} = \frac{\sqrt{2}}{2}$

11 Gerrit hat versucht, den Graphen der Sinusfunktion mit dem grafikfähigen Taschenrechner zu zeichnen. Nehmen Sie Stellung.

12 Skizzieren Sie den Graphen der Sinus- und der Kosinusfunktion, ohne einen Rechner zu verwenden.

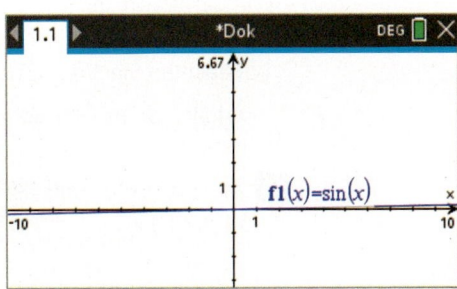

Funktionen

13 ≡ Begründen oder widerlegen Sie die Aussage zur Sinus- und zur Kosinusfunktion.
  a) Der Funktionsgraph der Sinusfunktion ist punktsymmetrisch zum Ursprung.
  b) Alle Nullstellen der Sinusfunktion liegen bei Vielfachen von π.
  c) Alle Funktionswerte der Kosinusfunktion wiederholen sich im Abstand von π.
  d) Die Kosinusfunktion hat mehrere zur y-Achse parallele Symmetrieachsen.
  e) Alle Nullstellen der Kosinusfunktion liegen $\frac{\pi}{2}$ vor einer Nullstelle der Sinusfunktion.

14 ≡ Bestimmen Sie alle Stellen, an denen der größtmögliche bzw. kleinstmögliche Funktionswert angenommen wird, für
  a) die Sinusfunktion;   b) die Kosinusfunktion.

15 ≡ Zeichnen Sie den Graphen der Funktion für $-13 \leq x \leq 13$.
  a) $y = 1 + \sin(x)$ b) $y = \frac{1}{2}x - \cos(x)$ c) $y = \frac{1}{10}x^2 - \cos(x)$ d) $\frac{1}{x} - \sin(x)$

16 ≡ Stellen Sie sich die Sinuskurve und den Einheitskreis vor.
Lassen Sie sich von Ihrem Partner einen Winkel beziehungsweise einen Sinuswert sagen.
Schätzen Sie den Sinuswert des Winkels beziehungsweise geben Sie Winkel an, die den jeweiligen Sinuswert haben.
Kontrollieren Sie Ihr Ergebnis mit einem Taschenrechner.

Zu einem Funktionswert sin(x) mögliche x-Werte bestimmen

Weiterüben

17 ≡ a) Frank hat die Gleichung $\sin(x) = 0{,}9$ wie in der Abbildung mit seinem GTR gelöst.
Vollziehen Sie diese Lösung mit Ihrem Rechner nach.

b) Carolin meint:
„Das sind aber nicht alle Lösungen. Ich habe als weitere Lösungen noch $\pi - 1{,}12$ und $2\pi + 1{,}12$ gefunden."
Nehmen Sie Stellung zu dieser Aussage und begründen Sie dies mithilfe des abgebildeten Graphen.

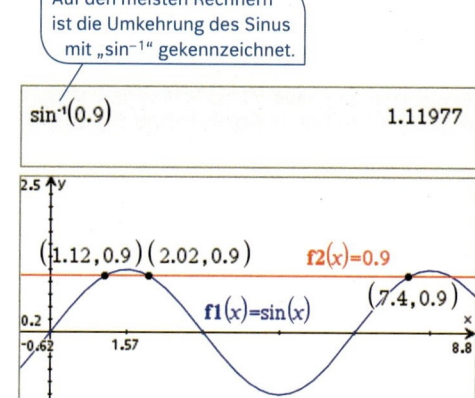

Auf den meisten Rechnern ist die Umkehrung des Sinus mit „sin^{-1}" gekennzeichnet.

c) Bestimmen Sie alle Lösungen für x auf dem Intervall $[-\pi;\ 2\pi]$, für die gilt:
  (1) $\sin(x) = 0$ (2) $\sin(x) = -1$ (3) $\sin(x) = 0{,}5$ (4) $\sin(x) = -0{,}75$

Beachten Sie: Viele GTR liefern nur Werte aus dem Intervall $\left[-\frac{\pi}{2};\ \frac{\pi}{2}\right]$. Weitere Lösungen erhält man mithilfe von Symmetrieüberlegungen.

18 ≡ Hier können Sie exakte Werte für x angeben. Begründen Sie.
  a) $\sin(x) = 1$ b) $\sin(x) = 0$ c) $\cos(x) = 0$ d) $\cos(x) = -1$
  e) $\cos(x) = \frac{1}{2}$ f) $\sin(x) = \frac{1}{2}$ g) $\cos(x) = -\frac{1}{2}\sqrt{2}$ h) $\cos(x) = -\frac{1}{2}\sqrt{3}$

1.5 Funktionsgraphen verschieben und strecken

Einstieg

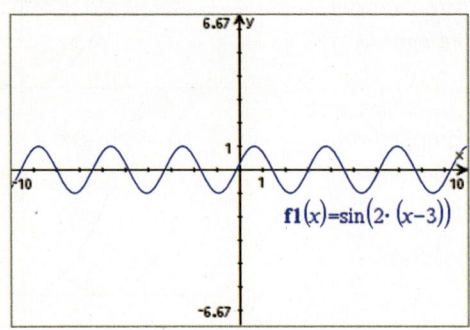

Zeichnen Sie den Graphen der Sinusfunktion und untersuchen Sie mithilfe eines GTR, wie die Graphen der Funktionen mit der Gleichung $y = \sin(x - a)$ sowie $y = \sin(k \cdot x)$ mit $a, k \in \mathbb{R}$ aus dem Graphen der Sinusfunktion hervorgehen.
Klären Sie außerdem, wie der Graph zu $y = \sin(k \cdot (x - a))$ aus dem Graphen der Sinusfunktion entsteht.

Aufgabe mit Lösung

Graph in Richtung der x-Achse verschieben und strecken

→ Der Graph der Sinusfunktion soll in Richtung der x-Achse mit dem Faktor $\frac{1}{4}$ gestreckt werden.
Bestimmen Sie die Funktionsgleichung für den gestreckten Graphen.

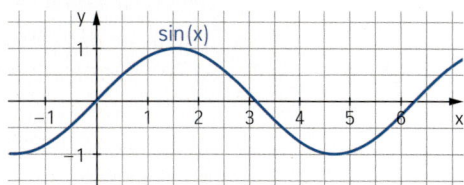

Überlegen Sie dazu, an welcher Stelle ein Funktionswert vor und nach dem Strecken in Richtung der x-Achse mit dem Faktor $\frac{1}{4}$ liegt.
Skizzieren Sie den gestreckten Graphen.

Lösung
Der Funktionswert der Sinusfunktion an der Stelle $x = 5$ zum Beispiel liegt nach dem Strecken des Graphen in Richtung der x-Achse mit dem Faktor $\frac{1}{4}$ nun an der Stelle $x = \frac{5}{4}$.
Somit muss der Term $g(x) = \sin(4x)$ lauten, denn $\sin\left(4 \cdot \frac{5}{4}\right) = \sin(5)$.

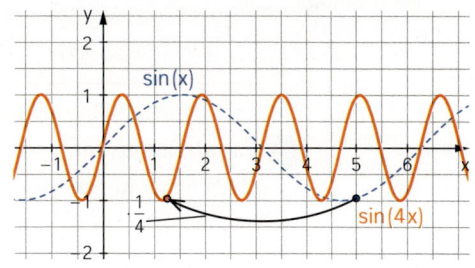

→ Der Graph zu $g(x) = \sin(4x)$ soll nun noch um 1 nach rechts verschoben werden.
Bestimmen Sie die zugehörige Funktionsgleichung.

Lösung
Der Funktionswert der Funktion g an der Stelle $x = 5$ zum Beispiel liegt nach dem Verschieben des Graphen um 1 nach rechts nun an der Stelle $x = 6$.
Somit muss der Term $h(x) = \sin(4(x - 1))$ lauten, denn $\sin(4 \cdot (6 - 1)) = \sin(4 \cdot 5)$.

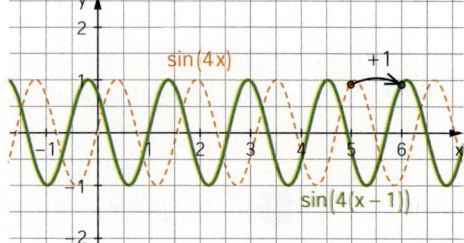

Funktionen

Information

Graphen verschieben und strecken

Ist eine Funktion f gegeben, so ergibt sich der Graph der Funktion g mit

(1) $g(x) = f(x) + d$ aus dem Graphen von f durch Verschieben um d Einheiten in Richtung der y-Achse,

(1) $f(x) = x^2$; $g(x) = x^2 + 1$

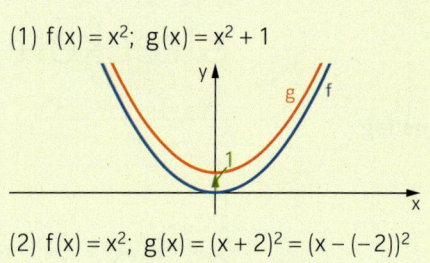

(2) $g(x) = f(x - c)$ aus dem Graphen von f durch Verschieben um c Einheiten in Richtung der x-Achse,

(2) $f(x) = x^2$; $g(x) = (x + 2)^2 = (x - (-2))^2$

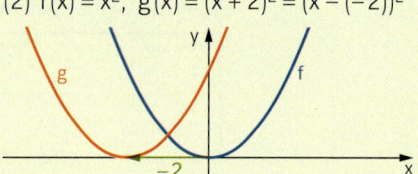

(3) $g(x) = k \cdot f(x)$ aus dem Graphen von f durch Strecken von der x-Achse aus in y-Richtung mit dem Faktor k; ist k < 0, so wird dabei an der x-Achse gespiegelt,

(3) $f(x) = x^2$; $g(x) = 2 \cdot x^2$

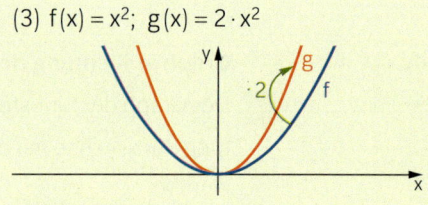

(4) $g(x) = f(k \cdot x)$ aus dem Graphen von f durch Strecken von der y-Achse aus in x-Richtung mit dem Faktor $\frac{1}{k}$; ist k < 0, so wird dabei an der y-Achse gespiegelt.

(4) $f(x) = (x - 1)^2 - 1$; $g(x) = \left(\frac{1}{2}x - 1\right)^2 - 1$
$k = \frac{1}{2}$, also $\frac{1}{k} = 2$

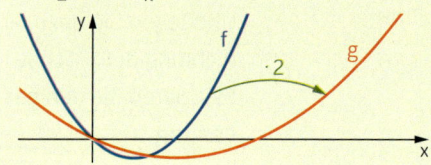

Üben

1 a) Betrachten Sie die drei Graphen. Welcher Graph zeigt den Graphen der Sinusfunktion? Erläutern Sie, wie die anderen beiden Graphen aus dem Graphen der Sinusfunktion hervorgegangen sind. Geben Sie außerdem für diese Graphen einen Funktionsterm an.

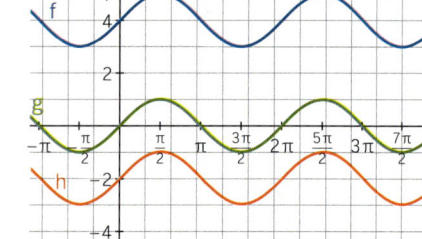

b) Skizzieren Sie den Verlauf der zugehörigen Graphen in ein Koordinatensystem.
(1) $y = \sin(x) + 1$ (2) $y = \sin(x) - 0{,}5$ (3) $y = \sin(x) + 4$ (4) $y = \sin(x) - \sqrt{2}$

c) Skizzieren Sie den Verlauf der Kosinusfunktion und die Graphen zu $y = \cos(x) + 1{,}5$ und $y = \cos(x) - 2$ in ein Koordinatensystem.

2 Vergleichen Sie den Graphen der Sinusfunktion mit dem Graphen zu
(1) $y = \sin(x) + 2$; (2) $y = \sin(x) - 3$; (3) $y = \sin(x) - \pi$; (4) $y = \pi + \sin(x)$.

1.5 Funktionsgraphen verschieben und strecken

3 Geben Sie zu den Graphen den Funktionsterm an.

a)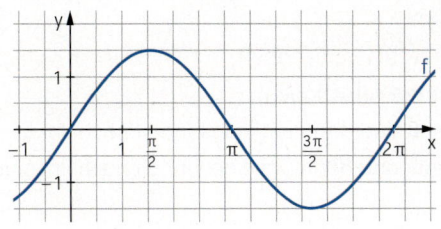
b)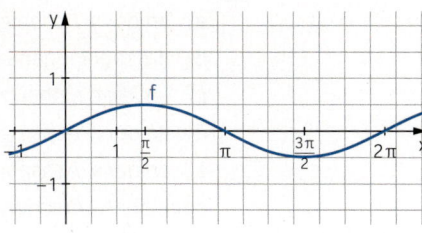
c)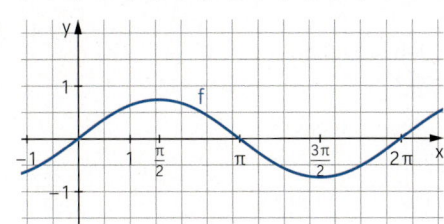
d)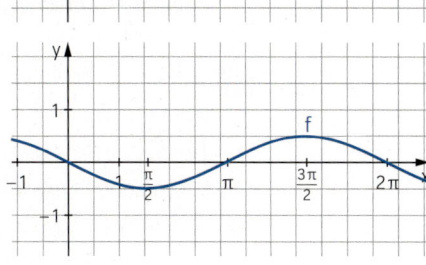

4 Der rote Graph ist aus dem blauen Graphen der Funktion f entstanden. Bestimmen Sie die Funktionsgleichung für den roten Graphen.

a)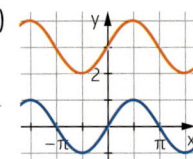
b)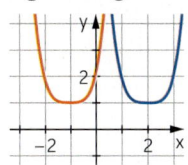
c)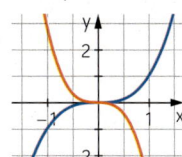
d)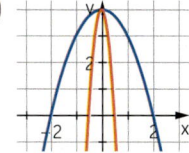

5 Ordnen Sie den Funktionstermen die passenden Graphen zu.

(1) $f(x) = 3 \cdot \sin(x) + 2$ (2) $f(x) = 3 \cdot \sin(x) - 2$ (3) $f(x) = 2 \cdot \sin(x) + 2$ (4) $f(x) = 2 \cdot \sin(x) - 3$

(A)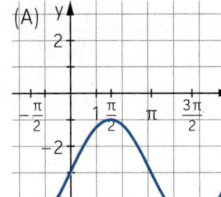
(B)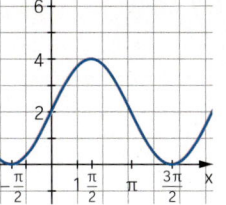
(C)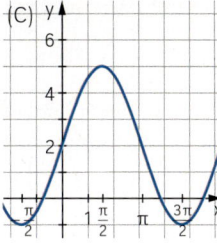
(D)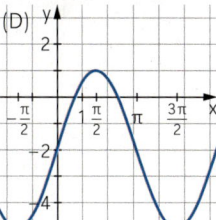

6 Der Graph der Funktion f soll um c Einheiten in x-Richtung und um d Einheiten in y-Richtung verschoben werden. Geben Sie den Funktionsterm zum verschobenen Funktionsgraphen an.

a) $f(x) = x^2$, c = 0, d = 2
b) $f(x) = 2x$, c = 2, d = 4
c) $f(x) = 2^x$, c = 1, d = 1
d) $f(x) = \sin(x)$, c = 3, d = 2

7 Bestimmen Sie die zugehörige Funktionsgleichung. Der Graph zu $f(x) = x^3$ wird

a) an der y-Achse gespiegelt;
b) an der x-Achse gespiegelt;
c) mit dem Faktor 0,5 gestreckt;
d) um 4 Einheiten nach oben verschoben;
e) um 3 Einheiten nach links verschoben;
f) an der x-Achse gespiegelt und um 3 Einheiten nach unten verschoben.

Funktionen

8 Bestimmen Sie die zugehörige Funktionsgleichung. Der Graph zu $y = 2^x$ wird
a) an der y-Achse gespiegelt;
b) um drei Einheiten nach rechts verschoben;
c) um eine Einheit nach unten verschoben;
d) an der x-Achse gespiegelt und dann um eine Einheit nach links verschoben;
e) an der y-Achse gespiegelt und dann um eine Einheit nach links und um drei Einheiten nach oben verschoben.

9 Der Graph von g ist aus dem Graphen von f mit $f(x) = 3^x$ entstanden.
Tim sagt: „Der Graph von f wurde um eine Einheit nach links verschoben."
Tom meint: „Der Graph von f wurde mit dem Faktor 3 in Richtung der y-Achse gestreckt."

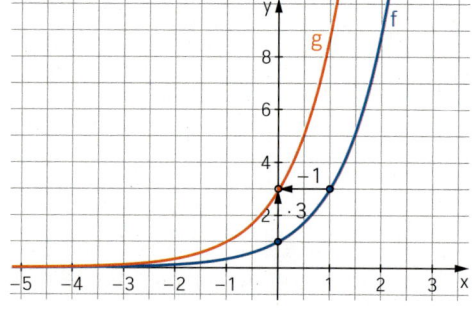

10 Ordnen Sie die abgebildeten Funktionsgraphen den Funktionsgleichungen zu.

a) (1) $y = x^3$; (2) $y = 0{,}5 x^3$;
(3) $y = -2 x^3$; (4) $y = 1{,}8 x^3$;
(5) $y = -\frac{1}{3} x^3$; (6) $y = \frac{1}{4} x^3$

b) (1) $y = -x^4 + 1$; (2) $y = \frac{1}{4} x^4 + 1$;
(3) $y = 2 x^4$; (4) $y = -0{,}5 x^4 - 1$;
(5) $y = \frac{1}{2} x^4 - 1$; (6) $y = -\frac{1}{4} x^4$

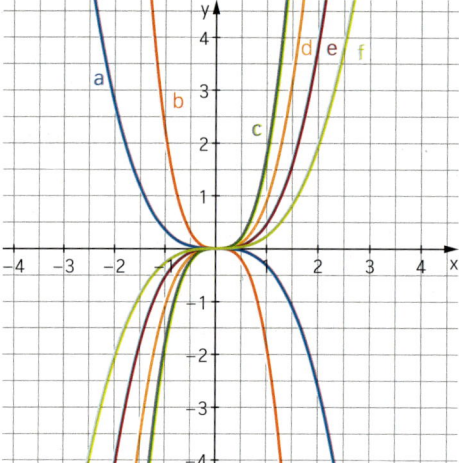
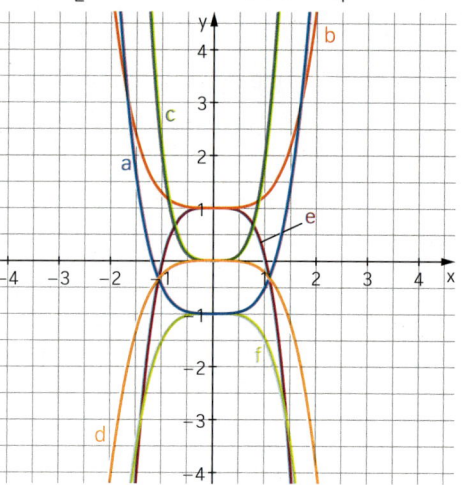

11 Ordnen Sie den abgebildeten Graphen die folgenden Funktionsgleichungen zu und begründen Sie Ihre Zuordnung: $y = \sin(x) + 2$; $y = \sin(x + 2)$; $y = 2\sin(x)$; $y = \sin(2x)$.

(1) 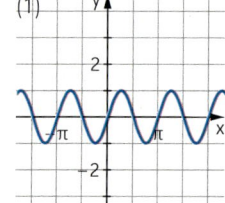 (2) 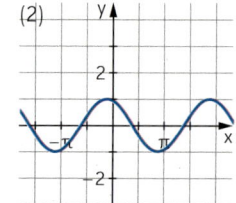 (3) 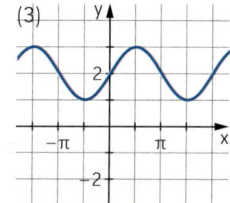 (4)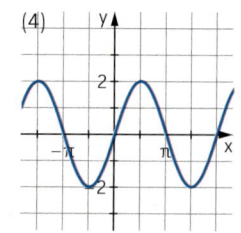

1.5 Funktionsgraphen verschieben und strecken

12 ≡ Ayfer hat den Graphen der Funktion g mit $g(x) = 0{,}5^x$ gezeichnet und den Graphen anschließend verschoben. Für die verschobenen Graphen findet sie folgende Funktionsvorschriften:
$f(x) = 0{,}5^{x+2}$; $h(x) = 0{,}5^{x-2}$; $k(x) = -0{,}5^x$.
Überprüfen Sie ihre Zuordnungen und korrigieren Sie ihre Fehler.

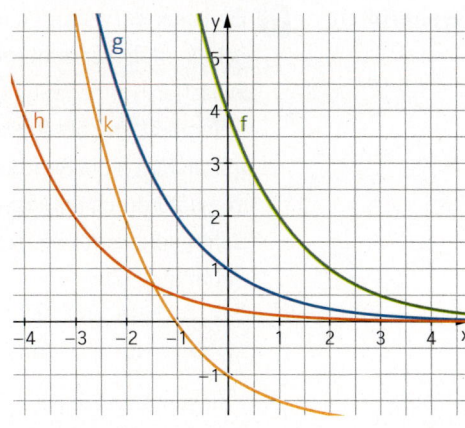

13 ≡ Zeichnen Sie den Graphen der Sinusfunktion $f(x) = \sin(x)$. Führen Sie nacheinander die unten aufgelisteten Streckungen und Verschiebungen durch. Geben Sie jeweils den Term zum Funktionsgraphen an. Untersuchen Sie außerdem, ob und wie sich bei der jeweiligen Streckung oder Verschiebung die Periode, der Wertebereich, die Symmetrie bzw. die Nullstellen ändern.
(1) Strecken Sie den Graphen zu $f(x) = \sin(x)$ mit dem Faktor 1,5 in Richtung der y-Achse.
(2) Strecken Sie den Graphen aus (1) mit dem Faktor $\frac{1}{2}$ in Richtung der x-Achse.
(3) Verschieben Sie den Graphen aus (2) um $\frac{\pi}{6}$ nach rechts.
(4) Verschieben Sie den Graphen aus (3) um 1 nach oben.

14 ≡ Beschreiben Sie, wie der Graph der angegebenen Funktion aus dem der Sinusfunktion mit $f(x) = \sin(x)$ hervorgeht.

a) $f(x) = 2\sin\left(2\left(x + \frac{\pi}{4}\right)\right)$

b) $f(x) = 3\sin\left(\frac{1}{2}(x - \pi)\right) + 1$

c) $f(x) = \frac{1}{2}\sin(3(x - 1))$

d) $f(x) = -2\sin\left(\frac{\pi}{2}(x + 2)\right) - 2$

e) $f(x) = \sin\left(2x + \frac{\pi}{4}\right)$

f) $f(x) = \sin\left(2\left(x + \frac{\pi}{8}\right)\right)$

15 ≡ Machen Sie an einem selbst gewählten Beispiel deutlich, dass es beim Verschieben und Strecken eines Funktionsgraphen auf die Reihenfolge ankommt.

16 ≡ Lukas hat die Graphen allgemeiner Sinusfunktionen skizziert. Kontrollieren Sie seine Zeichnung und geben Sie gegebenenfalls an, welchen Graphen er stattdessen gezeichnet hat.

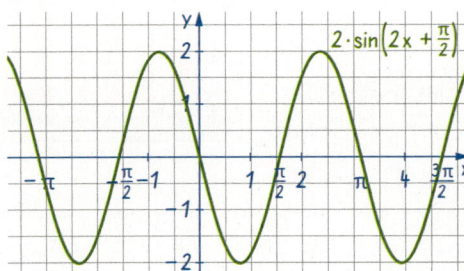
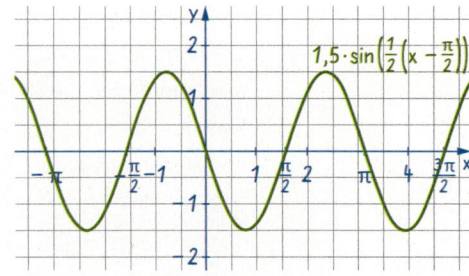

Funktionen

Weiterüben

17 Unter der astronomischen Sonnenscheindauer versteht man die Zeitspanne zwischen Sonnenaufgang und Sonnenuntergang. Der 50. Breitengrad verläuft mitten durch die Bundesrepublik, z. B. ungefähr durch Bitburg. Für Orte darauf beträgt die astronomische Sonnenscheindauer ungefähr:

> Anna sagt: „Ich habe eine Wertetabelle im GTR erstellt und die Regressions-Funktion des GTR genutzt."

Datum	22.6.	22.7.	22.8.	22.9.	22.10.	22.11.	22.12.	22.1.	22.2.	22.3.	22.4.	22.5.
Dauer (in h)	16,2	15,4	13,8	12,0	10,2	8,6	7,8	8,7	10,3	12,2	13,9	15,4

- Bestimmen Sie eine allgemeine Sinusfunktion, mit der die astronomische Sonnenscheindauer für Orte auf dem 50. Breitengrad gut angenähert wird.
- Bestimmen Sie die astronomische Sonnenscheindauer am 10. Juli.

18 Das Amt für Strom- und Hafenbau in Hamburg veröffentlicht im Internet regelmäßig die aktuellen Daten zum Pegelstand der Elbe bei St. Pauli.
Stellen Sie die gegebenen Daten grafisch dar und bestimmen Sie eine allgemeine Sinusfunktion, die die Tidenkurve im gegebenen Zeitraum möglichst gut beschreibt.

Uhrzeit	0.00	0.30	1.00	1.30	2.00	2.30	3.00	3.30	4.00	4.30
Wasserstand über NN (in cm)	143	161	175	168	148	118	84	48	17	−7

Uhrzeit	5.00	5.30	6.00	6.30	7.00	7.30	8.00	8.30	9.00
Wasserstand über NN (in cm)	−32	−58	−80	−100	−124	−142	−160	−171	−154

19 Welche allgemeine Sinusfunktion beschreibt die mittlere Sonnenscheindauer in Stuttgart möglichst gut?

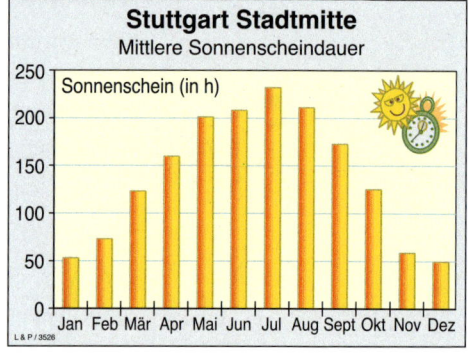

20 In der Tabelle unten sehen Sie die durchschnittliche Anzahl der Sonnenstunden pro Tag im Verlauf des Jahres in Lillehammer (Norwegen).
Modellieren Sie die Daten mithilfe einer Funktion der Form $f(x) = a \cdot \sin(b(x + c)) + d$ und zeichnen Sie den Graphen der Funktion.

Monat	Jan	Feb	Mär	Apr	Mai	Jun	Jul	Aug	Sept	Okt	Nov	Dez
Sonnenstunden/Tag	1,1	2,1	4,4	6,2	7,1	7,8	7,5	6,4	4,5	2,6	1,3	0,7

Das Wichtigste auf einen Blick

Potenzen

(1) Für reelle Zahlen a und natürliche Zahlen n gilt:
$a^0 = 1$; $a^1 = a$; $a^2 = a \cdot a$; $a^3 = a \cdot a \cdot a$; …;
$a^n = \underbrace{a \cdot a \cdot a \cdot … \cdot a}_{n \text{ Faktoren a}}$

$2^0 = 1$;
$2^1 = 2$;
$2^3 = 2 \cdot 2 \cdot 2 = 8$

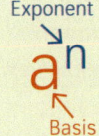

(2) Für reelle Zahlen $a \neq 0$ und natürliche Zahlen n gilt: $a^{-n} = \frac{1}{a^n}$

$2^{-4} = \frac{1}{2^4} = \frac{1}{16}$

(3) Für reelle Zahlen $a > 0$, natürliche Zahlen $n \geq 2$ und ganze Zahlen m gilt:
$a^{\frac{1}{n}}$ ist die Zahl, die mit n potenziert a ergibt, also $\left(a^{\frac{1}{n}}\right)^n = a$.
Man schreibt auch $a^{\frac{1}{n}} = \sqrt[n]{a}$.
Weiterhin gilt: $a^{\frac{m}{n}} = \left(a^{\frac{1}{n}}\right)^m = \left(\sqrt[n]{a}\right)^m = \sqrt[n]{a^m}$.

$4^{\frac{1}{2}} = \sqrt{4} = 2$
$5^{\frac{1}{4}} = \sqrt[4]{5}$
$4^{\frac{5}{2}} = \left(4^{\frac{1}{2}}\right)^5 = \left(\sqrt{4}\right)^5 = 2^5 = 32$

Potenzgesetze

Potenzen mit gleicher Basis
$a^r \cdot a^s = a^{r+s}$ $\frac{a^r}{a^s} = a^{r-s}$

$(-3)^4 \cdot (-3)^5 = (-3)^{4+5} = (-3)^9$
$\frac{5^3}{5^{-4}} = 5^{3-(-4)} = 5^7$

Potenzen mit gleichen Exponenten
$a^r \cdot b^r = (a \cdot b)^r$ $\frac{a^r}{b^r} = \left(\frac{a}{b}\right)^r$

$(-3)^4 \cdot 2^4 = ((-3) \cdot 2)^4 = (-6)^4$
$\frac{2^{-4}}{3^{-4}} = \left(\frac{2}{3}\right)^{-4}$

Potenzieren einer Potenz
$(a^r)^s = a^{r \cdot s}$

$(2^3)^{-4} = 2^{3 \cdot (-4)} = 2^{-12}$

Potenzfunktionen mit natürlichen Exponenten

$f(x) = x^n$ mit $n \in \mathbb{N} \setminus \{0\}$

(1) **Gerader Exponent n**
Der Graph
- ist **achsensymmetrisch zur y-Achse**, d. h., es gilt $f(-x) = f(x)$ für alle x;
- fällt für $x \leq 0$ und steigt für $x \geq 0$;
- verläuft durch die Punkte $Q(-1|1)$, $O(0|0)$ und $P(1|1)$.

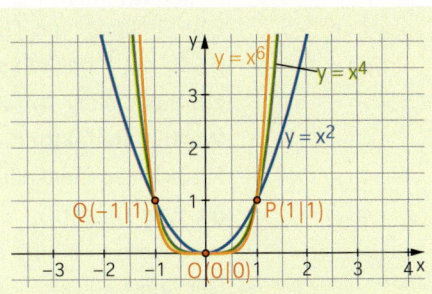

(2) **Ungerader Exponent n**
Der Graph
- ist **punktsymmetrisch zum Koordinatenursprung** $O(0|0)$, d. h., es gilt $f(-x) = -f(x)$ für alle x;
- steigt überall;
- verläuft durch die Punkte $R(-1|-1)$, $O(0|0)$ und $P(1|1)$.

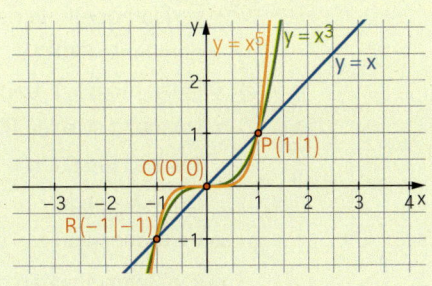

Das Wichtigste auf einen Blick

Potenzfunktionen mit negativen ganzzahligen Exponenten

$f(x) = x^{-n}$ mit $n \in \mathbb{N} \setminus \{0\}$

(1) Gerader Exponent n

Der Graph
- ist **achsensymmetrisch zur y-Achse**;
- steigt für $x < 0$ und fällt für $x > 0$;
- verläuft durch die Punkte $Q(-1|1)$ und $P(1|1)$.

(2) Ungerader Exponent n

Der Graph
- ist **punktsymmetrisch zum Koordinatenursprung** $O(0|0)$;
- fällt sowohl für $x < 0$ als auch für $x > 0$;
- verläuft durch die Punkte $R(-1|-1)$ und $P(1|1)$.

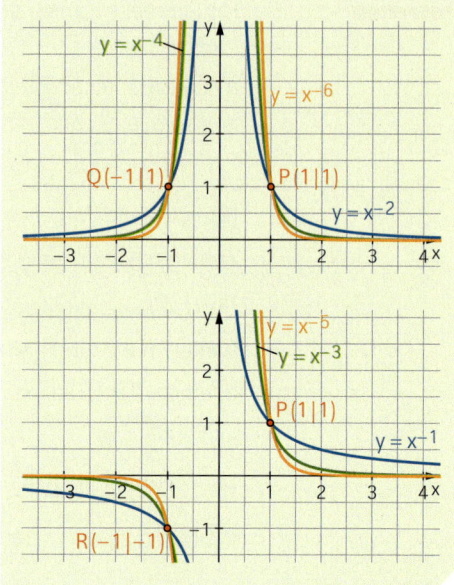

Potenzfunktionen mit rationalen Exponenten

$f(x) = x^{\frac{1}{n}} = \sqrt[n]{x}$ mit $n \in \mathbb{N}$ und $n > 1$

- Der Definitions- und Wertebereich ist $\mathbb{R}_+$.
- Der Graph verläuft durch die Punkte $O(0|0)$ und $P(1|1)$ und steigt für alle x.

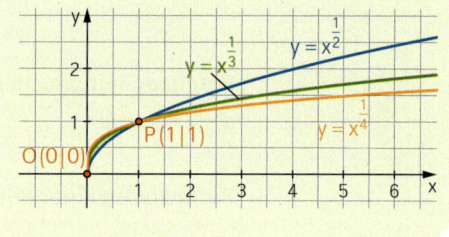

Exponentialfunktion

Eine Funktion f mit $f(x) = a \cdot b^x$ mit $a \in \mathbb{R}$, $b > 0$, $b \neq 1$ heißt **Exponentialfunktion zur Basis b** mit **Anfangswert** $a = f(0)$ und **Wachstumsfaktor** b.

Für jede Exponentialfunktion $y = b^x$ mit $b > 0$, $b \neq 1$ gilt:
Wertebereich $\mathbb{R}_+ \setminus \{0\}$, also $f(x) > 0$.
Der Graph
- verläuft oberhalb der x-Achse und durch den Punkt $P(0|1)$;
- steigt für $b > 1$ und fällt für $0 < b < 1$;
- schmiegt sich für $b > 1$ dem negativen Teil und für $0 < b < 1$ dem positiven Teil der x-Achse an.

Die Graphen von $y = b^x$ und $y = \left(\frac{1}{b}\right)^x$ gehen durch Spiegelung an der y-Achse auseinander hervor.

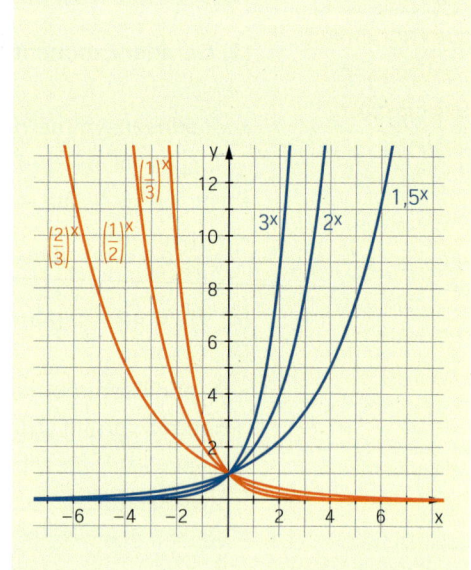

Das Wichtigste auf einen Blick

Exponentielles Wachstum

Exponentielles Wachstum kann durch eine Funktion f mit der Vorschrift $f(t) = a \cdot b^t$ mit $a \neq 0$, $b > 0$ sowie $b \neq 1$ beschrieben werden. Man unterscheidet folgende Fälle:

b > 1: exponentielle Zunahme
Die Zeitspanne, in der sich ein Bestand jeweils verdoppelt, nennt man **Verdopplungszeit**.

0 < b < 1: exponentielle Abnahme
Die Zeitspanne, in der sich ein Bestand jeweils halbiert, nennt man **Halbwertszeit**.

$f(x) = 0{,}75 \cdot 1{,}2^x$
$2 \cdot 0{,}75 = 0{,}75 \cdot 1{,}2^x \qquad |:0{,}75$

$\boxed{\text{solve}(2=(1.2)^x,x) \qquad x=3.80178}$

$h(x) = 2{,}4 \cdot 0{,}6^x$
$\frac{1}{2} \cdot 2{,}4 = 2{,}4 \cdot 0{,}6^x \qquad |:2{,}4$

$\boxed{\text{solve}(0.5=(0.6)^x,x) \qquad x=1.35692}$

Bogenmaß

Die Maßzahl x der Bogenlänge am Einheitskreis eines zugehörigen Winkels α wird als **Bogenmaß des Winkels α** bezeichnet.

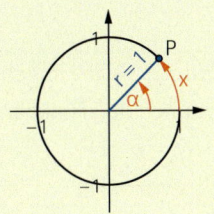

α	x
0°	0
90°	$\frac{\pi}{2}$
180°	π
270°	$\frac{3\pi}{2}$
360°	2π

Sinus- und Kosinusfunktion

Die Funktion f mit $f(x) = \sin(x)$ mit $x \in \mathbb{R}$ heißt **Sinusfunktion**.
Ihr Graph heißt **Sinuskurve**.
Die Funktion f mit $f(x) = \cos(x)$ mit $x \in \mathbb{R}$ heißt **Kosinusfunktion**.
Ihr Graph heißt **Kosinuskurve**.

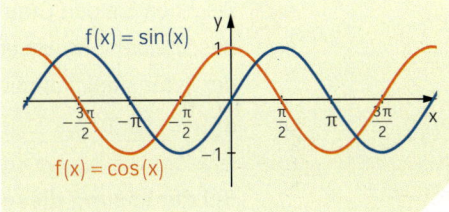

Funktionsgraphen verschieben und strecken

Ist eine Funktion f gegeben, so ergibt sich der Graph der Funktion g mit
- $g(x) = f(x) + d$ aus dem Graphen von f durch **Verschieben um d Einheiten in Richtung der y-Achse**,
- $g(x) = f(x - c)$ aus dem Graphen von f durch **Verschieben um c Einheiten in Richtung der x-Achse**,
- $g(x) = k \cdot f(x)$ aus dem Graphen von f durch **Strecken von der x-Achse aus in y-Richtung mit dem Faktor k**; ist $k < 0$, so wird dabei an der x-Achse gespiegelt,
- $g(x) = f(k \cdot x)$ aus dem Graphen von f durch **Strecken von der y-Achse aus in x-Richtung mit dem Faktor $\frac{1}{k}$**; ist $k < 0$, so wird dabei an der y-Achse gespiegelt.

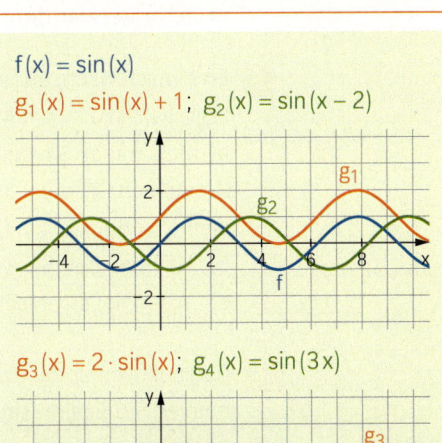

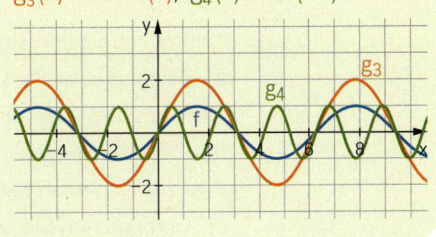

Klausurtraining

Lösungen im Anhang

Teil A — **Lösen Sie die folgenden Aufgaben ohne Formelsammlung und ohne Taschenrechner.**

1 Berechnen Sie, ohne einen Rechner zu verwenden.

(1) $2^3 \cdot 5^3$ (2) $\left(\dfrac{3}{4}\right)^2 \cdot \left(\dfrac{2}{3}\right)^2$ (3) $\dfrac{2 \cdot 5^2}{(2 \cdot 5)^2}$ (4) $\sqrt{(5^2 \cdot 2^2)^{-1}}$

2 In dem Koordinatensystem sind die Funktionsgraphen zu

(1) $y = 4^x$;   (2) $y = x^{-4}$;
(3) $y = x^4$;   (4) $y = 4^{-x}$

zu sehen.
Ordnen Sie die Graphen richtig zu.

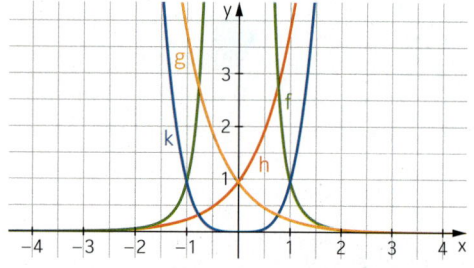

3 Ordnen Sie die abgebildeten Funktionsgraphen den Funktionstermen zu.

(1) $y = (x - 2)^3$ (2) $y = x^4 - 3$
(3) $y = (x + 1)^{-1}$ (4) $y = (x + 2)^5 - 2$
(5) $y = -(x - 3)^{-2}$

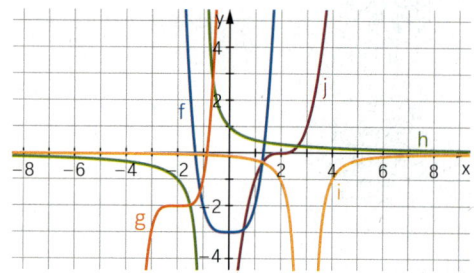

4 Zeichnen Sie den Graphen der Funktion und beschreiben Sie, wie er aus dem Graphen der Potenzfunktion mit $y = x^4$ hervorgeht.

a) $y = x^4 - 3$ b) $y = -\dfrac{1}{2}x^4$ c) $y = (x + 3)^4$ d) $y = (x - 1)^4 + 2$

Teil B — **Bei der Lösung dieser Aufgaben können Sie die Formelsammlung und den Taschenrechner verwenden.**

5 Eine rasch wachsende Wasserpflanze vergrößert ihre Höhe unter bestimmten Bedingungen täglich um 10 %. Am Anfang ist die Pflanze 5 cm hoch.

a) Bestimmen Sie eine Funktion, die das Wachstum der Wasserpflanze modelliert. Betrachten Sie den Funktionsgraphen mithilfe eines Taschenrechners und beschreiben Sie seinen Verlauf.
b) Untersuchen Sie, wie hoch die Pflanze nach einem Monat ist.
c) Wann hat sich nach diesem Modell die Anfangshöhe der Pflanze verdoppelt?

6 Radioaktives Chlor ^{39}Cl zerfällt so schnell, dass die vorhandene Masse sich jede Stunde halbiert. Zu Beginn sind 10 mg des radioaktiven Chlors vorhanden.

a) Zeichnen Sie den Graphen der Funktion *Zeit (in Stunden) → Masse (in mg)* und beschreiben Sie seinen Verlauf.
b) Erstellen Sie eine Funktionsgleichung und erläutern Sie, welche Bedeutung negative x-Werte für diesen Sachverhalt haben.
c) Untersuchen Sie, wie viel radioaktives Chlor nach 20 Minuten noch vorhanden ist.

Differenzialrechnung 2

▲ Beim Fahrradfahren kann man sich auf einem Fahrradcomputer die momentane und die durchschnittliche Geschwindigkeit anzeigen lassen. Auch in vielen anderen Situationen ist die Frage wichtig, wie schnell sich eine Größe ändert.

In diesem Kapitel lernen Sie, wie man Änderungen von Größen mit Methoden aus der Differenzialrechnung beschreiben und berechnen kann. ▶

Differenzialrechnung

2.1 Mittlere Änderungsrate

Einstieg

Bei einer Überschwemmung wurden folgende Wasserstände eines Flusses gemessen:

6 Uhr	8 Uhr	9 Uhr	12 Uhr	16 Uhr
2,0 m	2,2 m	2,4 m	3,3 m	4,1 m

In den Nachrichten um 17 Uhr wird gesagt: „Das Schlimmste ist wohl überstanden. Der Wasserstand steigt nicht mehr so schnell." Erläutern Sie diese Aussage an einem Graphen.

Aufgabe mit Lösung

Mittlere Zunahme

In einem Artikel findet sich die abgebildete Grafik zur Weltbevölkerung.

→ Um das Wachstum der Weltbevölkerung in den angegebenen Zeiträumen vergleichen zu können, sollte die *mittlere Zunahme pro Jahr* betrachtet werden. In welchem Zeitraum ist die Weltbevölkerung am schnellsten angewachsen und in welchem Zeitraum am langsamsten?

Lösung

Zunächst wird immer berechnet, wie viele Menschen mehr im Vergleich zum vorherigen Zeitpunkt auf der Welt lebten. Diese *absolute Zunahme* wird dann durch die zugehörige Zeitspanne dividiert, um die mittlere Zunahme pro Jahr zu erhalten.

Zeitraum	absolute Zunahme in Milliarden	Länge des Zeitraums in Jahren	mittlere Zunahme in Milliarden pro Jahr
1980 bis 1990	$5{,}33 - 4{,}46 = 0{,}87$	$1990 - 1980 = 10$	$\frac{0{,}87}{10} = 0{,}087$
1990 bis 2000	$6{,}15 - 5{,}33 = 0{,}82$	$2000 - 1990 = 10$	$\frac{0{,}82}{10} = 0{,}082$
2000 bis 2005	$6{,}54 - 6{,}15 = 0{,}39$	$2005 - 2000 = 5$	$\frac{0{,}39}{5} = 0{,}078$
2005 bis 2010	$6{,}96 - 6{,}54 = 0{,}42$	$2010 - 2005 = 5$	$\frac{0{,}42}{5} = 0{,}084$
2010 bis 2015	$7{,}38 - 6{,}96 = 0{,}42$	$2015 - 2010 = 5$	$\frac{0{,}42}{5} = 0{,}084$
2015 bis 2016	$7{,}47 - 7{,}38 = 0{,}09$	$2016 - 2015 = 1$	$\frac{0{,}09}{1} = 0{,}090$
2016 bis 2017	$7{,}55 - 7{,}47 = 0{,}08$	$2017 - 2016 = 1$	$\frac{0{,}08}{1} = 0{,}080$

Die Weltbevölkerung ist im Zeitraum von 2015 bis 2016 mit etwa 90 Millionen Menschen pro Jahr am stärksten angewachsen. Dagegen war die mittlere Zunahme im Zeitraum von 2000 bis 2005 am geringsten und betrug dort etwa 78 Millionen Menschen pro Jahr.

2.1 Mittlere Änderungsrate

→ Entwickeln Sie eine Prognose für die Bevölkerungszahl im Jahr 2030. Welche Zeitspannen kann man hierfür verwenden?
Stellen Sie die Bevölkerungszahlen und ihre Prognose grafisch dar.

Lösung
Man kann hierfür die langfristige mittlere Zunahme von 1980 bis 2017 verwenden.
Sie beträgt $\frac{7{,}55 - 4{,}46}{2017 - 1980} = \frac{3{,}09}{37} \approx 0{,}084$.
Würden ausgehend von den 7,55 Milliarden Menschen im Jahr 2017 jedes Jahr etwa 84 Millionen hinzukommen, so ergäbe sich für 2030 eine Bevölkerungszahl von
$7{,}55 + 13 \cdot 0{,}084 = 8{,}642$ Milliarden.
Man kann aber auch zum Beispiel nur die kurzfristige mittlere Zunahme von 2016 bis 2017 verwenden und erhielte dann
$7{,}55 + 13 \cdot 0{,}08 = 8{,}590$ Milliarden.

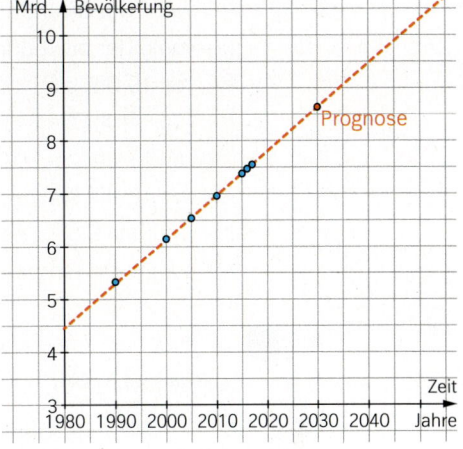

Ob man für die Prognose eine langfristige oder eine eher kurzfristige mittlere Zunahme verwendet, führt hier zu keinem großen Unterschied in den Prognosen.

Information

Mittlere Änderungsrate
Definition
Gegeben ist eine Funktion f und ein Intervall [a; b].
Der Quotient $\frac{f(b) - f(a)}{b - a}$ heißt **Differenzenquotient**, da Zähler und Nenner jeweils Differenzen sind.
Mit diesem Quotienten wird die **mittlere Änderungsrate von f über dem Intervall [a; b]** berechnet.

Die Funktion f gibt den Weg eines Radfahrers in Abhängigkeit von der Zeit an. Nach 20 Sekunden hat er 36 Meter und nach 50 Sekunden 155 Meter zurückgelegt.
Der Differenzenquotient ist
$\frac{f(50) - f(20)}{50 - 20} = \frac{155 - 36}{50 - 20} = \frac{119}{30} \approx 4$.
Die Durchschnittsgeschwindigkeit (mittlere Änderungsrate von f) in diesem Zeitintervall beträgt also etwa 4 Meter pro Sekunde.

Geometrische Deutung als Sekantensteigung
Geometrisch gedeutet gibt der Differenzenquotient die Steigung der Geraden durch die Punkte $P(a|f(a))$ und $Q(b|f(b))$ auf dem Graphen von f an. Diese Gerade wird **Sekante** genannt.

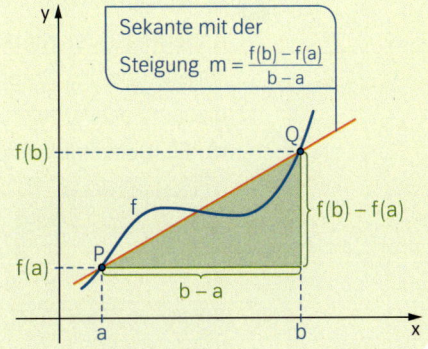

Differenzialrechnung

Üben

1 Ein Wetterdienst hat die Temperaturen eines Frühlingstages dargestellt.

a) Bestimmen Sie die mittlere Änderungsrate in der Zeit
(1) von 1 Uhr bis 5 Uhr;
(2) von 6 Uhr bis 9 Uhr;
(3) von 10 Uhr bis 12 Uhr;
(4) von 14 Uhr bis 24 Uhr;
(5) von 15 Uhr bis 18 Uhr;
(6) von 18 Uhr bis 20 Uhr.

b) Ermitteln Sie, in welchem Zeitraum von einer vollen Stunde bis zur nächsten
(1) der größte Temperaturanstieg, (2) der größte Temperaturabfall erfolgte.

2 Bei einer Sonnenblume wird an verschiedenen Tagen gemessen, wie groß sie ist.

Zeit (in Tagen)	0	20	24	30	39	50	75
Höhe (in cm)	2	20	39	64	105	156	192

a) Bestimmen Sie die mittleren Änderungsraten für die jeweiligen Zeitintervalle. Entscheiden Sie damit, in welchem dieser Intervalle die Sonnenblume am stärksten gewachsen ist.

b) Lennart sagt: „Die Sonnenblume ist zwischen Tag 39 und Tag 50 mit 51 cm Zunahme am stärksten gewachsen." Nehmen Sie dazu Stellung.

c) Verdeutlichen Sie Ihre Ergebnisse aus Teilaufgabe a) anhand einer Zeichnung des Graphen der Funktion Zeit → Höhe.

3 Die Tabelle gibt die Bevölkerungsentwicklung der Stadt Bochum an.

Jahr	1987	1995	2001	2011	2017
Einwohnerzahl	386 271	400 395	390 087	362 286	365 529

a) Geben Sie Zeitintervalle an, für die die mittlere Änderungsrate negativ ist, und erklären Sie die Bedeutung von negativen Änderungsraten.

b) Bestimmen Sie die Zeitspanne, in der sich die Einwohnerzahl von Bochum am stärksten verändert hat.

4 Stellen Sie den folgenden Sachverhalt grafisch dar. Bestimmen Sie die mittleren Änderungsraten für die angegebenen Intervalle samt Einheit. Erklären Sie anhand der Tabelle und des Graphen, welche besondere Eigenschaft die mittleren Änderungsraten bei diesem Sachverhalt haben.

a) Ein Heizöltank wird befüllt. Der Füllvorgang wird an der Tankuhr beobachtet.

Fülldauer (in min)	0	5	10	15	20
Tankinhalt (in l)	1 200	1 650	2 100	2 550	3 000

b) Ein Gefäß wird mit Öl gefüllt und dabei gewogen.

Füllmenge (in cm³)	0	100	200	300	400	500	600
Gewicht (in g)	572	645	718	791	864	937	1 010

2.1 Mittlere Änderungsrate

5 Im Diagramm ist das Körpergewicht in Abhängigkeit von der Größe einer heranwachsenden Person dargestellt.

a) Berechnen Sie die mittleren Änderungsraten für die Körpergrößen
- zwischen 1,00 m und 1,30 m;
- zwischen 1,30 m und 1,60 m;
- zwischen 1,60 m und 1,80 m.

b) Überlegen Sie, aus welchen Gründen die mittleren Änderungsraten mit zunehmender Körpergröße anwachsen.

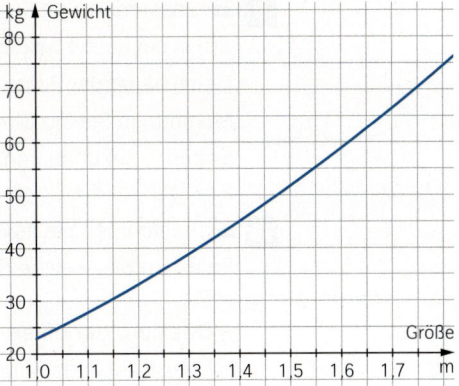

Mittlere Änderungsraten aus Funktionstermen berechnen

6 Berechnen Sie die mittlere Änderungsrate von f über dem angegebenen Intervall.
a) $f(x) = x^2$; Intervall $[1; 5]$
b) $f(x) = 2^x$; Intervall $[0; 4]$
c) $f(x) = x^3$; Intervall $[-2; 2]$
d) $f(x) = x^4 - 2$; Intervall $[2; 4]$

> $f(x) = (x-1)^2$;
> Intervall $[2; 4]$
>
> Als mittlere Änderungsrate ergibt sich:
>
> $\frac{f(4) - f(2)}{4-2} = \frac{(4-1)^2 - (2-1)^2}{2} = 4$

7 In dieser Aufgabe untersuchen Sie mittlere Änderungsraten bei linearen Funktionen.

a) Wählen Sie zwei verschiedene Punkte P und Q auf dem Graphen von f mit $f(x) = 2x + 3$ und berechnen Sie damit die mittlere Änderungsrate. Begründen Sie, dass dieser Wert unabhängig von den gewählten Punkten ist.

b) Eine lineare Funktion f hat die allgemeine Gleichung $f(x) = mx + n$. Zeigen Sie durch eine Termumformung, dass der Differenzenquotient $\frac{f(b) - f(a)}{b - a}$ für zwei Punkte $P(a|f(a))$ und $Q(b|f(b))$ immer den Wert m hat.

8 Sekantensteigungen der Quadratfunktion weisen besondere Regelmäßigkeiten auf.

a) Berechnen Sie die Sekantensteigungen beim Graphen der Funktion f mit $f(x) = x^2$ durch je zwei benachbarte der abgebildeten Punkte P_n.

b) Formulieren Sie eine Vermutung für die Sekantensteigung durch die Punkte $P_n(n|f(n))$ und $P_{n+1}(n+1|f(n+1))$. Begründen Sie dies durch eine Rechnung.

c) Berechnen Sie die Steigung der Sekante der Quadratfunktion durch die Punkte $P_n(n|f(n))$ und $P_{n+k}(n+k|f(n+k))$. Vergleichen Sie das Ergebnis mit dem aus Teilaufgabe b).

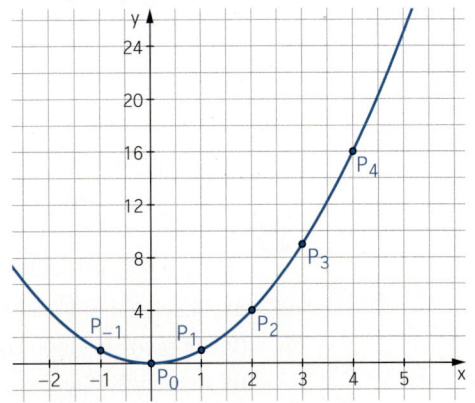

Differenzialrechnung

9 ≡ Lässt man eine Kugel auf einer schiefen Ebene rollen, so kann der zurückgelegte Weg s(t) in cm nach t Sekunden gut durch eine Funktion der Form s(t) = a t² angenähert werden. Dabei hängt der Parameter a von der Neigung und anderen Eigenschaften ab.
Bestimmen Sie die Durchschnittsgeschwindigkeiten der Kugel in der ersten, zweiten, dritten ... Sekunde und formulieren Sie eine Gesetzmäßigkeit.

10 ≡ Bestimmen Sie jeweils die mittlere Änderungsrate für die angegebenen Zeitspannen. Erläutern Sie, welche Bedeutung sie in diesem Kontext hat.

> **Das liebt der Biker:**
> Gasgeben ohne Runterschalten! Durchzug: Beschleunigung im letzten Gang, von 60 bis maximal 180 $\frac{km}{h}$
> - von 60 $\frac{km}{h}$ auf 100 $\frac{km}{h}$ in 5,3 s
> - von 100 $\frac{km}{h}$ auf 140 $\frac{km}{h}$ in 6,3 s
> - von 140 $\frac{km}{h}$ auf 180 $\frac{km}{h}$ in 7,6 s

11 ≡ In einer Vereinszeitung wird über verschiedene Entwicklungen in den letzten Jahren berichtet. Zur Veranschaulichung sind auch grafische Darstellungen angefertigt worden.
a) Ordnen Sie die Schlagzeilen den unten abgebildeten Graphen zu. Begründen Sie Ihre Zuordnung.

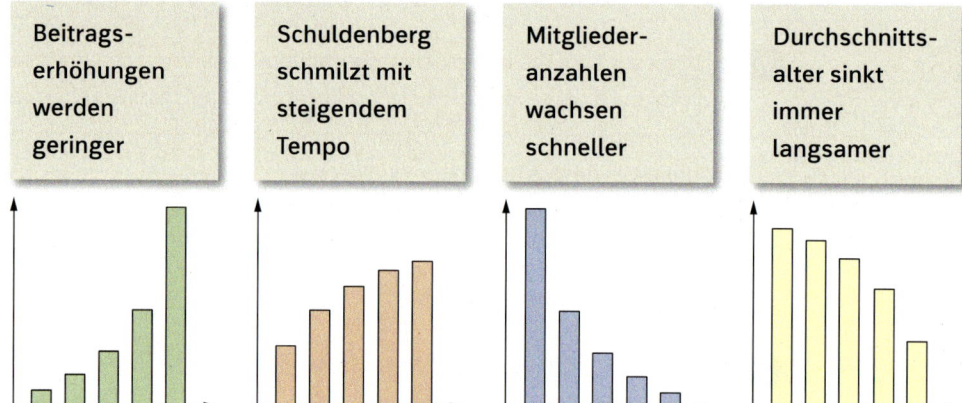

b) 🎲 Erstellen Sie selbst geeignete grafische Darstellungen wie in Teilaufgabe a). Tauschen Sie Ihre Darstellungen untereinander aus und lassen Sie Ihren Partner die passenden Schlagzeilen finden.

Weiterüben

12 ≡ Eine mit Algen bedeckte Wasserfläche ist anfangs nur 1 m² groß, verdreifacht sich aber eine Zeit lang innerhalb jeder Woche.
a) Beschreiben Sie das Wachstum der mit Algen bedeckten Fläche mithilfe einer Funktion. Bestimmen Sie einen Funktionsterm und skizzieren Sie den zugehörigen Graphen.
b) Berechnen Sie die ersten vier mittleren Änderungsraten des Algenwachstums nach jeweils einer Woche. Was fällt auf?
Formulieren Sie eine Vermutung und begründen Sie diese.

2.1 Mittlere Änderungsrate

13 ≡ In einem Naturschutzgebiet wurde über mehrere Jahre ungefähr ermittelt, wie viele Rotbauchunken es dort gibt:

Jahr	2007	2012	2016	2019
Anzahl	130	200	240	260

In der Lokalzeitung wurde berichtet, dass die Anzahl der Rotbauchunken im Mittel um fast 11 Tiere pro Jahr gestiegen ist und dass man deshalb in 4 Jahren mit über 300 Rotbauchunken rechnen kann.
Untersuchen Sie diese Behauptung mithilfe der Daten aus der Tabelle.

Rotbauchunken, oft auch Feuerkröten genannt, leben bevorzugt in kleinen nassen Absenkungen im Gelände. Die Männchen sind bekannt für ihre melancholisch klingenden Paarungsrufe. Rotbauchunken sind in Deutschland stark gefährdet.

14 ≡ Die Tabelle enthält Daten eines startenden Space-Shuttles der NASA.

Zeit (in s)	0	5	10	20	40	60	120
Höhe (in m)	0	92,5	370	1 480	5 920	13 320	53 280

a) Stellen Sie die Tabellendaten in einem Koordinatensystem dar und beschreiben Sie den Startverlauf.
b) Berechnen Sie die Durchschnittsgeschwindigkeit in $\frac{km}{h}$ über den Zeitabschnitten [0; 5], [5; 10], ..., [60; 120].
c) Jemand behauptet, man könne die Durchschnittsgeschwindigkeit des Shuttles über den gesamten angegebenen Zeitraum als arithmetisches Mittel der in Teilaufgabe b) berechneten Geschwindigkeiten berechnen. Nehmen Sie dazu Stellung.

15 ≡ Die astronomische Sonnenscheindauer in einer Region ist die Zeitspanne zwischen Sonnenaufgang und Sonnenuntergang. Für Orte nahe dem 50. Breitengrad, z. B. Bitburg, kann die astronomische Sonnenscheindauer für ein Jahr mit 365 Tagen gut durch die folgende Sinusfunktion angenähert werden:

$f(x) = 4{,}2 \cdot \sin\left(\frac{2\pi}{365}(x - 80)\right) + 12$

Dabei wird x in Tagen und f(x) in Stunden angegeben, wobei der Wert x = 0 dem 1. Januar entspricht.
a) Berechnen Sie mithilfe des grafikfähigen Taschenrechners die mittleren Änderungsraten der astronomischen Sonnenscheindauern für die einzelnen Monate.
b) Erläutern Sie, was eine positive mittlere Änderungsrate bzw. eine negative mittlere Änderungsrate der astronomischen Sonnenscheindauer bedeuten.
c) Wann sind die mittleren Änderungsraten am größten? Erklären Sie dies anhand des Graphen von f.

2.2 Lokale Änderungsrate

Einstieg

Bei einem Deichbruch kann das Wasservolumen in Kubikmetern, das x Minuten nach dem Deichbruch durch die Bruchstelle geflossen ist, innerhalb der ersten Stunde ungefähr durch die Funktion w mit $w(x) = 15x^2 + 150x$ beschrieben werden.
Im Radio wird gemeldet: „Bereits 30 Minuten nach dem Deichbruch war eine momentane Durchflussrate von 1 050 Kubikmeter pro Minute erreicht."
Überprüfen Sie den angegebenen Wert.

Aufgabe mit Lösung

Momentangeschwindigkeit eines Autos bestimmen

Bei konstanter Beschleunigung eines Autos kann die Entfernung f(x) in Metern vom Startpunkt in Abhängigkeit von der Zeit x in Sekunden durch eine quadratische Funktion angegeben werden. Bei einem neu entwickelten Fahrzeug gilt innerhalb der ersten 12 Sekunden näherungsweise $f(x) = x^2$.

→ Untersuchen Sie, wie man anhand des Funktionsterms die Momentangeschwindigkeit 10 Sekunden nach dem Start näherungsweise mithilfe von Durchschnittsgeschwindigkeiten bestimmen kann.

Lösung

Wenn man Durchschnittsgeschwindigkeiten bei 10 s für sehr kleine Zeitspannen von 0,1 s oder 0,01 s oder sogar noch weniger betrachtet, so müssen diese nah bei der Momentangeschwindigkeit zum Zeitpunkt 10 s nach dem Start liegen.
In der Tabelle wurden die Durchschnittsgeschwindigkeiten für solche kleinen Zeitspannen berechnet.
Es ist zu vermuten: Bei sehr kleinen Zeitspannen kommen die Durchschnittsgeschwindigkeiten dem Wert $20 \frac{m}{s}$ beliebig nah. Die Momentangeschwindigkeit 10 s nach dem Start beträgt also vermutlich $20 \frac{m}{s}$, was $72 \frac{km}{h}$ entspricht.

Zeitspanne kurz nach 10 s	Durchschnittsgeschwindigkeit
10 s bis 10,1 s	$\frac{100\,m - 98{,}01\,m}{0{,}1\,s} = 19{,}9 \frac{m}{s}$
10 s bis 10,01 s	$\frac{100\,m - 99{,}8001\,m}{0{,}01\,s} = 19{,}99 \frac{m}{s}$
10 s bis 10,001 s	$\frac{100\,m - 99{,}980001\,m}{0{,}001\,s} = 19{,}999 \frac{m}{s}$

Zeitspanne kurz vor 10 s	Durchschnittsgeschwindigkeit
9,9 s bis 10 s	$\frac{102{,}01\,m - 100\,m}{0{,}1\,s} = 20{,}1 \frac{m}{s}$
9,99 s bis 10 s	$\frac{100{,}2001\,m - 100\,m}{0{,}01\,s} = 20{,}01 \frac{m}{s}$
9,999 s bis 10 s	$\frac{100{,}020001\,m - 100\,m}{0{,}001\,s} = 20{,}001 \frac{m}{s}$

$1 \frac{km}{h} = \frac{1000\,m}{3600\,s}$
$= \frac{1}{3{,}6} \frac{m}{s}$,
also
$1 \frac{m}{s} = 3{,}6 \frac{km}{h}$

2.2 Lokale Änderungsrate

→ Um die Momentangeschwindigkeit 10 s nach dem Start aus den Durchschnittsgeschwindigkeiten exakt zu berechnen, wird folgende Rechnung für $t \neq 10$ durchgeführt:

$$v = \frac{10^2 - t^2}{10 - t} \underbrace{= \frac{(10-t)(10+t)}{10-t}}_{\text{3. binomische Formel}} = 10 + t$$

Erklären Sie die Vorgehensweise und begründen Sie hiermit, dass die gesuchte Momentangeschwindigkeit tatsächlich genau $20\,\frac{m}{s}$ beträgt.

Lösung
Es wird eine (kleine) Zeitspanne zwischen den Zeitpunkten t und 10 Sekunden nach dem Start betrachtet. Zu Beginn dieser Zeitspanne ist die Entfernung des Fahrzeugs vom Startpunkt t^2, am Ende 10^2 Meter. Aus der durchgeführten Rechnung folgt also (ohne Maßeinheiten): Der Term $10 + t$ gibt die Durchschnittsgeschwindigkeit in dieser Zeitspanne an. Rückt nun t beliebig nah an 10, d. h., wird die Zeitspanne beliebig klein, so liegt die Durchschnittsgeschwindigkeit beliebig nah bei $10 + 10 = 20$. Daher muss die Momentangeschwindigkeit *genau* den Wert $20\,\frac{m}{s}$ haben.

Information

Lokale Änderungsrate – Ableitung
Definition
Kommt der Differenzenquotient $\frac{f(x) - f(x_0)}{x - x_0}$ einer Funktion f einer bestimmten Zahl beliebig nah, wenn x an x_0 angenähert wird, so nennt man diese Zahl den **Grenzwert des Differenzenquotienten** und schreibt dafür $\lim\limits_{x \to x_0} \frac{f(x) - f(x_0)}{x - x_0}$.

($\lim\limits_{x \to x_0}$ wird gelesen: Limes x gegen x_0)

Man bezeichnet diese Zahl auch als **lokale Änderungsrate** von f an der Stelle x_0 oder als **Ableitung von f** an der Stelle x_0 und schreibt dafür kurz $f'(x_0)$.

(Gelesen: f Strich an der Stelle x_0)

$$f'(x_0) = \lim\limits_{x \to x_0} \frac{f(x) - f(x_0)}{x - x_0}$$

Geometrisch kann man die lokale Änderungsrate als den Grenzwert von Sekantensteigungen interpretieren.

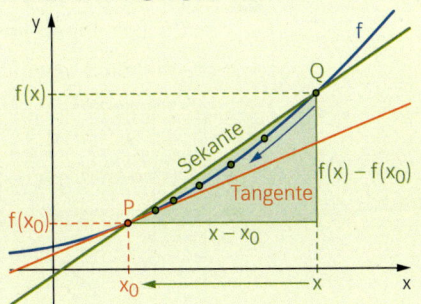

Die Steigungen der Sekanten durch $P(x_0 | f(x_0))$ und $Q(x | f(x))$ nähern sich einem Grenzwert, wenn Q sich auf P zubewegt. Dieser Wert $f'(x_0)$ ist die Steigung der Tangente.

Tangente und Steigung eines Graphen in einem Punkt
Definition
Eine **Tangente** an den Graphen einer Funktion f in einem Punkt $P(x_0 | f(x_0))$ des Graphen ist eine Gerade durch P mit der Steigung $f'(x_0)$. Die Steigung $f'(x_0)$ der Tangente im Punkt P wird auch **Steigung des Graphen von f** im Punkt P oder an der Stelle x_0 genannt.

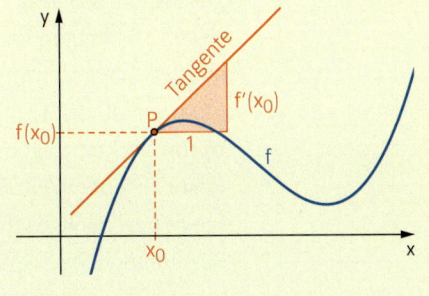

Differenzialrechnung

Inhaltliche Interpretation von Änderungsraten in Anwendungen

Die Betrachtung von Änderungsraten ist insbesondere in Anwendungssituationen von Bedeutung.

funktionaler Zusammenhang	mittlere Änderungsrate	lokale Änderungsrate
Zeit → zurückgelegter Weg	Durchschnittsgeschwindigkeit	Momentangeschwindigkeit
Zeit → Geschwindigkeit	durchschnittliche Beschleunigung	Momentanbeschleunigung
Weg → benötigtes Benzinvolumen	durchschnittlicher Benzinverbrauch	momentaner Benzinverbrauch
Zeit → Wassermenge in einer Badewanne, die gefüllt wird	durchschnittliche Zuflussgeschwindigkeit	momentane Zuflussgeschwindigkeit
Höhenprofil: Entfernung → Höhe	durchschnittliche Steigung	Steigung in einem Punkt

Beschreibt eine Funktion f den Zusammenhang zweier Größen und gehört zu x und f(x) jeweils eine Einheit, so haben die mittlere und die lokale Änderungsrate dieselbe Einheit: $\frac{\text{Einheit von f(x)}}{\text{Einheit von x}}$

Üben

1 ≡ Ein Motorrad wird gleichmäßig beschleunigt. Innerhalb der ersten 10 Sekunden kann die Entfernung f(t) in Metern vom Startpunkt nach t Sekunden durch die Gleichung $f(t) = 3t^2$ angegeben werden. Bestimmen Sie die momentanen Geschwindigkeiten des Motorrads nach 2 s, 5 s und 8 s mithilfe von Durchschnittsgeschwindigkeiten.

2 ≡ Die Flughöhe eines Segelflugzeugs wird während eines Fluges ständig gemessen und im Cockpit angezeigt. Ein automatischer Schreiber hält diese Messergebnisse in einem sogenannten Segelflugbarogramm fest.

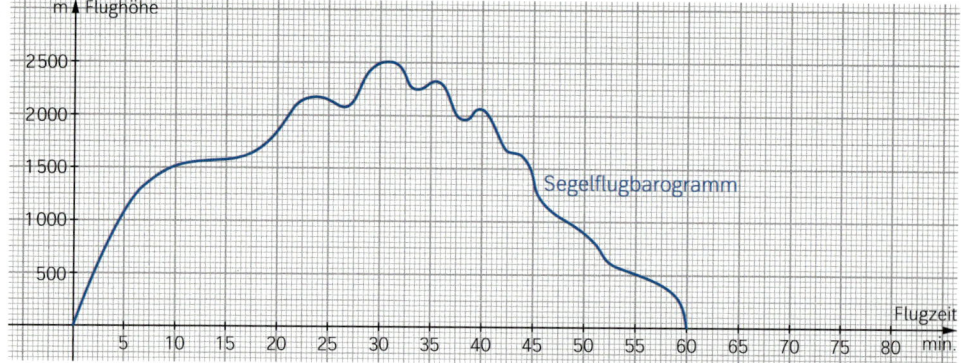

a) Berechnen Sie die mittlere Steiggeschwindigkeit des Fliegers (in $\frac{m}{s}$) in den ersten 10 Minuten nach dem Start und die mittlere Sinkgeschwindigkeit für den Zeitraum von 40 bis 60 Minuten.

b) Im Cockpit zeigt das sogenannte Variometer zu jedem Zeitpunkt die momentane Steig- bzw. Sinkgeschwindigkeit an. Bestimmen Sie näherungsweise die momentane Steiggeschwindigkeit 20 Minuten nach dem Start.

2.2 Lokale Änderungsrate

3 Anna und Max sind auf einer Bergwanderung. Sie beginnen ihre Wanderung in 700 Meter Höhe. Ihr Ziel liegt in einer Höhe von 1130 Metern.
Max sagt: „Mit der Höhe nimmt der Luftdruck ab."
Anna meint: „Ja, zu jeder Höhe h gehört ein Luftdruck p."

a) Deuten Sie für die Wanderung:
(1) $p(1130) - p(700)$ (2) $\dfrac{p(1130) - p(700)}{1130 - 700}$ (3) $p'(1130)$

b) Schreiben Sie die folgenden Angaben als Term:
- Luftdruckänderung von 800 m bis 1 000 m;
- durchschnittliche Luftdruckänderung von 800 m bis 1 000 m;
- momentane Luftdruckänderung bei 900 m.

4 Beschreiben Sie bei den folgenden Funktionen für eine feste Stelle x_0 jeweils die Bedeutung der Terme
(1) $f(x) - f(x_0)$;   (2) $\dfrac{f(x) - f(x_0)}{x - x_0}$;   (3) $\lim\limits_{x \to x_0} \dfrac{f(x) - f(x_0)}{x - x_0}$.
Geben Sie dazu mögliche sinnvolle Einheiten an.

a) f(x) gibt die Wassermenge an, die sich zum Zeitpunkt x in einem Stausee befindet.
b) f(x) gibt die Höhe an, die ein Hubschrauber zum Zeitpunkt x hat.
c) f(x) gibt den Kurs einer Aktie zum Zeitpunkt x an.
d) f(x) gibt die Anzahl der Bakterien an, die sich zum Zeitpunkt x in einer Petrischale befinden.
e) f(x) gibt die momentane Geschwindigkeit eines Autos zum Zeitpunkt x an.

5 Nico behauptet: „Am Graphen und an der Sekante erkenne ich, dass in den Zeitintervallen [0; 2] und [4; 5] die Momentangeschwindigkeiten unter der Durchschnittsgeschwindigkeit lagen und im Zeitintervall [2; 4] darüber."
Nehmen Sie dazu Stellung.

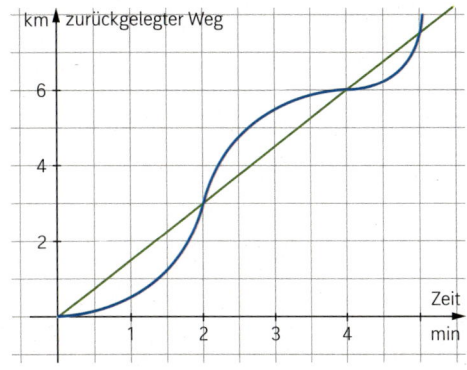

6 Ein Flüssigkeitsbehälter wird durch ein Ventil entleert. Zum Zeitpunkt t ist im Behälter das Volumen V(t).
Erläutern Sie die Begriffe durchschnittliche Ausflussgeschwindigkeit in einem Zeitintervall und momentane Ausflussgeschwindigkeit zum Zeitpunkt t. Skizzieren Sie einen möglichen Graphen von V(t) und erläutern Sie diese Begriffe am Graphen der Funktion $t \to V(t)$.
Verwenden Sie auch den Begriff der Änderungsrate.

Differenzialrechnung

7 Auf einer Teststrecke mit genau festgelegten Bedingungen wurde ständig gemessen, wie viel Benzin ein Auto schon verbraucht hatte. Die Abbildung zeigt das Testergebnis.

a) Der Benzinverbrauch wird üblicherweise in l pro 100 km angegeben. Bestimmen Sie den Verbrauch auf der Teststrecke in dieser Einheit.

b) Begründen Sie, dass der Benzinverbrauch auf der Teststrecke nicht gleichbleibend war. Wie müsste ein Graph bei gleich bleibendem Verbrauch aussehen?

c) Geben Sie je eine Teilstrecke an, auf der der Verbrauch kleiner bzw. größer als der Durchschnittsverbrauch war.

d) Bordcomputer in Fahrzeugen zeigen auch den momentanen Benzinverbrauch an. An welcher Stelle der Teststrecke ist dieser am kleinsten bzw. am größten?

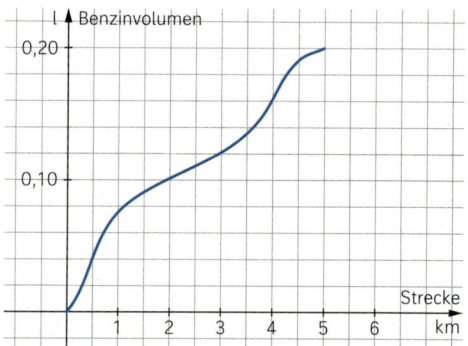

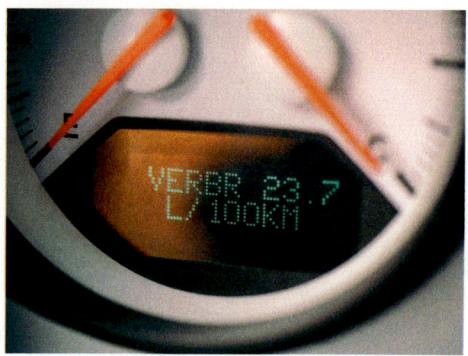

Tangentensteigung

8 In den Grafiken ist jeweils die Tangente an den Graphen der Funktion f im Punkt $P(x_0 \mid f(x_0))$ eingezeichnet.
Bestimmen Sie die Ableitung $f'(x_0)$, indem Sie ein geeignetes Steigungsdreieck suchen.

Einzeichnen des Steigungsdreiecks und Ablesen der Längen der Katheten ergibt:
$f'(x_0) = \frac{2}{1} = 2$

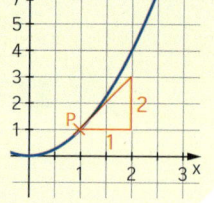

a) 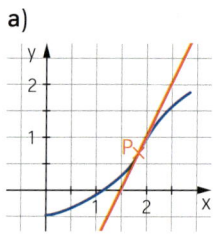   b) 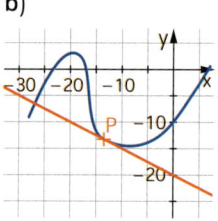   c) 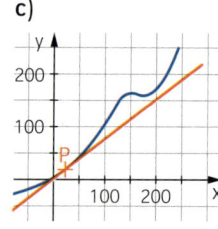   d)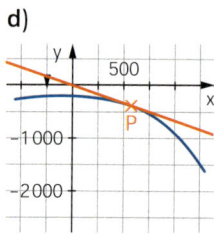

9 Skizzieren Sie die Graphen der folgenden Funktionen. Zeichnen Sie ohne weitere Rechnung („mit Augenmaß") die Tangente an der Stelle x_0 ein und schätzen Sie damit die Ableitung von f an der Stelle x_0.

a) $f(x) = x^2$; $x_0 = 1$ \hspace{2em} b) $f(x) = 0{,}5 x^2 + x$; $x_0 = -1$

c) $f(x) = x^3$; $x_0 = -0{,}5$ \hspace{2em} d) $f(x) = x^3 - 3x$; $x_0 = 0$

2.2 Lokale Änderungsrate

10 ≡ Eine Tangente an einen Kreis hat mit diesem nur einen einzigen Punkt gemeinsam. Bei einer Tangente an einen Funktionsgraphen im Punkt P sind mehrere Fälle möglich.
Beschreiben Sie bei den folgenden Abbildungen jeweils die Besonderheiten der Lage der Tangente zum Funktionsgraphen.

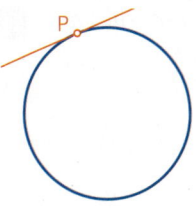

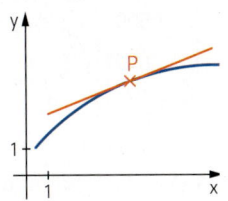 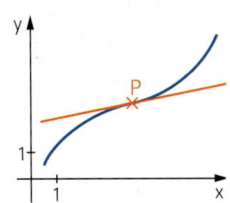 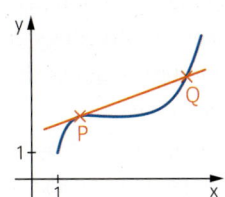 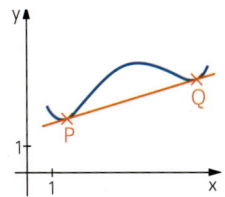

11 ≡ Vergleichen Sie die Steigungen des Graphen in den angegebenen Punkten. In welchem Punkt ist sie größer? Achten Sie auf das Vorzeichen.
(1) A und B
(2) C und D
(3) E und F

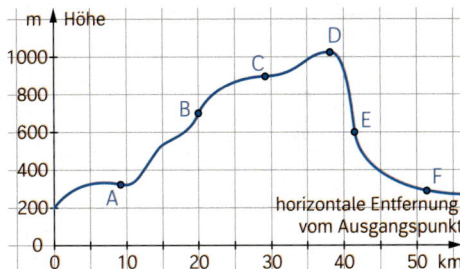

12 ≡ In der Grafik ist das Höhenprofil des Hermannslaufs vom Hermannsdenkmal nahe Detmold zur Sparrenburg in Bielefeld angegeben.

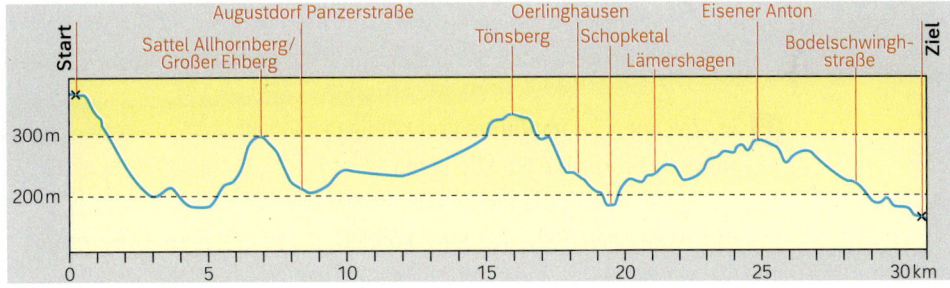

In welchen der angegebenen Orte ist die Steigung positiv, negativ bzw. null?

13 ≡ Lara, Jana und Timo haben die Steigung des Graphen im Punkt P mithilfe des abgebildeten Steigungsdreiecks ermittelt. Wer hat die Steigung richtig bestimmt? Was haben die anderen falsch gemacht?

Lara: $m \approx \frac{-6}{9} = -\frac{2}{3}$

Jana: $m \approx \frac{-3}{2{,}25} = -1{,}\overline{3}$

Timo: $m \approx \frac{2{,}25}{3} = 0{,}75$

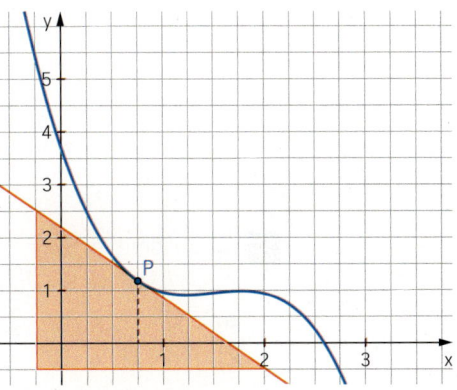

Differenzialrechnung

Weiterüben

14 Die Ableitung einer Funktion soll an verschiedenen Stellen mithilfe des GTR näherungsweise berechnet werden. Im Beispiel wird dazu zunächst die Funktion f definiert als $f(x) = x^3$.

x	d(x):=
	$(1-x^3)/(1-x)$
0.999	2.997
0.9999	2.9997
1	#UNDEF
1.0001	3.0003
1.001	3.003
2.99970001	

a) In der Abbildung sehen Sie eine Möglichkeit, die Ableitung an der Stelle $x_0 = 1$ näherungsweise mit der Tabellenkalkulation zu berechnen.
Erklären Sie die Vorgehensweise und führen Sie dies auch mit größerer Genauigkeit durch.
b) Berechnen Sie die Ableitung von f wie in Teilaufgabe a) auch für andere Stellen.
c) Berechnen Sie auf diese Weise näherungsweise die Ableitungen für andere Funktionen, indem Sie die Funktion f entsprechend umdefinieren.
d) Ihr grafikfähiger Taschenrechner hat auch einen direkten Befehl zur näherungsweisen Bestimmung der Ableitung an einer Stelle. Finden Sie diesen heraus und vergleichen Sie das Ergebnis mit den bisherigen Ergebnissen.

15 Ein radioaktives Präparat zerfällt so, dass die vorhandene Substanz nach jeweils 2 Tagen auf zwei Drittel zurückgeht. Zu Beginn der Messung sind 100 mg vorhanden.
a) Bestimmen Sie die Funktion, die diesem Zerfallsprozess zugrunde liegt.
b) Zeichnen Sie den Graphen der Funktion aus Teilaufgabe a) für das Zeitintervall der ersten 20 Tage.
c) Ermitteln Sie die Halbwertszeit der radioaktiven Substanz.
d) Bestimmen Sie näherungsweise die momentane Zerfallsgeschwindigkeit zu dem Zeitpunkt, an dem noch 50 mg der Substanz vorhanden sind.

16 Zeichnen Sie mit Ihrem grafikfähigen Taschenrechner die Funktion f mit $f(x) = 0{,}25\,x^2$ und markieren Sie den Punkt P(4|4). Mit dem Befehl „Zoom" können Sie wie mit einer Lupe immer näher an den Punkt P heranzoomen. Was stellen Sie fest? Schätzen Sie mithilfe eines Koordinatengitters, wie groß die Steigung des Graphen von f in dem Punkt P ist.
Berechnen Sie auch die Tangentensteigung und vergleichen Sie.

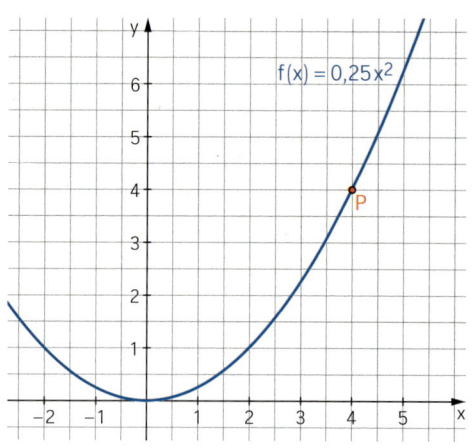

17 Bestimmen Sie mit Ihrem grafikfähigen Taschenrechner und dem Zoom-Befehl näherungsweise die Steigungen der Graphen an der Stelle x_0 bei folgenden Funktionen:
a) $f(x) = x^2$; $x_0 = 2$
b) $f(x) = 2x^2$; $x_0 = -0{,}5$
c) $f(x) = x^3$; $x_0 = 0$
d) $f(x) = x^3 + 2x^2$; $x_0 = -1$

2.2 Lokale Änderungsrate

18 ≡ Miriam und Felix haben für den Graphen zu $f(x) = x(3 - x)$ die Steigungen von Sekanten berechnet. Miriam berechnet die Steigung der Sekante durch $P(2|2)$ und $Q(2{,}01|1{,}9899)$. Felix berechnet die durch $P(2|2)$ und $R(1{,}99|2{,}0099)$.
Sie vergleichen ihre Ergebnisse miteinander. Felix sagt: „Die Steigungen sind ja gleich."
Miriam sagt: „Fast gleich, wenn man die beiden Sekanten einzeichnen würde, kann man keinen Unterschied mehr erkennen."
Felix meint: „Beide Punkte Q und R liegen ja auch ganz nah bei P. Wenn wir zwei Punkte wählen, die noch näher bei P liegen, so unterscheiden sich die Sekantensteigungen noch weniger voneinander."
a) Überprüfen Sie die Aussagen von Miriam und Felix. Skizzieren Sie den Graphen von f und veranschaulichen Sie die Lage der beiden Sekanten.
b) Bestimmen Sie näherungsweise die Steigung der Tangente an den Graphen von f im Punkt P.

19 ≡ Zur näherungsweisen Berechnung der Ableitung einer Funktion f an einer Stelle x_0 kann folgende Formel verwendet werden: $f'(x_0) \approx \dfrac{f(x_0 + 0{,}001) - f(x_0 - 0{,}001)}{0{,}002}$
Zum Differenzenquotienten in dieser Formel gehört die Steigung einer Sekante.
Machen Sie sich anhand einer Skizze die Lage dieser Sekante und die Lage der Tangente im Punkt $P(x_0|f(x_0))$ an den Graphen einer Funktion f klar und erläutern Sie, warum diese Formel eine gute Näherung für $f'(x_0)$ liefert. Machen Sie einen Vorschlag, wie man eine noch bessere Näherung für die Ableitung erhalten kann.

20 ≡ Zeichnen Sie einen Graphen, für den beim Durchlaufen von links nach rechts gilt:
a) Vom Punkt A bis zum Punkt B ist die Steigung positiv. Im Punkt B ist die Steigung null. Von B bis C ist die Steigung negativ.
b) Vom Punkt A bis zum Punkt B ist die Steigung negativ. Im Punkt B ist die Steigung null. Von B bis C ist die Steigung positiv. Von C bis D ist sie überall gleich, und zwar positiv.
c) Die Steigung in den Punkten A und B ist gleich.
d) Die Steigung ist immer negativ, wird aber immer größer.
e) Die Steigung ist immer positiv, wird aber immer kleiner.

21 ≡ Skizzieren Sie einen Graphen und einen Punkt P auf dem Graphen, sodass gilt:
a) Die Steigung im Punkt P ist 1. Der Graph verläuft oberhalb der Tangente in P.
b) Die Steigung im Punkt P ist -1. Die Tangente durchsetzt den Graphen.
c) Die Steigung im Punkt P ist $-\dfrac{1}{3}$. Die Tangente schneidet den Graphen noch in einem weiteren Punkt.

Das kann ich noch!

A Geben Sie die Anteile in Prozent an, ohne einen Taschenrechner zu verwenden.
1) 3 von 10   2) 1 von 5   3) 7 von 20   4) 1 von 9
5) 9 von 40   6) 6 von 25   7) 33 von 50   8) 4 von 9
9) 21 von 60   10) 4 von 5   11) 13 von 25   12) 18 von 30

2.3 Ableitungen berechnen

Einstieg

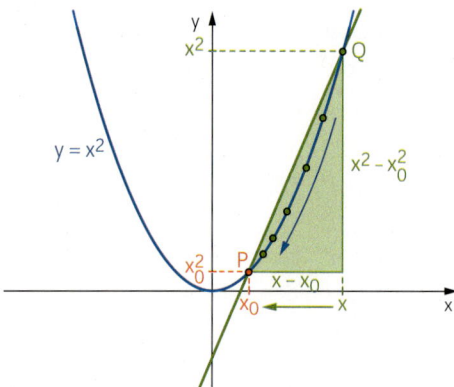

Bestimmen Sie für die Funktion f mit $f(x) = x^2$ die Ableitung mithilfe von Sekantensteigungen an den Stellen $x = -1$ und $x = 2$ sowie an einer beliebigen Stelle x_0.

Aufgabe mit Lösung

Berechnen der Ableitung mit der h-Schreibweise

Die Ableitung der Funktion f mit $f(x) = x^2$ an der Stelle $x_0 = 0{,}5$ soll berechnet werden.

→ Begründen Sie anhand der Abbildung, dass die Ableitung $f'(0{,}5)$ auch so bestimmt werden kann:

$$f'(0{,}5) = \lim_{h \to 0} \frac{f(0{,}5 + h) - f(0{,}5)}{h}$$

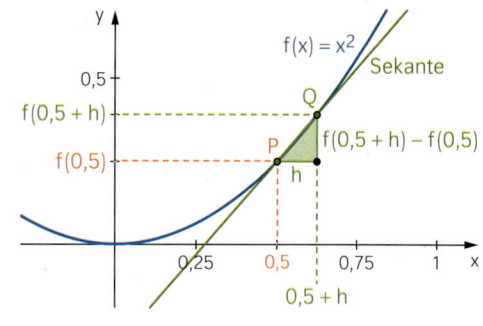

Lösung

Der Differenzenquotient $\frac{f(x) - f(0{,}5)}{x - 0{,}5}$ wurde umgeschrieben zu $\frac{f(0{,}5 + h) - f(0{,}5)}{h}$.

Dabei wurde der Punkt P auf dem Graphen von f beibehalten und der Punkt $Q(x \mid f(x))$ auf dem Graphen von f als $Q(0{,}5 + h \mid f(0{,}5 + h))$ nur anders aufgeschrieben. Es wurde also $x = 0{,}5 + h$ gesetzt, dadurch steht statt der Differenz $x - 0{,}5$ im Nenner des Differenzenquotienten nun nur noch die Variable h. Anstelle von $x \to 0{,}5$ kann nun im Grenzwert des Differenzenquotienten $h \to 0$ betrachtet werden.

→ Berechnen Sie die Ableitung mit dieser Methode.

Lösung

Der Differenzenquotient kann so umgeformt werden, dass man die Variable h im Zähler ausklammern kann. Dadurch kann man mit dem Faktor h kürzen.

$$\frac{f(0{,}5 + h) - f(0{,}5)}{h} = \frac{(0{,}5 + h)^2 - 0{,}5^2}{h} = \frac{0{,}25 + h + h^2 - 0{,}25}{h} = \frac{h + h^2}{h} = \frac{h \cdot (1 + h)}{h} = 1 + h$$

Dabei ist zu beachten, dass bei allen Termen $h \neq 0$ gelten muss, da h im Nenner des Differenzenquotienten steht.

Es gilt aber: Wenn die Werte für h beliebig nah bei null liegen, so kommen die Werte von $1 + h$ dem Wert 1 beliebig nah. Daher ist 1 der Grenzwert des Differenzenquotienten. Es gilt also: $f'(0{,}5) = \lim_{h \to 0} \frac{f(0{,}5 + h) - f(0{,}5)}{h} = 1$

2.3 Ableitungen berechnen

Information

Ableitung mit der h-Schreibweise

Bei der Berechnung der Ableitung an einer Stelle x_0 ist es manchmal zweckmäßiger, die Differenz $x - x_0$ durch h zu ersetzen. Der Differenzenquotient sieht damit so aus:
$$\frac{f(x) - f(x_0)}{(x - x_0)} = \frac{f(x_0 + h) - f(x_0)}{h}$$
Wenn x beliebig nah bei x_0 liegt, so liegt $h = x - x_0$ beliebig nah bei null.
Daraus ergibt sich die folgende Schreibweise, die man auch als **h-Schreibweise** der Ableitung bezeichnet:
$$f'(x_0) = \lim_{h \to 0} \frac{f(x_0 + h) - f(x_0)}{h}$$

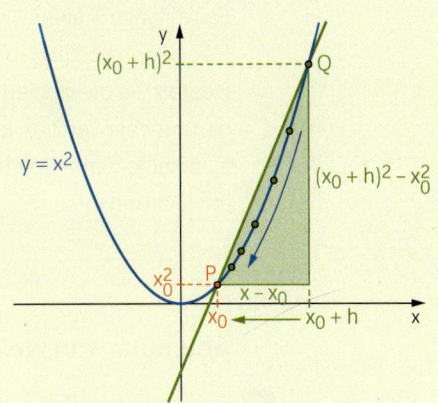

Ableitung der Quadratfunktion

Satz: Die Funktion f mit $f(x) = x^2$ hat an einer beliebigen Stelle x_0 die Ableitung $f'(x_0) = 2x_0$.

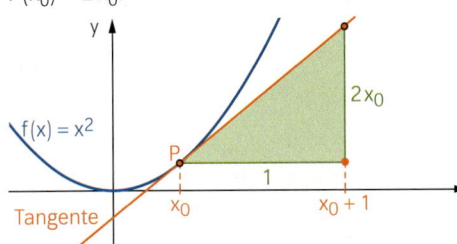

Für die Ableitung der Quadratfunktion an einer beliebigen Stelle x_0 ergibt sich entsprechend:

Sekantensteigung für $h \neq 0$:
$$m = \frac{f(x_0 + h) - f(x_0)}{h} = \frac{(x_0 + h)^2 - x_0^2}{h}$$
$$= \frac{x_0^2 + 2hx_0 + h^2 - x_0^2}{h} = \frac{2hx_0 + h^2}{h}$$
$$= 2x_0 + h$$

Tangentensteigung:
$$f'(x_0) = \lim_{h \to 0} \frac{f(x_0 + h) - f(x_0)}{h}$$
$$= \lim_{h \to 0} (2x_0 + h) = 2x_0$$

Üben

1 Nutzen Sie die Formel $f'(x_0) = 2x_0$ für die Quadratfunktion.
a) Geben Sie an: (1) $f'(5)$ (2) $f'(-5)$ (3) $f'\left(\frac{1}{2}\right)$ (4) $f'\left(-\frac{1}{2}\right)$
b) An welchen Stellen x gilt (1) $f'(x) = 3$; (2) $f'(x) = -3$; (3) $f'(x) = 0$; (4) $f'(x) = 1{,}8$?

2 Bestimmen Sie die Ableitung der Funktion f mit $f(x) = x^2$ an den folgenden Stellen mithilfe der $x - x_0$- oder der h-Schreibweise.
a) $x_0 = 2$ b) $x_0 = -1$ c) $x_0 = 0$ d) $x_0 = \sqrt{5}$

3 Bei einem Versuchsfahrzeug wird zum Zeitpunkt t (in s) die Entfernung f(t) (in m) vom Start an gemessen. Für die ersten 10 Sekunden kann die Funktion f näherungsweise durch den Funktionsterm $f(t) = t^2$ beschrieben werden. Bestimmen Sie die momentanen Geschwindigkeiten des Fahrzeugs nach 2 s, 5 s und 10 s.

Differenzialrechnung

4 Betrachten Sie die Funktion f, die jeder Seitenlänge a eines Quadrats seinen Flächeninhalt $f(a) = a^2$ zuordnet.
Deuten Sie die mittlere und die lokale Änderungsrate von f an einer beliebigen Stelle a_0 mithilfe der h-Schreibweise geometrisch am Quadrat.

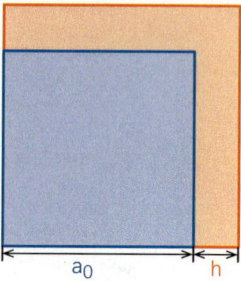

Ableitung von weiteren quadratischen Funktionen

5 Bestimmen Sie jeweils die Ableitung von f an den Stellen $x = 3$ und $x = -3$ mithilfe der h-Schreibweise.
a) $f(x) = x^2 + 3$ b) $f(x) = 3x^2$
c) $f(x) = (x - 2)^2$ d) $f(x) = x^2 + 2x$

$f(x) = 2x^2 - 3;$
$$\frac{f(-3+h) - f(-3)}{h} = \frac{(h-3)^2 - 3 - (-3)^2 + 3}{h}$$
$$= \frac{h^2 - 6h + 9 - 9}{h}$$
$$= \frac{h(h-6)}{h} = h - 6 \text{ für } h \neq 0$$
$$f'(-3) = \lim_{h \to 0} \frac{f(-3+h) - f(-3)}{h}$$
$$= \lim_{h \to 0} (h - 6) = -6$$

6 Gegeben sind die Funktionen f, g und h mit $f(x) = x^2$, $g(x) = x^2 - 1$ und $h(x) = (x + 3)^2$.
a) Beschreiben Sie, wie die Graphen der Funktionen g und h jeweils aus dem Graphen von f hervorgehen.
b) Bestimmen Sie für eine beliebige Stelle x_0 die Ableitungen $g'(x_0)$ und $h'(x_0)$, indem Sie Ihr Ergebnis aus Teilaufgabe a) und die Formel $f'(x_0) = 2x_0$ verwenden.

Tangentengleichungen bestimmen

7 Nutzen Sie die Formel $f'(x_0) = 2x_0$ für die Quadratfunktion und berechnen Sie die Gleichungen der Tangenten an folgenden Stellen:
a) $x_0 = 1$ b) $x_0 = -1$
c) $x_0 = 2{,}5$ d) $x_0 = -\frac{1}{3}$

Bestimmen der Tangentengleichung an der Stelle $x_0 = 4$:
Tangentensteigung: $f'(4) = 8$
Tangentengleichung: $t(x) = 8x + b$
Einsetzen von $x_0 = 4$: $f(4) = 16 = 32 + b$
b berechnen: $b = -16$
Tangentengleichung: $t(x) = 8x - 16$

8 Lina bestimmt die Tangente für die Quadratfunktion an der Stelle $x_0 = 3$ so:
„Die Tangente hat die Steigung 6 und muss durch den Punkt (3|9) verlaufen. Also hat sie die Gleichung $y = 6(x - 3) + 9$."
a) Erklären Sie Linas Überlegungen.
b) Begründen Sie: Die Tangente an den Graphen einer Funktion f in einem Punkt $P(x_0 | f(x_0))$ hat die Gleichung $y = f'(x_0)(x - x_0) + f(x_0)$.

2.3 Ableitungen berechnen

9 Berechnen Sie die Gleichungen der Tangenten an den Stellen $x = 3$ und $x = -3$. Nutzen Sie dafür auch die Ergebnisse aus Aufgabe 5.

a) $f(x) = x^2 + 3$ b) $f(x) = 3x^2$ c) $f(x) = (x-2)^2$ d) $f(x) = x^2 + 2x$

Weiterüben

10 Gegeben ist die Normalparabel mit der Funktionsgleichung $y = x^2$.

a) Durch die Punkte $P(1|1)$ und $Q(5|25)$ verläuft eine Sekante. Bestimmen Sie zu der Sekante eine parallele Tangente an die Normalparabel.
Was fällt auf?

b) Übertragen Sie die Untersuchungen aus Teilaufgabe a) auf zwei beliebige Punkte P und Q auf der Normalparabel. Formulieren Sie einen Satz und beweisen Sie ihn.

11 Die Parabelkirche in Gelsenkirchen wurde von dem Architekten Josef Franke in den Jahren 1927 bis 1929 erbaut. Beim Bau des Kirchenmittelschiffes (bei einer Breite b von 10 Metern und einer Höhe h von 15 Metern) wurden die in den Boden eingelassen Stützpfeiler aus Fertigungsgründen als einfache Geradenstücke, nicht mehr als Parabelstücke angefertigt.

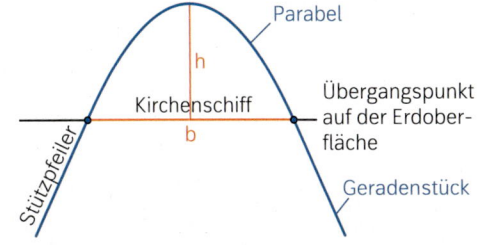

a) Wählen Sie ein Koordinatensystem und bestimmen Sie eine Parabelgleichung.

b) Berechnen Sie die Steigung eines in den Boden eingelassenen geraden Stützpfeilers.

c) Welchen Winkel schließen Pfeiler und Erdboden miteinander ein?

d) Ermitteln Sie Gleichungen für die Stützpfeiler.

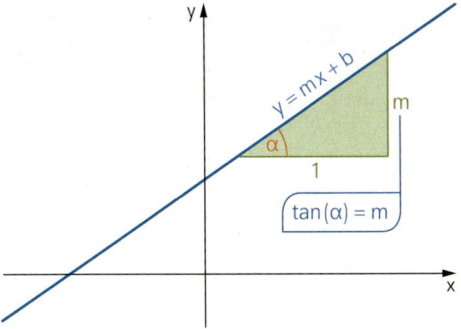

Das kann ich noch!

A 1) Eine Dosenmilchsorte enthält 4 % Fett. Wie viel Fett befindet sich in 102 g Milch?

2) In einem Waldstück mit 1 250 Bäumen gibt es 400 Nadelbäume.
Wie groß ist der prozentuale Anteil der Nadelbäume?

3) Herr Brendt zahlt 865,26 € Steuern. Das sind 19 % seines Gehaltes. Wie hoch ist es?

4) Überprüfen Sie folgende Aussage aus einem im September 2019 erschienenen Zeitungsartikel:
„Durch die vom Klimakabinett vorgeschlagene Verringerung des Mehrwertsteuersatzes von 19 % auf 7 % für Bahntickets verringert sich deren Preis um 10 %."

Differenzialrechnung

2.4 Ableitungsfunktion

Einstieg

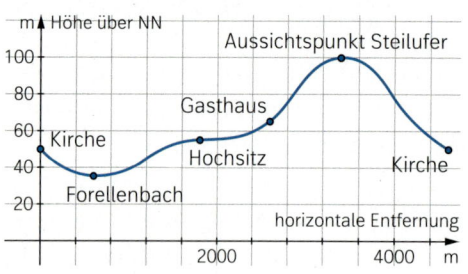

Die Abbildung zeigt das Höhenprofil eines Wanderweges. Bestimmen Sie an mehren Stellen näherungsweise die Steigung dieses Wanderweges. Tragen Sie die Steigungen in ein neues Koordinatensystem ein und verbinden Sie die Punkte geeignet. Vergleichen Sie die beiden Graphen. Was fällt dabei auf?

Aufgabe mit Lösung

Aus dem Graphen einer Funktion f den Graphen von f' gewinnen

Übertragen Sie den gezeichneten Graphen der Funktion f in Ihr Heft.
Zeichnen Sie darunter ein zweites Koordinatensystem, in dem jeder Stelle die Ableitung f' der Funktion f zugeordnet werden soll. Verwenden Sie dabei Punkte des Graphen, in denen die Steigung leicht zu bestimmen ist.

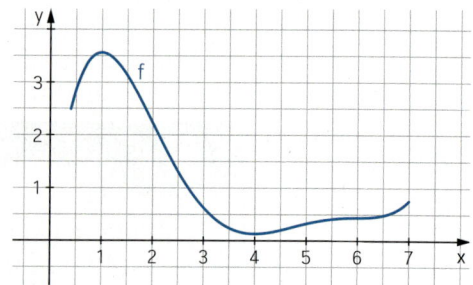

Lösung

Ohne zu rechnen kann man die Steigung an den Stellen bestimmen, an denen der Graph waagerechte Tangenten aufweist: An diesen Stellen hat die Tangente jeweils die Steigung null, somit hat f' an diesen Stellen Nullstellen.

Wenn der Graph in einem Intervall ansteigt, so sind die Tangentensteigungen in diesem Intervall nur positiv. Der Graph der Ableitung verläuft dann in diesem Intervall oberhalb der x-Achse. Wenn der Graph in einem Intervall fällt, so sind die Tangentensteigungen in diesem Intervall nur negativ. Der Graph der Ableitung verläuft dann in diesem Intervall unterhalb der x-Achse.

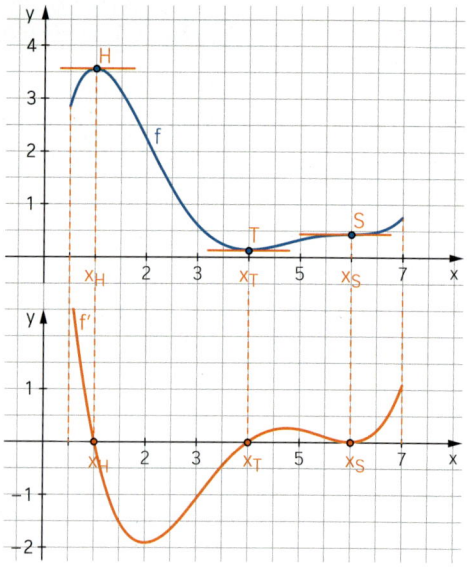

Um den Verlauf des Graphen der Ableitung etwas genauer zu skizzieren, kann man an weiteren Stellen näherungsweise Tangenten einzeichnen, die jeweilige Tangentensteigung mithilfe eines Steigungsdreiecks abschätzen und diese Werte in den Graphen der Ableitung eintragen.

Verbindet man alle so erhaltenen Steigungswerte, erhält man den Graphen der Ableitung f'. Dieser Graph zeigt den Verlauf der Steigungen des Graphen der Funktion f an.

2.4 Ableitungsfunktion

Information

Ableitungsfunktion

Definition
Ordnet man jeder Stelle x die Ableitung einer Funktion f an dieser Stelle zu, so erhält man eine neue Funktion.
Diese Funktion heißt **Ableitungsfunktion** oder auch **Ableitung von f** und wird mit **f′** bezeichnet.

Die Quadratfunktion mit $f(x) = x^2$ hat die Ableitung f′ mit $f'(x) = 2x$.

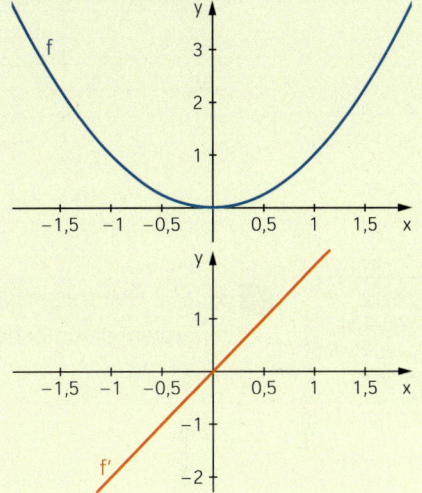

Hochpunkte, Tiefpunkte, Sattelpunkte

Wenn man aus dem Graphen von f den Graphen von f′ erzeugt, spricht man vom **grafischen Differenzieren**. Punkte mit waagerechten Tangenten fallen dabei besonders auf.

Definition
Ein Punkt $H(x_H | y_H)$ auf dem Graphen einer Funktion f heißt **Hochpunkt**, wenn auf einem Abschnitt des Graphen von f – mit Punkten links und rechts von H – keine Punkte mit einer größeren y-Koordinate als y_H liegen.

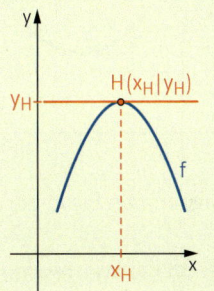

An einem Hochpunkt mit waagerechter Tangente schmiegt sich diese **von oben** an den Graphen.

Definition
Ein Punkt $T(x_T | y_T)$ auf dem Graphen einer Funktion f heißt **Tiefpunkt**, wenn auf einem Abschnitt des Graphen von f – mit Punkten links und rechts von T – keine Punkte mit einer kleineren y-Koordinate als y_T liegen.

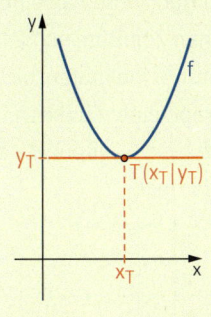

An einem Tiefpunkt mit waagerechter Tangente schmiegt sich diese **von unten** an den Graphen.

Definition
Ein Punkt S mit einer waagerechten Tangente, die den Graphen durchsetzt, heißt **Sattelpunkt**.

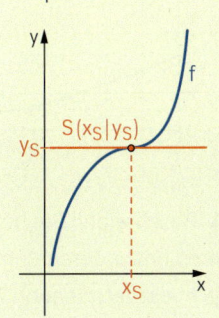

Die Tangente in einem Sattelpunkt schmiegt sich auf der einen Seite von oben und auf der anderen Seite von unten an den Graphen.

Differenzialrechnung

Üben

1 Gegeben ist der Graph einer Funktion f. Welcher der Graphen (1), (2), (3) ist der Graph der Ableitungsfunktion f'?

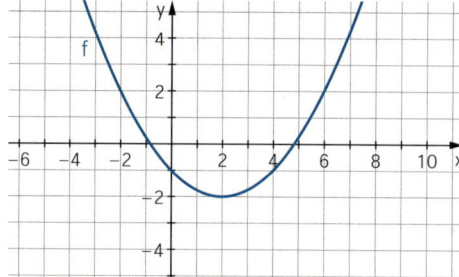
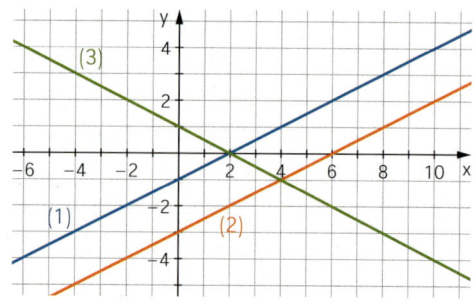

2 Übertragen Sie den Graphen der Funktion f und skizzieren Sie in einem Koordinatensystem darunter den Graphen der Ableitungsfunktion f'.

Tipp: Eine Transparentfolie kann beim Übertragen helfen.

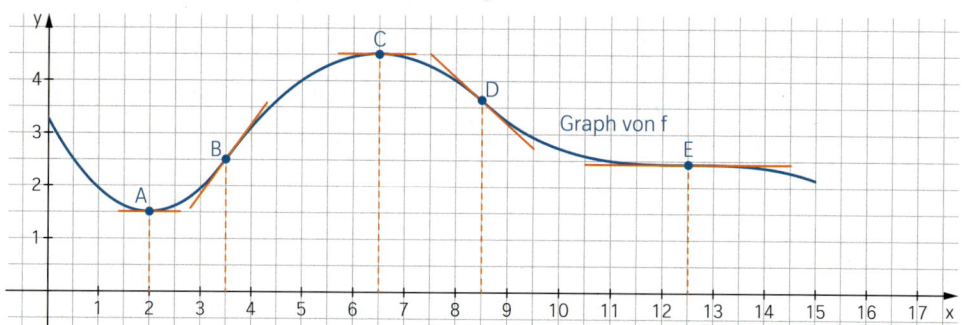

Bestimmen Sie in der Grafik die Koordinaten der Hoch-, Tief- und Sattelpunkte von f.

3 In der Wetterstation auf dem Brocken im Harz wurde an einem Frühlingstag über einen Zeitraum von 24 Stunden der Temperaturverlauf aufgezeichnet. Dieser kann als Graph einer Funktion f aufgefasst werden, die jedem Zeitpunkt t die Temperatur f(t) zuordnet.

a) Beschreiben Sie den Temperaturverlauf. Gehen Sie dabei sowohl auf die gekennzeichneten besonderen Punkte als auch auf die Bereiche zwischen ihnen ein und verwenden Sie die in der Information eingeführten Fachbegriffe.

b) Skizzieren Sie den Graphen der zugehörigen Ableitungsfunktion.

2.4 Ableitungsfunktion

4 Übertragen Sie den Funktionsgraphen und bestimmen Sie durch grafisches Differenzieren in ein darunter gezeichnetes Koordinatensystem ungefähr den Graphen der Ableitungsfunktion.
Erläutern Sie, wie man am Graphen der Ausgangsfunktion die Nullstellen des Graphen der Ableitungsfunktion erkennt, und geben Sie die Intervalle an, in denen die Ableitungsfunktion positv oder negativ ist.

a)

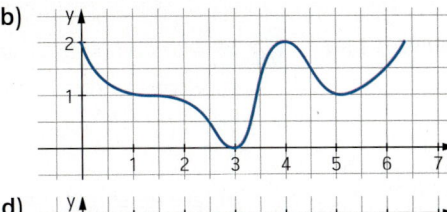

b)

c)

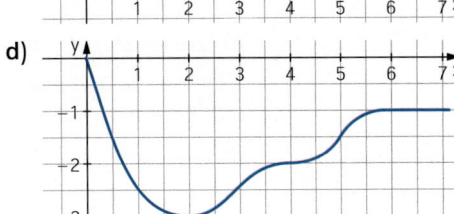

d)

5 In (1), (2) und (3) sind Graphen von Funktionen gezeichnet, in (A), (B) und (C) die Graphen ihrer Ableitungsfunktionen. Ordnen Sie zu und begründen Sie Ihre Entscheidung.

(1)

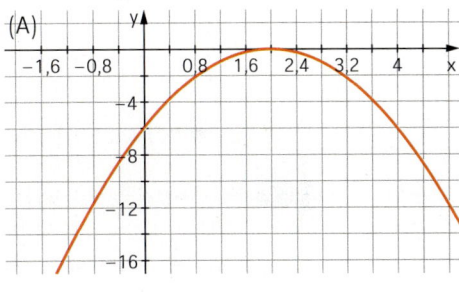

(A)

(2)

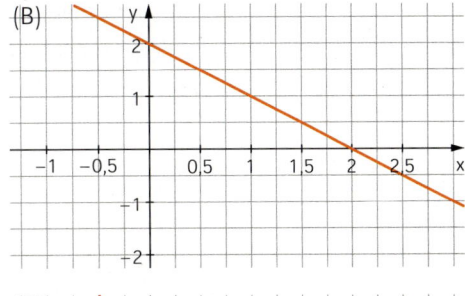

(B)

(3)

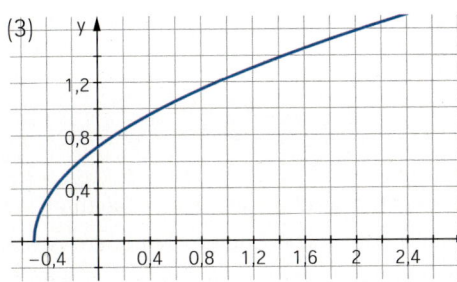

(C)

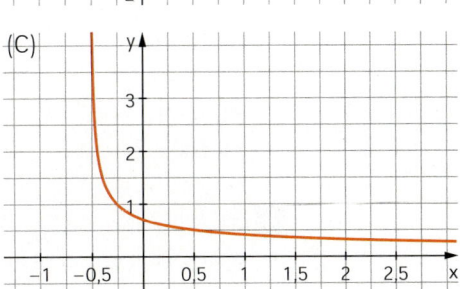

Differenzialrechnung

6 ≡ Sandra hat zum Graphen einer Funktion f den Graphen der Ableitungsfunktion f' gezeichnet.
Sie meint:
„Da stimmt was nicht! Aber was?"
Helfen Sie ihr.

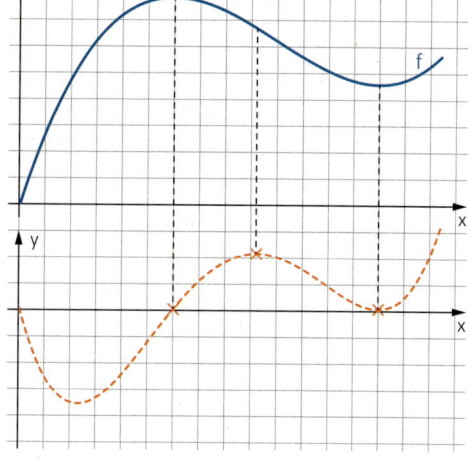

Weiterüben

7 ≡ Skizzieren Sie anhand der Aussagen einen passenden Graphen einer Funktion f und ihrer Ableitungsfunktion f' in der Nähe von x_0.

a) Die Ableitung von f an der Stelle x_0 ist null. Die Tangenten schmiegen sich in der Nähe des Punktes $P(x_0|f(x_0))$ von unten an den Graphen von f.

b) Die Ableitung von f an der Stelle x_0 ist null. Die Tangenten schmiegen sich in der Nähe des Punktes $P(x_0|f(x_0))$ von oben an den Graphen von f.

c) Der Graph von f' hat an der Stelle x_0 einen Hochpunkt, der unterhalb der x-Achse liegt.

d) Der Graph der Ableitungsfunktion f' hat an der Stelle x_0 einen Tiefpunkt auf der x-Achse.

e) Der Graph der Ableitungsfunktion f' hat an der Stelle x_0 einen Hochpunkt auf der x-Achse.

Grafisches Differenzieren mit dem GTR

8 ≡ Auch mit dem GTR ist grafisches Differenzieren möglich: Hat man bereits den Graphen einer Funktion f_1 gezeichnet, lässt sich mit dem Operator $\frac{d}{dx}(f_1)$ der Graph der zugehörigen Ableitungsfunktion anzeigen.

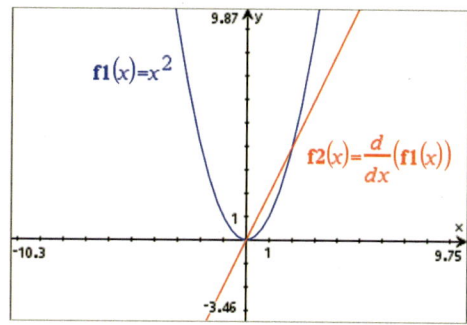

Erkunden Sie die genaue Vorgehensweise bei Ihrem Taschenrechnermodell und wenden Sie sie auf verschiedene Funktionen an.
Zeichnen Sie mit dem GTR jeweils die Graphen von f und f' und erläutern Sie die Zusammenhänge zwischen beiden.

a) $f(x) = -x^2 + 3x - 1$
b) $f(x) = x^3$
c) $f(x) = 2 \cdot 0{,}8^x$
d) $f(x) = \sin(x)$

9 ≡ Zeichnen Sie selbst Funktionsgraphen und lassen Sie Ihren Partner durch grafisches Differenzieren in einem darunter gezeichneten Koordinatensystem den Graphen der Ableitungsfunktion skizzieren. Tauschen Sie die Rollen nach jedem Graphen.

2.5 Monotonie

Einstieg

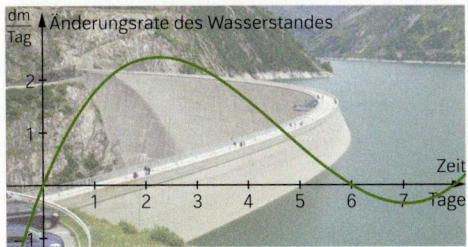

Der Graph zeigt die Änderungsrate des Wasserstandes für 8 Tage an.
Ziehen Sie daraus Folgerungen für den Wasserstand: In welchem Zeitraum ist er gestiegen, in welchem gefallen? Wann war der Wasserstand am höchsten und wann am niedrigsten?

Aufgabe mit Lösung

Eigenschaften einer Funktion f am Graphen von f' erkennen

Der Graph einer Ableitungsfunktion f' ist abgebildet.

→ Geben Sie die Bereiche an, in denen der Graph von f positive Steigung hat und in denen die Steigung negativ ist. Was bedeutet das für die Funktionswerte von f?

Lösung
Die Funktionswerte von f' sind im Intervall [0;1[und]3;4] positiv. Dort hat der Graph von f in jedem Punkt eine positive Steigung. Die Funktionswerte von f wachsen in diesen Intervallen mit zunehmenden x-Werten.
Im Intervall]1; 2[hat f' negative Funktionswerte. Die Steigung von f ist dort also negativ. Die Funktionswerte fallen dort mit zunehmenden x-Werten.

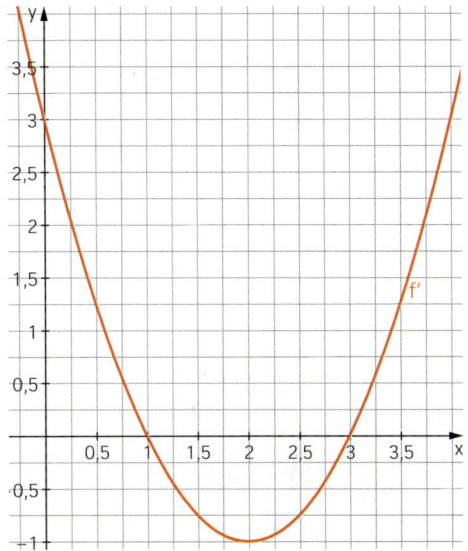

→ Skizzieren Sie ungefähr den Verlauf des Graphen von f. Der Koordinatenursprung gehört zum Graphen von f.

Lösung
Ab dem Koordinatenursprung wachsen die Funktionswerte von f bis zur Stelle x = 1. Dort hat der Graph eine waagerechte Tangente. Nach der Stelle x = 1 fallen dann die Funktionswerte. Also hat der Graph von f an der Stelle x = 1 einen Hochpunkt.
Die Funktionswerte fallen bis zur Stelle x = 3 und wachsen danach wieder. Also hat der Graph von f an der Stelle x = 3 einen Tiefpunkt.

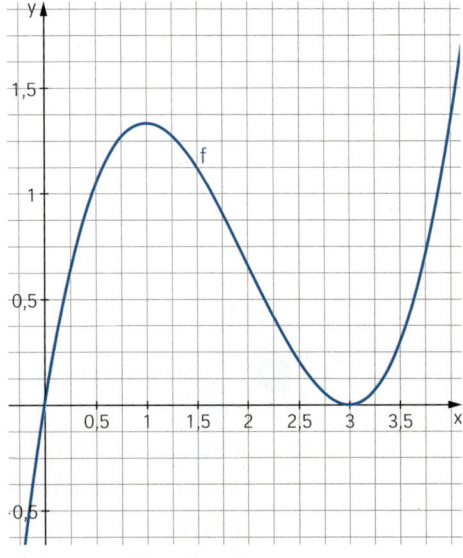

Differenzialrechnung

Information

Strenge Monotonie
Definition

(1) Eine Funktion f heißt in einem Intervall **streng monoton wachsend**, wenn für beliebige Stellen x_1, x_2 aus dem Intervall gilt: Wenn $x_2 > x_1$, dann ist $f(x_2) > f(x_1)$.

(2) Eine Funktion f heißt in einem Intervall **streng monoton fallend**, wenn für beliebige Stellen x_1, x_2 aus dem Intervall gilt: Wenn $x_2 > x_1$, dann ist $f(x_2) < f(x_1)$.

Monotoniesatz

(1) Wenn $f'(x) > 0$ für alle x aus einem Intervall gilt, dann ist die Funktion f in diesem Intervall **streng monoton wachsend**.

(2) Wenn $f'(x) < 0$ für alle x aus einem Intervall gilt, dann ist die Funktion f in diesem Intervall **streng monoton fallend**.

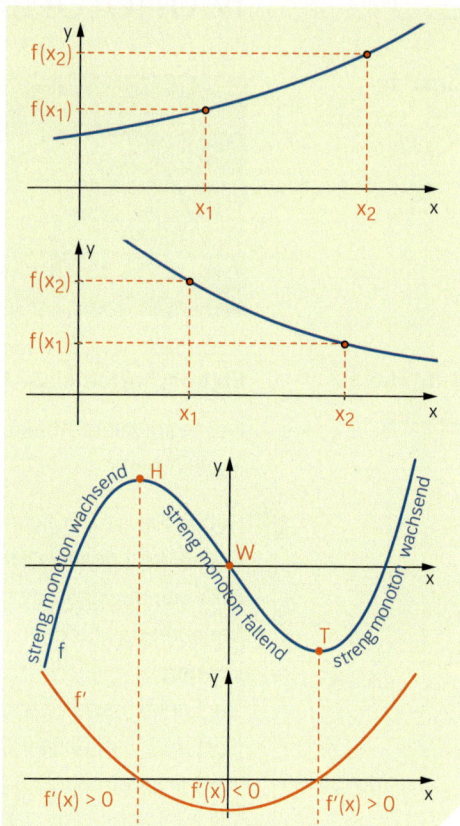

Üben

1 ≡ Gegeben ist der Graph einer Ableitungsfunktion f'.
Bestimmen Sie die Intervalle, in denen die Ausgangsfunktion f streng monoton ist.
An welchen Stellen hat der Graph von f Hoch- oder Tiefpunkte? Begründen Sie Ihre Aussagen.

a)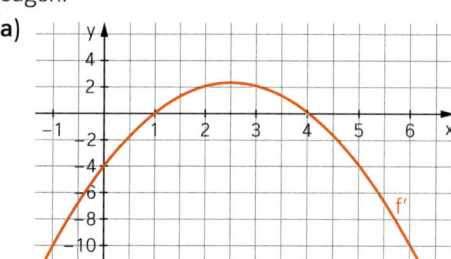
b)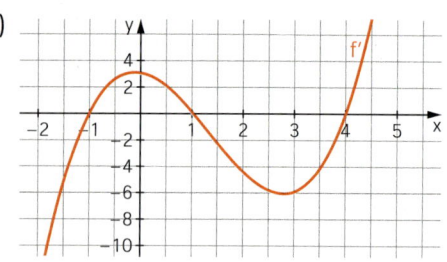

2 ≡ Der Graph einer Funktion f hat im Intervall [−4; 6] den Hochpunkt H(1|5) und die beiden Tiefpunkte $T_1(-2|-1)$ und $T_2(4|-3)$. Weitere Extrempunkte liegen nicht vor.
a) Skizzieren Sie einen möglichen Graphen von f für $-4 \leq x \leq 6$.
b) Geben Sie Intervalle an, in denen die Funktion streng monoton wachsend bzw. streng monoton fallend ist.
c) Skizzieren Sie einen möglichen Graphen der Ableitungsfunktion f'.

2.5 Monotonie

3 Der Graph einer Funktion f hat nur an der Stelle x_0 eine waagerechte Tangente. Beschreiben Sie das Monotonieverhalten der Funktion links und rechts von x_0, wenn an der Stelle x_0
(1) ein Hochpunkt;   (2) ein Tiefpunkt;   (3) ein Sattelpunkt
vorliegt. Erläutern Sie außerdem den möglichen Verlauf einer Ableitungsfunktion f' unmittelbar links und rechts von der Stelle.

4 Nadine meint: „Die Funktion f mit $f(x) = x^3$ ist nicht überall streng monoton wachsend, da der Graph im Ursprung einen Sattelpunkt mit der Steigung null hat."
Merve entgegnet: „Doch, die Definition der strengen Monotonie ist immer erfüllt, egal welche Stellen x_1 und x_2 man wählt."
Nehmen Sie Stellung zu den Aussagen der beiden Schülerinnen.

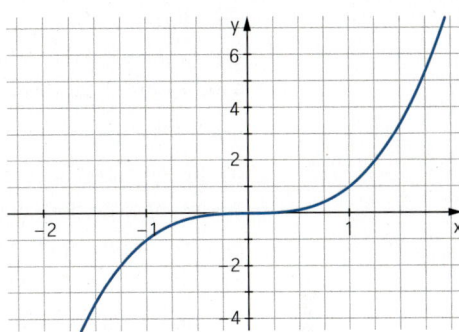

5 Gegeben ist jeweils der Graph einer Ableitungsfunktion f'.
a) Beschreiben Sie, welche Informationen man nach dem Monotoniesatz aus dem Vorzeichen der Ableitung f' für den Verlauf des Graphen von f folgern kann.
Machen Sie Aussagen über Hoch-, Tief- und Sattelpunkte des Graphen.
b) Übertragen Sie den Ableitungsgraphen in Ihr Heft und skizzieren Sie in einem Koordinatensystem darüber den Graphen einer zugehörigen Funktion f.

(1) 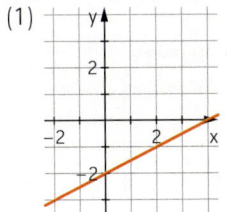   (2) 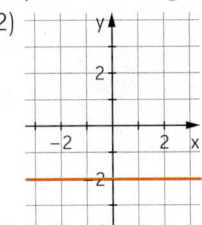   (3) 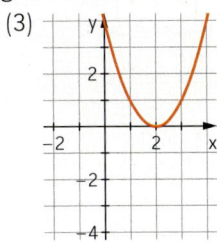   (4)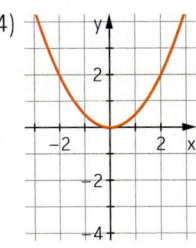

6 Benedikt behauptet: „Wenn ich vom Graphen einer Funktion f ausgehe, gibt es nur eine richtige Möglichkeit, den Graphen der Ableitungsfunktion f' zu zeichnen. Zu einem gegebenen Ableitungsgraphen von f' kann ich aber verschiedene passende Funktionen f finden."
Nehmen Sie Stellung zu dieser Aussage.

Weiterüben

7 Skizzieren Sie einen passenden Graphen einer Funktion f und ihrer Ableitungsfunktion f'.
a) Der Graph von f hat einen Hochpunkt und sonst keine weiteren Extrempunkte.
b) Der Graph von f' ist eine nach unten geöffnete Parabel, die die x-Achse in zwei Punkten schneidet.
c) Der Graph von f berührt im Tiefpunkt die x-Achse und hat sonst keine weiteren Extrempunkte.
d) Der Graph von f' ist eine nach oben geöffnete Parabel ohne Nullstellen.
e) Der Graph von f ist überall streng monoton fallend und liegt oberhalb der x-Achse.

Differenzialrechnung

8 ≡ Das Kinetic Energy Recovery System (KERS) wandelt die Bewegungsenergie des Fahrzeugs beim Bremsen in elektrische Energie um und speichert diese in einem Akkumulator. Diese Energie kann über einen Elektromotor bei Bedarf genutzt werden. Bekannt ist diese Technologie aus der Formel 1.

Die Grafik zeigt die im Akkumulator befindliche Energiemenge über einen Zeitraum von 17 Sekunden.

a) Beschreiben Sie die momentane Änderungsrate der Energie im Akkumulator, also den momentanen Energiefluss, durch den Graphen der zugehörigen Ableitungsfunktion. Welche Einheit hat der momentane Energiefluss?

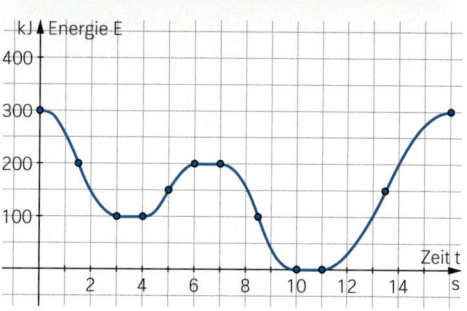

b) Erläutern Sie anhand der beiden Graphen die Zusammenhänge zwischen der Energie im Akkumulator und dem momentanen Energiefluss. Interpretieren Sie damit das jeweilige Fahrverhalten.

9 ≡ In den Abbildungen sind Graphen von Ableitungsfunktionen f' zu sehen. Der Graph der Ausgangsfunktion f soll durch den angegebenen Punkt P verlaufen. Skizzieren Sie den Graphen der Funktion f.

a) P(0|1)   **b)** P(1|−4)   **c)** P(1|1)   **d)** P(−2|3)

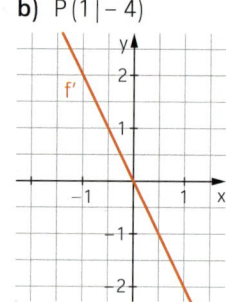 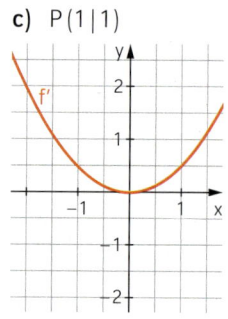 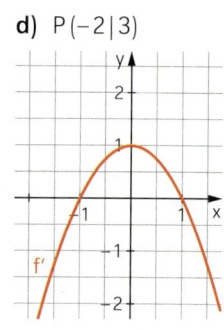

10 ≡ Zeigen Sie an einem Beispiel, dass folgende Umkehrung des Monotoniesatzes nicht gilt: Wenn eine Funktion f in einem Intervall streng monoton wächst, dann gilt $f'(x) > 0$ für alle x aus diesem Intervall.

Allerdings gilt: Wenn eine Funktion f in einem Intervall streng monoton wächst, dann gilt $f'(x) \geq 0$ für alle x aus diesem Intervall.

Begründen Sie diese schwächere Form der Umkehrung.

11 ≡ Der Graph einer Funktion f hat im Intervall [0; 5] genau einen

a) Hochpunkt;   **b)** Tiefpunkt;   **c)** Sattelpunkt.

Skizzieren Sie einen möglichen Verlauf des Graphen von f' in diesem Intervall.

2.5 Monotonie

12 Gegeben ist der Graph der Ableitungsfunktion f′ einer Funktion f.
Untersuchen Sie, ob die folgenden Aussagen richtig sind.
Begründen Sie jeweils Ihre Entscheidung.

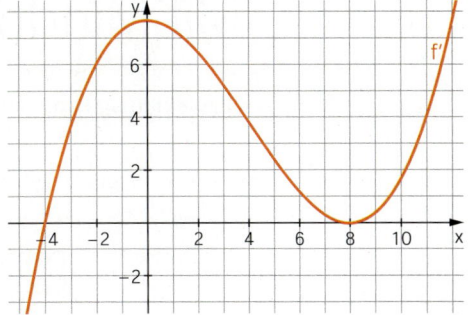

a) Der Graph von f hat an der Stelle $x = -4$ einen Tiefpunkt.
b) Der Graph von f hat an der Stelle $x = 8$ einen Extrempunkt.
c) Die Funktion f ist für $-4 \leq x \leq 12$ streng monoton wachsend.
d) Die Steigung des Graphen von f ist an der Stelle $x = 0$ maximal.

13 Der Graph zeigt den Verlauf der Ableitungsfunktion f′ einer Funktion f.

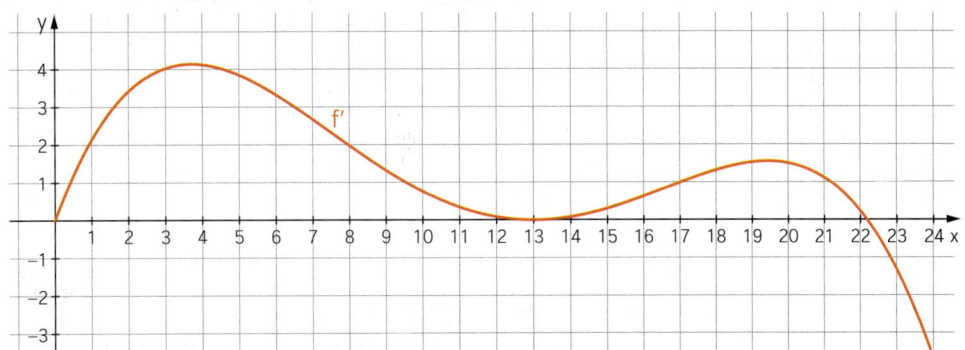

a) Beschreiben Sie den Verlauf der Funktion f zwischen 0 und 24.
b) Skizzieren Sie ungefähr den Graphen der Funktion f, wenn $f(0) = 2$ ist.

Das kann ich noch!

A Ein Energieversorger bietet in seinem Tarif „Kombistrom" einen Mix aus verschiedenen Energiequellen an. Die Zusammensetzung ist in der Abbildung dargestellt.

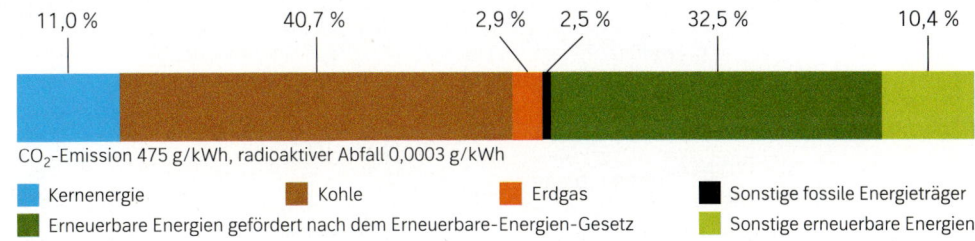

1) Stellen Sie die Zusammensetzung des Stromes in einem Kreisdiagramm dar.
2) Familie Hennke hat einen Stromverbrauch von 4500 kWh pro Jahr.
Welcher Anteil entfällt auf die einzelnen Energieträger? Berechnen Sie die Höhe der CO_2-Emission und die Menge an radioaktivem Abfall.
3) Wie hoch ist die Jahresrechnung von Familie Hennke, wenn im Tarif „Kombistrom" eine Kilowattstunde 26,5 Cent kostet und der monatliche Grundpreis 6,50 € beträgt?

Fokus

Mit Mindmaps Übersicht gewinnen

Eine Mindmap kann durch ihre Struktur helfen, Begriffe eines Themenbereichs zu sortieren.

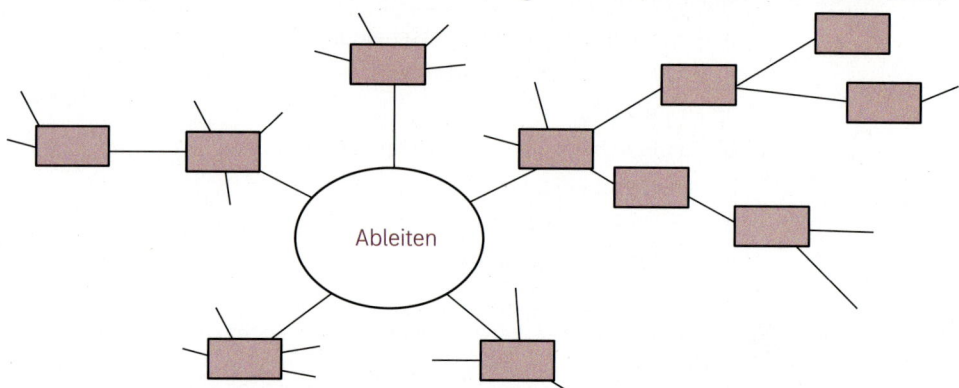

In den vorangegangenen Lerneinheiten haben Sie verschiedene Herangehensweisen an den Ableitungsbegriff kennengelernt. Dabei sind mehrere Sprechweisen, Schreibweisen und Begriffe eingeführt worden, z. B.:

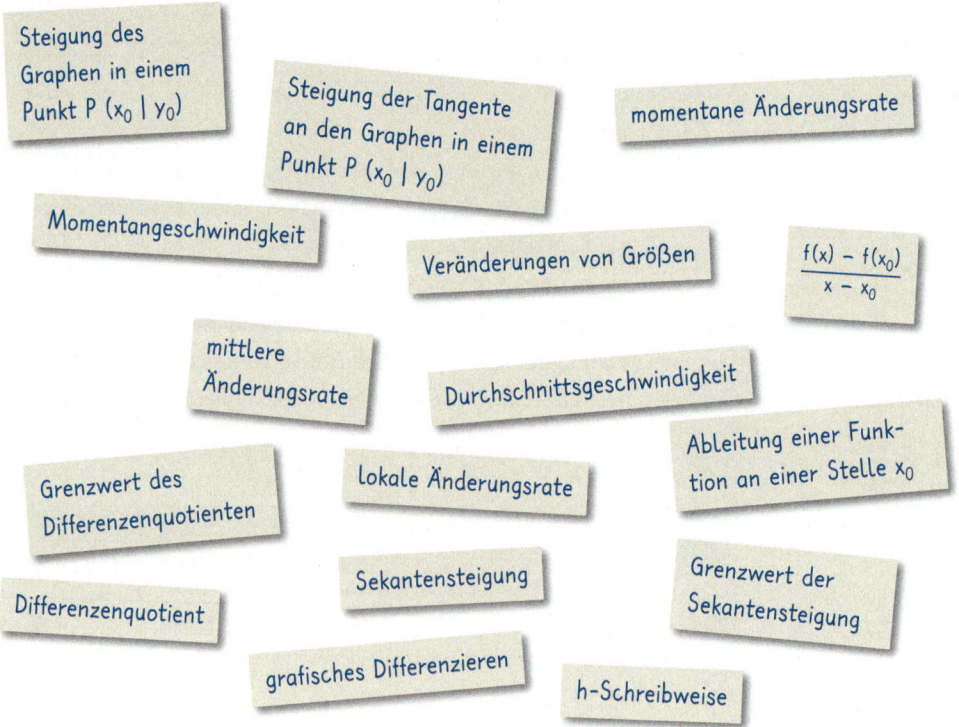

[1] Erstellen Sie aus den Begriffen oben eine Mindmap mit dem Kernbegriff „Ableiten". Sie können dabei auch weitere Begriffe oder Skizzen ergänzen.

[2] Stellen Sie Ihre Mindmap in der Klasse vor und diskutieren Sie verschiedene Herangehensweisen.

2.6 Potenzregel

Einstieg

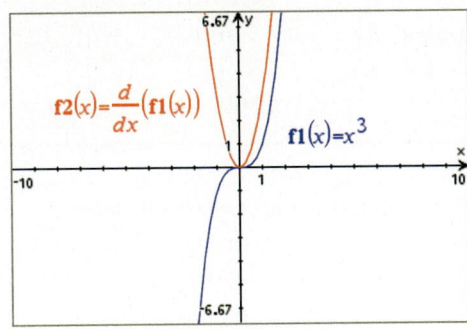

Zeichnen Sie mithilfe eines Rechners den Graphen der Ableitungsfunktion für verschiedene Potenzfunktionen. Äußern Sie eine Vermutung über den Term der Ableitungsfunktion und überprüfen Sie Ihre Vermutung mithilfe des Rechners. Erläutern Sie auch, wie Sie dabei vorgegangen sind. Formulieren Sie eine allgemeine Regel für die Ableitung von Potenzfunktionen.

Aufgabe mit Lösung

Ableitung der Kubikfunktion bestimmen

→ In der Abbildung sehen Sie eine Sekante am Graphen der Kubikfunktion. Bestimmen Sie die Ableitung der Kubikfunktion als Grenzwert des Differenzenquotienten.

Lösung

Die Steigung der Sekante durch die Punkte $P(x \mid x^3)$ und $Q(x+h \mid (x+h)^3)$ auf dem Graphen ist der Differenzenquotient

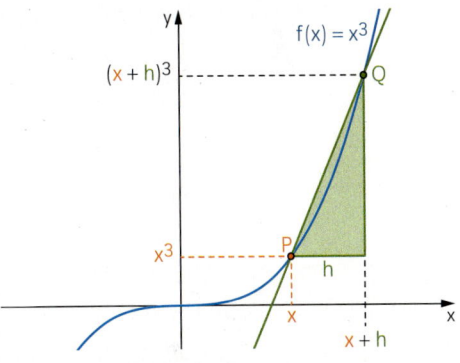

(für $h \neq 0$)
$$\frac{f(x+h) - f(x)}{h} = \frac{(x+h)^3 - x^3}{h}.$$

Durch Ausmultiplizieren kann man den Differenzenquotienten vereinfachen.

$$\begin{aligned}\frac{f(x+h) - f(x)}{h} &= \frac{(x+h)^3 - x^3}{h} \\ &= \frac{(x+h)^2 \cdot (x+h) - x^3}{h} \\ &= \frac{(x^2 + 2xh + h^2) \cdot (x+h) - x^3}{h} \quad \text{(1. binomische Formel)} \\ &= \frac{x^3 + 2x^2h + xh^2 + x^2h + 2xh^2 + h^3 - x^3}{h} \\ &= \frac{3x^2h + 3xh^2 + h^3}{h} \\ &= \frac{h \cdot (3x^2 + 3xh + h^2)}{h} \\ &= 3x^2 + 3xh + h^2\end{aligned}$$

Wenn $h \to 0$, dann gilt auch $h^2 \to 0$. Da x ein beliebiger fester Wert ist, gilt auch $3xh \to 0$ für $h \to 0$.

$$\frac{f(x+h) - f(x)}{h} = 3x^2 + 3xh + h^2$$

(für $h \to 0$)
$$\lim_{h \to 0} \frac{f(x+h) - f(x)}{h} = 3x^2 + 0 + 0 = 3x^2$$

Da dies für alle reellen Zahlen x gilt, hat die Kubikfunktion die Ableitung $f'(x) = 3x^2$.

Differenzialrechnung

Information

Potenzregel

Satz
Eine Potenzfunktion f mit $f(x) = x^n$ für eine natürliche Zahl n hat die Ableitung $f'(x) = n \cdot x^{n-1}$.

$f(x) = x^5$, $f'(x) = 5x^4$, $f'(-2) = 5 \cdot 16 = 80$;

$h(t) = t^{10}$, $h'(t) = 10t^9$,
$h'(-1) = 10 \cdot (-1) = -10$

Üben

1 Berechnen Sie die Ableitung von f an der angegebenen Stelle.
a) $f(x) = x^3$; $x = 4$
b) $f(x) = x^6$; $x = -1{,}6$
c) $f(x) = x^{2k}$ mit $k \in \mathbb{N}$; $x = -1$
d) $f(t) = t^5$; $t = 10$
e) $h(s) = s^8$; $s = -3$
f) $v(t) = t^2$; $t = 4$
g) $g(x) = x^n$ mit $n \in \mathbb{N}$; $x = 10$
h) $h(x) = 3x$; $x = 5$

2 Was wurde falsch gemacht?

$f(x) = x^3$, $f'(2) = 4$ \qquad $g(x) = x^6$, $g'(-1) = 6$

3 Skizzieren Sie den Graphen der Ableitungsfunktion f' mithilfe einer Wertetabelle.
a) $f(x) = x^2$
b) $f(x) = x^3$
c) $f(x) = x^4$
d) $f(x) = x^5$

4 Bestimmen Sie die Ableitungsfunktion.
a) $f(x) = x^2$
b) $f(x) = x^7$
c) $f(x) = x^{100}$
d) $h(t) = t^4$
e) $s(t) = t^7$
f) $v(s) = s^{t+1}$
g) $h(t) = \frac{t^6}{t^3}$
h) $g(x) = \frac{3x^7}{3x^5}$

5 Betrachten Sie die Funktion, die jeder Kantenlänge a eines Würfels sein Volumen V(a) zuordnet.
Geben Sie jeweils einen Term für die Änderung, für die mittlere Änderungsrate und für die lokale Änderungsrate dieser Funktion an. Interpretieren Sie den Term jeweils geometrisch.

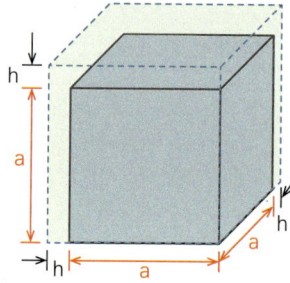

6 a) Zeichnen Sie den Graphen von f mit $f(x) = x^3$. Zeichnen Sie darunter den Graphen der zugehörigen Ableitungsfunktion f'. Erläutern Sie die Zusammenhänge beider Graphen.
b) Erläutern Sie, wie der Graph von g mit $g(x) = (x-2)^3$ aus dem Graphen von f aus Teilaufgabe a) hervorgeht. Zeichnen Sie den Graphen von g und darunter den Graphen von g'. Geben Sie einen Funktionsterm für g' an.

7 Gegeben sind Potenzfunktionen f mit $f(x) = x^n$ und $n \in \mathbb{N}$, $n > 1$.
a) An welchen Stellen haben die Graphen dieser Funktionen die Steigung 1 bzw. -1?
b) An welcher Stelle ist die Steigung null?

2.6 Potenzregel

Tangentengleichungen bestimmen

8 Bestimmen Sie die Gleichung der Tangente an der angegebenen Stelle an den Graphen von f und ermitteln Sie deren Schnittpunkt mit der x-Achse.
a) $f(x) = x^3$; $x = 2$
b) $f(x) = x^5$; $x = -1$
c) $f(x) = x^4$; $x = 0{,}5$
d) $f(x) = x^6$; $x = -0{,}1$

> $f(x) = x^4$, $x = -2$
> Es gilt $f'(-2) = 4(-2)^3 = -32$.
> Gleichung der Tangente durch den Punkt $P(-2|16)$:
> $y = -32 \cdot (x + 2) + 16 = -32x - 48$
> Schnittpunkt S mit der x-Achse:
> $-32x - 48 = 0$
> $x = -1{,}5$; also $S(-1{,}5|0)$

9 Unterschiede von Potenzfunktionen mit geraden und ungeraden Exponenten:
a) Beweisen Sie, dass es an den Graphen einer Potenzfunktion mit geradem Exponenten keine Stellen mit gleicher Tangentensteigung gibt.
b) An welchen verschiedenen Stellen hat eine Potenzfunktion mit ungeradem Exponenten die gleiche Steigung?

10 Die Tangenten an den Graphen der Funktion f mit $f(x) = x^4$ an den Stellen $x = 2$ und $x = 4$ schließen zusammen mit der x-Achse ein Dreieck ein. Fertigen Sie eine Skizze an und bestimmen Sie den Flächeninhalt dieses Dreiecks.

11 Gegeben ist die Funktion f mit $f(x) = x^3$.
a) Bestimmen Sie alle Stellen, an denen die Tangente an den Graphen von f die Steigung 4,32 hat. Geben Sie für diese Tangenten jeweils die Tangentengleichung an.
b) Bestimmen Sie die Schnittpunkte dieser Tangenten mit den Koordinatenachsen.

Weiterüben

12 Bestimmen Sie eine zugehörige Ausgangsfunktion f.
a) $f'(x) = 5x^4$
b) $f'(x) = 11x^{10}$
c) $f'(x) = (k+1)x^k$

> $f'(x) = 4x^3$
> Für die Potenzfunktion f mit $f(x) = x^4$ gilt $f'(x) = 4x^3$.
> Also ist f mit $f(x) = x^4$ eine Ausgangsfunktion von f'.

13 Clara hat sich überlegt, wie sie die Potenz $(x + h)^3$ ausmultiplizieren kann.
a) Übertragen Sie Claras Überlegungen auf die Potenz $(x + h)^n$ und ermitteln Sie, wie oft die Summanden x^n und $x^{n-1}h$ vorkommen. Begründen Sie, dass in allen übrigen Summanden h mit einer Potenz größer oder gleich 2 auftritt.
b) Beweisen Sie mithilfe der Überlegungen aus Teilaufgabe a) die Potenzregel.

> $(x + h) \cdot (x + h) \cdot (x + h)$
> $= x^3 + 3x^2h + 3xh^2 + h^3$
>
> x^3 kommt genau einmal vor und h^3 auch.
> x^2h kommt genau dreimal vor, da das h genau dreimal als Faktor vorkommt.
> xh^2 kommt auch genau dreimal vor, da das x genau dreimal als Faktor vorkommt.

Differenzialrechnung

2.7 Faktor- und Summenregel

Einstieg

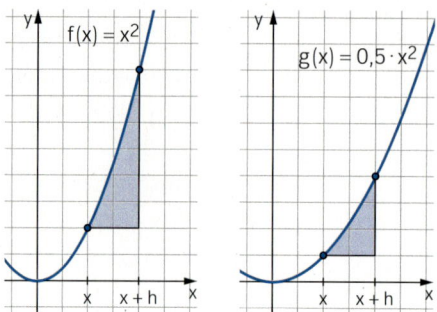

Bestimmen Sie die Ableitung der Funktion f mit $f(x) = 0{,}5x^2$ als Grenzwert von Sekantensteigungen.
Vergleichen Sie dazu die eingezeichneten Steigungsdreiecke miteinander.

Aufgabe mit Lösung

Faktorregel und Summenregel herleiten

→ Bestimmen Sie die Ableitung der Funktion f mit $f(x) = 2{,}5 \cdot x^4$ mithilfe des Differenzenquotienten unter Verwendung der h-Schreibweise. Übertragen Sie das Verfahren allgemein auf eine Funktion g mit $g(x) = k \cdot u(x)$.

Lösung

Nach dem Aufstellen des Differenzenquotienten erkennt man, dass man jeweils den Faktor 2,5 bzw. k ausklammern kann.

$$\frac{f(x+h) - f(x)}{h} = \frac{2{,}5 \cdot (x+h)^4 - 2{,}5 \cdot x^4}{h}$$

$$= 2{,}5 \cdot \frac{(x+h)^4 - x^4}{h}$$

für $h \to 0$

$$\lim_{h \to 0} \frac{f(x+h) - f(x)}{h} = 2{,}5 \cdot 4x^3$$

Für die Ableitung der Funktion f gilt somit
$f'(x) = 2{,}5 \cdot 4x^3 = 10x^3$.

$$\frac{g(x+h) - g(x)}{h} = \frac{k \cdot u(x+h) - k \cdot u(x)}{h}$$

$$= k \cdot \frac{u(x+h) - u(x)}{h}$$

$$\lim_{h \to 0} \frac{g(x+h) - g(x)}{h} = k \cdot u'(x)$$

Für die Ableitung der Funktion g gilt somit
$g'(x) = k \cdot u'(x)$.

→ Bestimmen Sie die Ableitung der Funktion f mit $f(x) = x^4 + x^3$ mithilfe des Differenzenquotienten unter Verwendung der h-Schreibweise. Übertragen Sie das Verfahren allgemein auf eine Funktion g mit $g(x) = u(x) + v(x)$.

Lösung

Die Differenzenquotienten können jeweils so umgeformt werden, dass sie aus zwei Summanden bestehen. Diese Summanden sind die Differenzenquotienten zu x^4 und x^3 bzw. zu u und v.

$$\frac{f(x+h) - f(x)}{h} = \frac{(x+h)^4 + (x+h)^3 - x^4 - x^3}{h}$$

$$= \frac{(x+h)^4 - x^4}{h} + \frac{(x+h)^3 - x^3}{h}$$

$$\lim_{h \to 0} \frac{f(x+h) - f(x)}{h} = 4x^3 \quad + \quad 3x^2$$

Für die Ableitung der Funktion f mit
$f(x) = x^4 + x^3$ gilt somit
$f'(x) = 4x^3 + 3x^2$.

$$\frac{g(x+h) - g(x)}{h} = \frac{u(x+h) + v(x+h) - u(x) - v(x)}{h}$$

$$= \frac{u(x+h) - u(x)}{h} + \frac{v(x+h) - v(x)}{h}$$

$$\lim_{h \to 0} \frac{g(x+h) - g(x)}{h} = u'(x) \quad + \quad v'(x)$$

Für die Ableitung der Funktion g mit
$g(x) = u(x) + v(x)$ gilt somit
$g'(x) = u'(x) + v'(x)$.

2.7 Faktor- und Summenregel

Information

Faktorregel
Satz: Wenn eine Funktion u die Ableitung u' hat, dann hat die Funktion f mit $f(x) = k \cdot u(x)$ die Ableitung $f'(x) = k \cdot u'(x)$.

$f(x) = -3x^6$
$f'(x) = (-3) \cdot 6 \cdot x^5 = -18x^5$

Summenregel
Satz: Wenn eine Funktion u die Ableitung u' hat und eine Funktion v die Ableitung v', dann hat die Funktion f mit $f(x) = u(x) + v(x)$ die Ableitung $f'(x) = u'(x) + v'(x)$.

$f(x) = x^3 + x^2;\ f'(x) = 3x^2 + 2x;$
$g(x) = 3x^4 + 5x;\ g'(x) = 12x^3 + 5;$
$h(x) = -2x^3 - 8;\ h'(x) = -6x^2$

Üben

1 Bestimmen Sie die Ableitung.
a) $f(x) = 3x^5$
b) $f(x) = 7x^{-9}$
c) $f(x) = -2x^4$
d) $g(x) = \frac{1}{8}x^5$

2 Berechnen Sie die Ableitung der Funktion an der angegebenen Stelle.
a) $f(x) = 4x^3;\ x = 4$
b) $f(x) = 2x^6;\ x = -10$
c) $f(x) = -0{,}3x^5;\ x = -1$
d) $f(x) = 17;\ x = -2$
e) $g(t) = \pi \cdot t^5;\ t = 10$
f) $h(s) = \frac{s^8}{8};\ s = -2$
g) $s(t) = \frac{t^2}{6};\ t = 4$
h) $v(s) = k;\ s = -0{,}3$

3 Bestimmen Sie mithilfe der Summenregel und der Faktorregel die Ableitung f' der Differenzen.
a) $f(x) = x^2 - 2x$
b) $f(x) = 3x^3 - 6x^2$
c) $h(t) = \frac{2}{3}t - \frac{t^5}{7}$
d) $g(s) = 5 - ks$

4 Leiten Sie eine Formel zum Ableiten einer Differenz zweier Funktionen her.

5 Bestimmen Sie die Ableitung mithilfe von Ableitungsregeln.
Welche Regeln mussten Sie verwenden?
a) $f(x) = x^3 - 6x^2 + 3x + 7$
b) $f(x) = 7x^5 - 6x^4 - x^3 + 2x - 100$
c) $f(x) = -2x^5 + x^3 - \frac{1}{4}x^2$
d) $f(x) = 0{,}3x^3 - 1{,}5x^2 + 2{,}6x + 0{,}008$
e) $f(x) = \frac{x^4 - 3x^2 - 12}{3}$
f) $g(x) = 0{,}1x^3 - \sqrt{3}x^2 + \frac{x}{4}$
g) $h(t) = \frac{t^3}{4} - t^5 + 6$
h) $v(k) = k^3 - 3pk^2 + 3p^2k - p^3$

6 In dieser Aufgabe wird die Ableitung einer Funktion untersucht, deren Graph aus einem anderen Graphen durch Verschieben in Richtung der y-Achse hervorgeht.
a) Erläutern Sie, wie der Graph von g mit $g(x) = f(x) + c$ aus dem von f entsteht.
Begründen Sie geometrisch, dass f und g die gleiche Ableitung haben.
b) Das Ergebnis aus Teilaufgabe a) kann man auch so formulieren:
Ein konstanter Summand wird beim Ableiten zu null.
Begründen Sie diese Regel mithilfe der Ableitungsregeln.

Differenzialrechnung

7 Paul hat die Funktionen f und g falsch abgeleitet. Bestimmen Sie die richtige Ableitung der beiden Funktionen.
Geben Sie selbst zwei weitere Beispiele an, bei denen deutlich wird, dass man die Ableitung eines Produktes oder eines Quotienten zweier Funktionen nicht als Produkt bzw. Quotient der Ableitungen dieser Funktionen erhält.

$f(x) = 3x^2 \cdot (2x + 1)$
$f'(x) = 6x \cdot 2 = 12x$

$g(x) = \dfrac{4x^2 - 2x}{2x - 1}$
$g'(x) = \dfrac{8x - 2}{2} = 4x - 1$

8 Gegeben ist die Funktion f mit $f(x) = 2x(x - 3)$.
 a) Bestimmen Sie die Ableitung f'.
 b) Zeichnen Sie die Graphen von f und f' in ein Koordinatensystem.
 c) Bestimmen Sie rechnerisch die Schnittpunkte der beiden Graphen.

9 Ordnen Sie die Funktionsterme für f und f' einander zu.

$3 \cdot x^2 - 5$; $11x + 3$; $x - 4$; $x^3 - 5x + 2$; 0; 50
$\frac{1}{2}x^2 - 4x$; $100 \cdot x^{99}$; 11; $x^{100} + 100$; $kx^2 + k^2 x$; $2kx + k^2$

10 Am 25. Januar 2004 landete das Marsmobil Opportunity auf dem Mars im Krater Eagle, der einen Durchmesser von 22 m aufweist. Am 24. März 2004 gelang es ihm im zweiten Anlauf, diesen Krater zu verlassen. Beim ersten Versuch, die 16 %ige Steigung am Rand des Kraters zu nehmen, rutschte der Rover ab und drohte sogar umzukippen.
Nehmen Sie an, dass der Querschnitt des Kraters durch eine gestreckte Parabel bestimmt werden kann, und bestimmen Sie deren Gleichung. Ermitteln Sie näherungsweise die Tiefe des Kraters.

11 Betrachten Sie die Funktion, die jedem Radius r eines Kreises dessen Flächeninhalt zuordnet.
Geben Sie jeweils einen Term für die Änderung, für die mittlere Änderungsrate und für die lokale Änderungsrate dieser Funktion an. Interpretieren Sie den Term jeweils geometrisch.

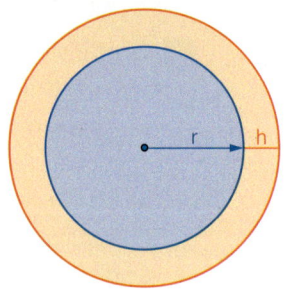

2.7 Faktor- und Summenregel

12 Schneelawinen können den Berg mit der Geschwindigkeit eines Formel-1-Rennwagens hinunterdonnern: $300 \frac{km}{h}$ sind keine Seltenheit! Je steiler der Hang ist und je länger die Lawine schon rollt, desto schneller wird sie.

a) Ermitteln Sie eine Formel für die Geschwindigkeit v(t) einer Lawine in Abhängigkeit von der Zeit t.

b) Zeichnen Sie den Graphen der Geschwindigkeit v für verschiedene Neigungswinkel α in ein gemeinsames Koordinatensystem.

c) Geben Sie Beispiele für α und t an, sodass die Lawinengeschwindigkeit $300 \frac{km}{h}$ beträgt.

Schneelawinen

Für den zurückgelegten Weg s(t) in m in Abhängigkeit von der Zeit t in s gilt:
$s(t) = \frac{1}{2} g \cdot \sin(\alpha) \cdot t^2$.

Dabei ist $g = 9{,}81 \frac{m}{s^2}$ die Erdbeschleunigung und α der Neigungswinkel des Berges.

13 In der Abbildung sehen Sie den Graphen von f mit $f(x) = x^3 - x^2$ und die Tangente an den Graphen an der Stelle $x = 1$.

a) Offenbar schneidet die Tangente den Graphen von f im Punkt $P(-1 | -2)$. Weisen Sie dies rechnerisch nach.

b) Bestimmen Sie die Gleichung der Tangente an den Graphen von f an der Stelle $x = 2$. Berechnen Sie die Koordinaten eines zweiten gemeinsamen Punktes dieser Tangente mit dem Graphen von f.

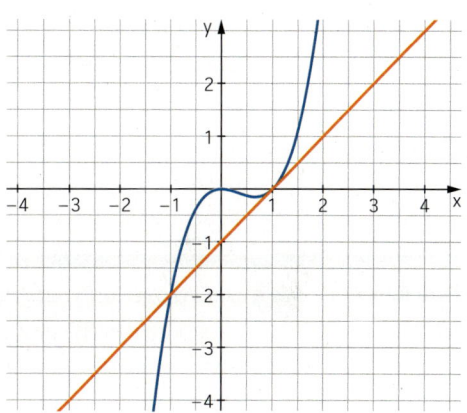

Zu einer Ableitung eine mögliche Ausgangsfunktion bestimmen

14 Wie könnte eine zugehörige Funktion f lauten? Überprüfen Sie durch Ableiten.

a) $f'(x) = 4x^3$
b) $f'(x) = x^4$
c) $f'(x) = x^9$
d) $f'(x) = 7x^8$
e) $f'(x) = 4x^6$
f) $f'(x) = 100x^9$
g) $f'(x) = 0$
h) $f'(x) = 5x$

$f'(x) = 4x^2$, $f(x) = \frac{4}{3}x^3$
$f'(x) = x^5$, $f(x) = \frac{1}{6}x^6$
$f'(x) = \frac{2}{3}x^9$, $f(x) = \frac{2}{3} \cdot \frac{1}{10}x^{10} = \frac{1}{15}x^{10}$

15 Esra meint: „Zur Ableitungsfunktion f' mit $f'(x) = 3x^7 - 1$ gehört die Ausgangsfunktion f mit $f(x) = \frac{3}{8}x^8 - x$."

Christo meint: „Nein, $f(x) = \frac{3}{8}x^8 - x + 3$ ist die zugehörige Ausgangsfunktion."

Nehmen Sie zu dieser Diskussion Stellung.

Differenzialrechnung

16 Bestimmen Sie zu der Ableitungsfunktion f' zwei zugehörige Ausgangsfunktionen.
a) $f'(x) = 3x^2 + 2x$
b) $f'(x) = x^4 - 2x^3 + 3$
c) $f'(x) = ax^3 - bx^2$
d) $f'(x) = \frac{3}{8}x^4 - \frac{2}{5}x^7$

Weiterüben

17 Bestimmen Sie zu der Ableitungsfunktion f' die zugehörige Ausgangsfunktion f, deren Graph durch den Punkt P verläuft.
a) $f'(x) = 4x + 1$; $P(1|3)$
b) $f'(x) = 3x^2 - 2$; $P(0|1)$

18 Gegeben ist die Funktion f mit $f(x) = \frac{1}{3}x^3 - 2x + 1$.
a) Bestimmen Sie die Gleichung der Tangente t an den Graphen von f an der Stelle $x = 0$.
b) Untersuchen Sie, ob es Tangenten an den Graphen von f gibt, die zur Tangente t aus Teilaufgabe a) parallel sind.
c) Bestimmen Sie die Gleichungen der Tangente oder der Tangenten an den Graphen von f mit der Steigung 7.

19 Gegeben ist die Funktion g mit $g(x) = \frac{1}{4}x^4 - x^3 - 2x$.
a) Bestimmen Sie die Gleichungen der Tangenten an den Graphen von g an den Stellen $x = -2$ und $x = 1$.
b) Beschreiben Sie, wie die Graphen der in Teilaufgabe a) bestimmten Tangenten zueinander liegen.
c) Bestimmen Sie die Gleichung der Tangente an den Graphen von g durch den Punkt $P(1,25|-2,5)$.

Das kann ich noch!

A Der Wasserturm versorgte Lüneburg von November 1907 bis zum Sommer 1975 mit Trinkwasser. Der halbkugelbodenförmige Wasserbehälter mit einem Durchmesser von 9,80 Metern und einer Höhe von 8,04 Metern fasst 500 m³ = 500 000 l Wasser. Er befand sich oben in 40 Meter Höhe im Turm, um so für einen Druck von 4 Bar in den Wasserleitungen zu sorgen.
Kontrollieren Sie die Angabe zum Fassungsvermögen rechnerisch.

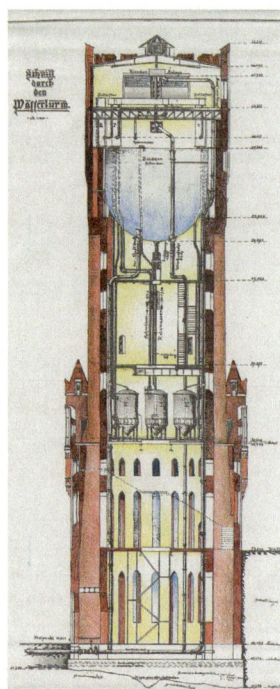

2.8 Ableitung der Sinusfunktion und der Kosinusfunktion | Selbstlernen

2.8 Ableitung der Sinusfunktion und der Kosinusfunktion

Ziel In diesem Abschnitt bestimmen Sie die Ableitung der Sinus- und der Kosinusfunktion.

Aufgabe mit Lösung

Ableitung der Sinus- und der Kosinusfunktion durch grafisches Differenzieren bestimmen

→ Skizzieren Sie den Graphen der Sinus- und der Kosinusfunktion und darunter jeweils den Graphen der Ableitungsfunktion. Äußern Sie eine Vermutung zum Funktionsterm der Ableitung und überprüfen Sie diese mithilfe eines Taschenrechners.

Lösung

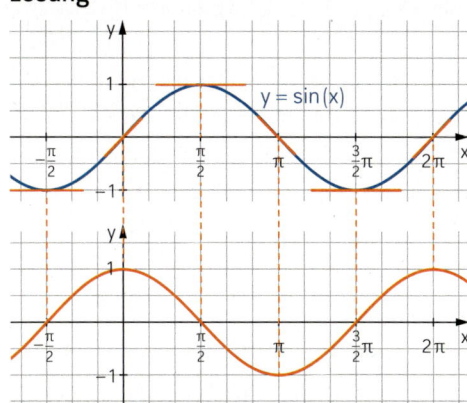
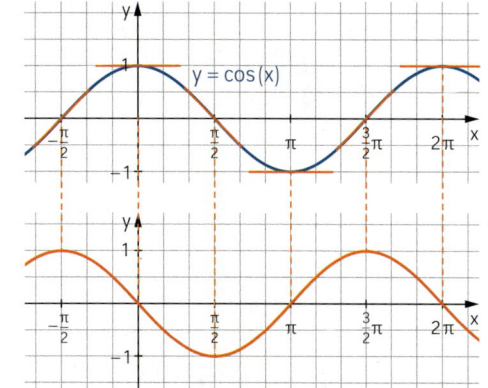

In den Hoch- und Tiefpunkten haben die Graphen jeweils die Steigung null. In den Nullstellen wird die Steigung extremal. Den Graphen kann man entnehmen, dass die extremalen Steigungen etwa 1 bzw. −1 sind. Die Graphen der Sinus- und der Kosinusfunktion haben jeweils die Periode 2π. Entsprechend haben auch die Graphen der Ableitung die Periode 2π.

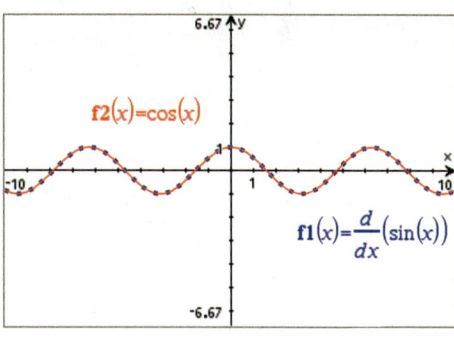

Die Graphen der Ableitungsfunktionen sehen aus wie die um $\frac{\pi}{2}$ nach links verschobenen Graphen der Ausgangsfunktionen. Man kann vermuten, dass $\sin(x)$ als Ableitung $\cos(x)$ hat und $\cos(x)$ als Ableitung $-\sin(x)$ hat.
Die entsprechenden Eingaben in einen Rechner bestätigen diese Vermutung. Die Graphen fallen zusammen.

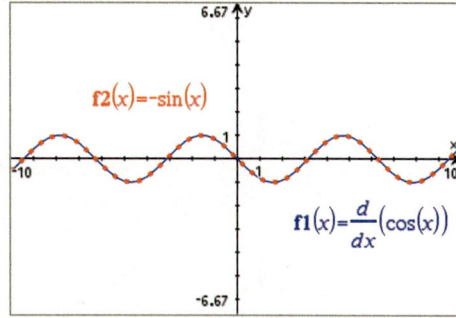

Differenzialrechnung Selbstlernen

Information

Ableitung der Sinusfunktion
Satz: Für $f(x) = \sin(x)$ gilt $f'(x) = \cos(x)$.

Ableitung der Kosinusfunktion
Satz: Für $f(x) = \cos(x)$ gilt $f'(x) = -\sin(x)$.

$f(x) = 2 \cdot \sin(x) - 3 \cdot \cos(x) + 1$
Durch Anwenden der Faktorregel und der Summenregel erhält man:
$f'(x) = 2 \cdot \cos(x) + 3 \cdot \sin(x)$

Üben

1 In dieser Aufgabe untersuchen Sie, welche Werte die Ableitung der Sinusfunktion hat.
a) Bestimmen Sie die Ableitung der Sinusfunktion für die Stellen
$0;\ \frac{\pi}{2};\ \frac{\pi}{4};\ \frac{3}{4}\pi;\ \pi;\ \frac{3}{2}\pi;\ 2\pi$.
b) Welche Werte können bei der Ableitung der Sinusfunktion nicht vorkommen?
c) An welchen Stellen hat die Sinusfunktion die Ableitung $0;\ \frac{1}{2};\ -\frac{1}{2};\ 1;\ -1$?

2 In dieser Aufgabe untersuchen Sie, welche Werte die Ableitung der Kosinusfunktion hat.
a) Bestimmen Sie die Ableitung der Kosinusfunktion für die Stellen
$0;\ \frac{\pi}{2};\ \frac{\pi}{4};\ \frac{3}{4}\pi;\ \pi;\ \frac{3}{2}\pi;\ 2\pi$.
b) Welche Werte können bei der Ableitung der Kosinusfunktion nicht vorkommen?
c) An welchen Stellen hat die Kosinusfunktion die Ableitung $0;\ \frac{1}{2};\ -\frac{1}{2};\ 1;\ -1$?

3 Bestimmen Sie die Ableitung.
a) $f(x) = 3 \cdot \sin(x)$
b) $f(x) = x - \sin(x)$
c) $f(x) = \frac{\sin(x)}{\pi}$
d) $f(x) = 3x^4 - 7 \cdot \sin(x)$
e) $f(x) = \frac{x^3 - 2 \cdot \sin(x)}{2\pi}$
f) $f(x) = 5 \cdot \sin(x) + 5 - \pi x^3$
g) $f(x) = \cos(x) - 3x^2$
h) $f(x) = \sin(x) - \cos(x)$
i) $f(x) = 8 - \cos(x) + x$
j) $f(x) = \frac{1}{3} \cdot \sin(x) + 13 \cdot \cos(x) - 6$

Tangenten an den Graphen der Sinusfunktion

4 Die Tangente an der Stelle $x_0 = \frac{3}{4}\pi$ an den Graphen der Sinusfunktion schließt zusammen mit den Koordinatenachsen im 1. Quadranten ein Dreieck ein. Bestimmen Sie den Flächeninhalt dieses Dreiecks.

Tangentengleichung im Punkt $P(x_0 | f(x_0))$ an den Graphen einer Funktion f:
$y = f'(x_0) \cdot (x - x_0) + f(x_0)$

5 Die beiden Tangenten an den Stellen $x = 1$ und $x = 2$ an den Graphen der Sinusfunktion schließen zusammen mit der x-Achse ein Dreieck ein. Skizzieren Sie den Graphen und das Dreieck und bestimmen Sie den Flächeninhalt des Dreiecks.

6 Drei Tangenten an den Graphen der Sinusfunktion in den Punkt $0;\ \frac{\pi}{2}$ und π schließen zusammen mit der x-Achse ein Trapez ein.
Bestimmen Sie den Flächeninhalt eines solchen Trapezes.

2.9 Differenzierbarkeit

Einstieg

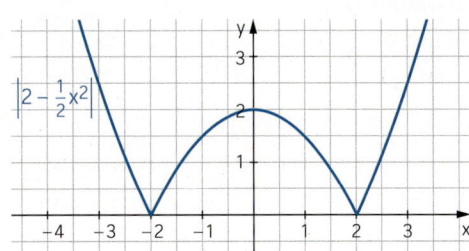

Der Graph zu $f(x) = |2 - \frac{1}{2}x^2|$ weist besondere Punkte auf.
Untersuchen Sie mithilfe des Zoom-Befehls, ob der Graph in diesen Punkten eine Tangente besitzt.

Aufgabe mit Lösung

Unterschiedliche Grenzwerte von Sekantensteigungen

In der Abbildung sehen Sie den Graphen der Funktion f mit $f(x) = |x^2 - 1|$.

→ Erklären Sie, wie der Graph von f aus dem Graphen zu $y = x^2 - 1$ entsteht. Beschreiben Sie die Besonderheiten des Graphen von f.

Lösung
Die Teile des Graphen zu $y = x^2 - 1$, die oberhalb der x-Achse liegen, stimmen mit dem Graphen von f überein.
Der Teil des Graphen zu $y = x^2 - 1$, der unterhalb der x-Achse liegt, wird an der x-Achse gespiegelt.

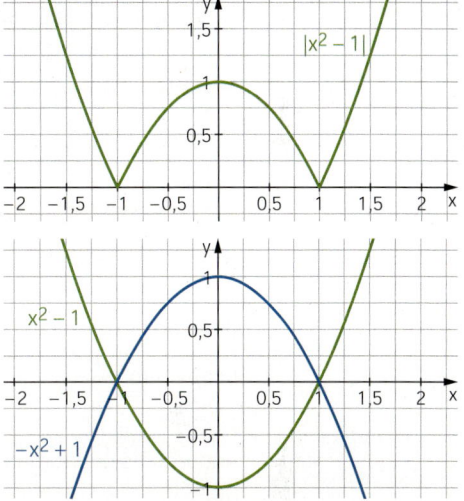

Der Graph von f kann somit zwischen den Stellen $x = -1$ und $x = 1$ durch den Funktionsterm $y = -x^2 + 1$ und sonst durch den Funktionsterm $y = x^2 - 1$ beschrieben werden.
An den Stellen $x = -1$ und $x = 1$ hat der Graph von f eine Spitze.

→ Untersuchen Sie, ob der Graph von f an den Stellen $x = -1$ und $x = 1$ eine Ableitung hat.

Lösung
Man bestimmt die Steigung der Sekante durch den Punkt $P(1|0)$ und einen zweiten Punkt Q auf dem Graphen von f. Dabei ergeben sich folgende Fälle:

(1) Q liegt links von P auf dem Graphenstück, das durch den Funktionsterm $y = -x^2 + 1$ beschrieben werden kann. Somit ergibt sich $Q(x|-x^2 + 1)$ und die Sekante durch P und Q hat folgende Steigung:

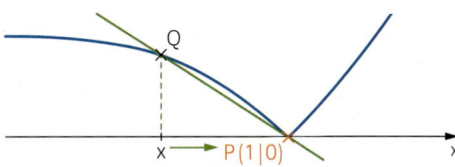

$$m = \frac{(-x^2 + 1) - 0}{x - 1} = \frac{1 - x^2}{-(1 - x)} = \frac{(1-x)(1+x)}{-(1-x)} = -x - 1 \text{ für } x \neq 1$$

Wandert Q auf dem Graphen von links auf den Punkt P zu, so kommt m dem Wert -2 beliebig nah. Dies wird auch durch die Ableitung von $g(x) = -x^2 + 1$ deutlich: Es ist $g'(x) = -2x$ und daher $g'(1) = -2$.

(2) Q liegt rechts von P auf dem Graphenstück, das durch den Funktionsterm $y = x^2 - 1$ beschrieben werden kann. Somit ergibt sich $Q(x \mid x^2 - 1)$ und die Sekante durch P und Q hat folgende Steigung:

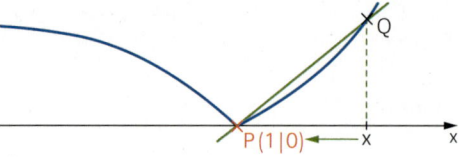

$$m = \frac{(x^2 - 1) - 0}{x - 1} = \frac{x^2 - 1}{x - 1} = \frac{(x + 1)(x - 1)}{x - 1} = x + 1 \quad \text{für } x \neq 1$$

Wandert Q auf dem Graphen von rechts auf den Punkt P zu, so kommt m dem Wert 2 beliebig nah. Dies wird auch durch die Ableitung von $h(x) = x^2 - 1$ deutlich: Es ist $h'(x) = 2x$ und daher $h'(1) = 2$.

Diese beiden Fälle zeigen: Bei Annäherung von links und rechts nähern sich die Sekanten verschiedenen Geraden an. Es gibt also keine Gerade, die sich zugleich links und rechts von P gut an den Graphen von f anschmiegt. Daher gibt es keine Tangente im Punkt $P(1 \mid 0)$. Folglich hat die Funktion f an der Stelle $x = 1$ keine Ableitung.

Entsprechend ergibt sich, dass f auch an der Stelle $x = -1$ keine Ableitung hat.

Information

Differenzierbarkeit

Eine Funktion f nennt man an einer Stelle x_0 **differenzierbar**, falls

$$f'(x_0) = \lim_{x \to x_0} \frac{f(x) - f(x_0)}{x - x_0}$$

existiert.
Andernfalls nennt man f **nicht differenzierbar**.

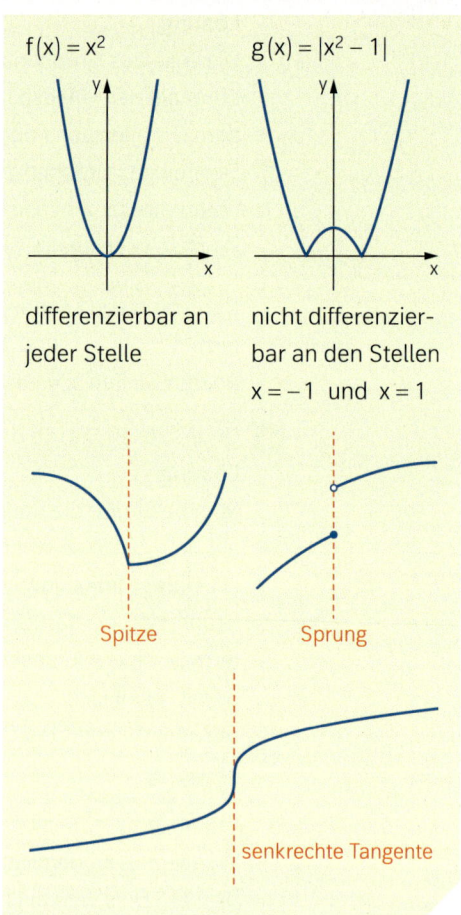

Eine Funktion ist beispielsweise in folgenden Fällen **nicht differenzierbar**:
- Die Sekantensteigungen nähern sich von links einem anderen Wert als von rechts. Dies ist der Fall, wenn der Graph eine Spitze oder eine Sprungstelle hat.
- Die Sekantensteigungen werden beliebig groß. Der Graph hat dann eine senkrechte Tangente, sodass die Steigung keinen endlichen Wert haben kann.

2.9 Differenzierbarkeit

Üben

1 In den Bildern unten wurde jeweils eine Stelle des Graphen zur Funktion f mit
f(x) = |x² − 2,25| mehrfach vergrößert. Beschreiben und vergleichen Sie die Beispiele.
Verwenden Sie dazu den Begriff der Differenzierbarkeit.

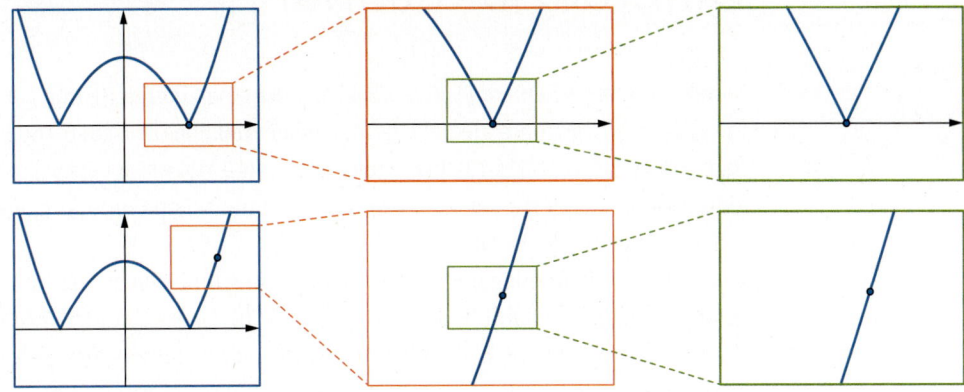

OLIVER
HEAVISIDE
(1850–1925)
britischer
Mathematiker
und Physiker

2 Die Heaviside-Funktion H hat keinen einheitlichen Funktionsterm, sondern wird abschnittsweise definiert: $H(x) = \begin{cases} 0 & \text{für } x \leq 0 \\ 1 & \text{für } x > 0 \end{cases}$
Zeichnen Sie den Graphen der Funktion und untersuchen Sie, ob die Funktion eine Ableitung an der Stelle $x = 0$ besitzt.

3 An welchen Stellen hat der Graph keine Tangente?

a) 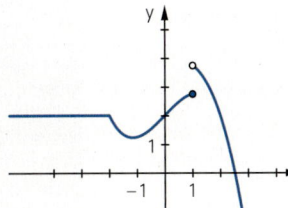   b) 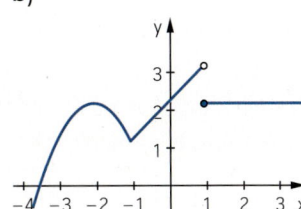   c)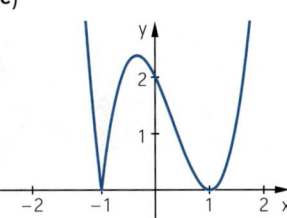

4 Untersuchen Sie, ob die Funktion f an der angegebenen Stelle x_0 differenzierbar ist.
a) $f(x) = |x|$; $x_0 = 0$ b) $f(x) = |x^2 - 9|$; $x_0 = 3$ c) $f(x) = |x^3 - x^2|$; $x_0 = 0$

5 Gegeben ist die Funktion f mit $f(x) = \sqrt{x}$.
a) Zeichnen Sie den Graphen von f. Begründen Sie, dass er Teil einer Parabel ist.
b) Berechnen Sie die Steigung der Sekante durch $P(0|0)$ und $Q(x|\sqrt{x})$.
Begründen Sie damit, dass f an der Stelle $x_0 = 0$ nicht differenzierbar ist.

6 Das Profil einer Spielplatzrutsche kann durch den Graphen einer differenzierbaren Funktion f beschrieben werden, der sich aus einem Geradenstück und einem Parabelstück zusammensetzt. Es gilt: $f(x) = \begin{cases} mx + b & \text{für } -6 \leq x \leq -3 \\ 0{,}2x^2 & \text{für } -3 < x \leq 0 \end{cases}$
An der Stelle $x = -3$ sollen die beiden Teilgraphen so miteinander verbunden sein, dass es keine Spitze gibt. Man sagt dann auch: f ist an der Stelle $x = -3$ *knickfrei*.
Bestimmen Sie die Gleichung für das Geradenstück.

Fokus

Die Entstehung der Differenzialrechnung

Bereits Pierre de Fermat (1607–1665) leistete einen ersten Beitrag zur Bestimmung der Steigung einer Tangente an den Graphen einer Funktion. Zwischen 1665 und 1676 machten dann Isaac Newton (1643–1727) und Gottfried Wilhelm Leibniz (1646–1716) unabhängig voneinander die entscheidenden mathematischen Entdeckungen, auf denen die Differenzialrechnung beruht.

Eine strenge Begründung der Differenzialrechnung und eine exakte Definition der Ableitung gelangen erst im 19. Jahrhundert durch Augustin-Louis Cauchy (1789–1857) und Karl Weierstrass (1815–1897). Cauchy definierte die Ableitung geometrisch als Grenzwert von Sekantensteigungen und Weierstrass präzisierte den Begriff des Grenzwerts. Die heute bekannten Ableitungsregeln gehen vor allem auf Werke von Leonhard Euler (1707–1783) zurück. Erst 1961 gelang es Abraham Robinson (1918–1974), eine exakte Theorie der Differenzialrechnung auf der Grundlage von unendlich kleinen Zahlen aufzustellen.

Isaac Newton (1643–1727) war ein englischer Physiker und Mathematiker. Er war Professor in Cambridge und später Direktor der königlichen Münze. Zu seinen bekanntesten Errungenschaften gehören die nach ihm benannten Bewegungsgesetze der klassischen Mechanik und seine Forschungen in der Optik. Newton ist in Westminster Abbey begraben.

Gottfried Wilhelm Leibniz (1646–1716) war ein deutscher Universalgelehrter. Er war Diplomat in Paris und später Bibliothekar in Hannover. Als Philosoph und Logiker ist er weltberühmt. Von ihm stammen viele Erfindungen, unter anderem auch eine Rechenmaschine. Das Grab von Leibniz ist in der Kirche St. Johannis in Hannover.

1 Tragen Sie weitere Informationen über die Mathematiker Newton und Leibniz sowie ihre Beiträge für die Wissenschaft zusammen.

Fokus

[2] Zwischen NEWTON und LEIBNIZ entbrannte ein heftiger Streit darüber, wer die Entdeckung zur Differenzialrechnung als Erster gemacht hat. Informieren Sie sich im Internet über den wohl heftigsten Prioritätenstreit in der Wissenschaftsgeschichte.

[3] Erläutern Sie die unterschiedlichen Vorgehensweisen der beiden Wissenschaftler bei der Bestimmung der Ableitung.

NEWTON ging von mechanischen Problemen aus. Er stellte sich ein Kurvenstück als Graphen einer Funktion vor, die den Weg s eines Punktes in Abhängigkeit von der Zeit t beschreibt. Die Wegdifferenz über einem Zeitintervall $[t; t_1]$ ergibt sich dann aus $s(t_1) - s(t)$.	**LEIBNIZ** stellte sich ein Kurvenstück als ein Polygon mit unendlich vielen Ecken vor, die beliebig nah beieinander liegen. Zwischen zwei benachbarten Ecken konnte er beliebig kleine Steigungsdreiecke anlegen. Die Längen der Katheten sind beliebig kleine Zahlen $\Delta x = x - x_0$ und $\Delta y = y - y_0$.
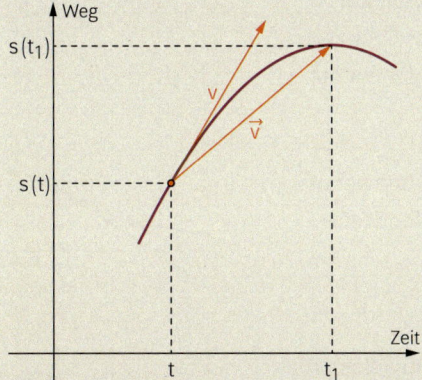	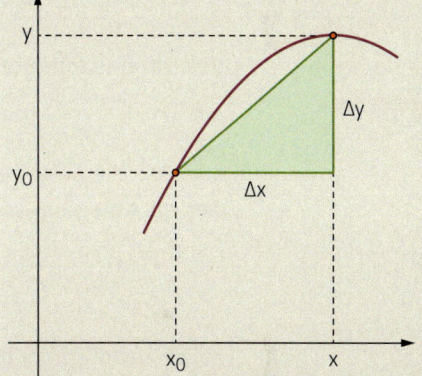
Für die mittlere Geschwindigkeit $\bar{v}$ über dem Intervall gilt: $\bar{v} = \frac{s(t_1) - s(t)}{t_1 - t}$. Für beliebig kleine Zeitspannen $[t; t_1]$, $[t; t_2], [t; t_3], …, [t; t_n]$ ergibt sich daraus die Momentangeschwindigkeit v mit $v = \dot{s}(t) = \lim_{t_n \to t} \frac{s(t_n) - s(t)}{t_n - t}$ als Grenzwert von mittleren Geschwindigkeiten. NEWTON verwendete für die Ableitung Punkte über den Buchstaben. Diese Bezeichnung wird auch heute noch in der Physik verwendet.	Für die Sekantensteigung m gilt: $m = \frac{\Delta y}{\Delta x}$. Für beliebig kleine Zahlen Δx und Δy ergibt sich dann $f'(x) = \frac{dy}{dx}$ (gelesen dy nach dx). LEIBNIZ betrachte $\frac{dy}{dx}$ nicht als Grenzwert, sondern als geometrisches Phänomen von Kurven. Das Symbol $\frac{dy}{dx}$, das er eingeführt hat, findet man heute noch in vielen Taschenrechnern. LEIBNIZ bewies auch die Ableitungsregeln für Summen, Produkte, Quotienten und Potenzfunktionen.

Die Folgen des Prioritätenstreits zwischen NEWTON und LEIBNIZ führten auch dazu, dass die britischen Mathematiker die Schreibweise von NEWTON verwenden, während ihre Kollegen auf der anderen Seite des Ärmelkanals die Schreibweise von LEIBNIZ nutzen.

Das Wichtigste auf einen Blick

Mittlere Änderungsrate einer Funktion – Steigung der Sekante

Für eine Funktion f heißt der Quotient $\frac{f(b) - f(a)}{b - a}$ **Differenzenquotient**.

Mit diesem Quotienten wird die **mittlere Änderungsrate von f über dem Intervall [a; b]** berechnet.
Geometrisch gedeutet gibt dieser Quotient die **Steigung der Sekante** durch die Punkte $P(a|f(a))$ und $Q(b|f(b))$ auf dem Graphen von f an.

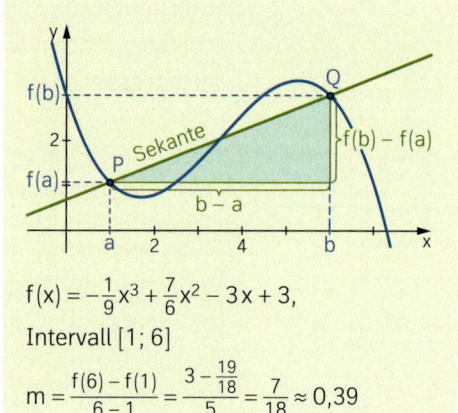

$f(x) = -\frac{1}{9}x^3 + \frac{7}{6}x^2 - 3x + 3$, Intervall [1; 6]

$m = \frac{f(6) - f(1)}{6 - 1} = \frac{3 - \frac{19}{18}}{5} = \frac{7}{18} \approx 0{,}39$

Ableitung einer Funktion an einer Stelle – lokale Änderungsrate

Kommt bei der Annäherung von x gegen x_0 der Differenzenquotient einer Zahl beliebig nah, so wird diese der **Grenzwert des Differenzenquotienten** genannt und mit $\lim_{x \to x_0} \frac{f(x) - f(x_0)}{x - x_0}$ bezeichnet.

Man schreibt dafür kurz $f'(x_0)$ und nennt dies die **Ableitung von f an der Stelle x_0**.

$f'(x_0) = \lim_{x \to x_0} \frac{f(x) - f(x_0)}{x - x_0}$

Bei Verwendung der **h-Schreibweise** erhält man:

$f'(x_0) = \lim_{h \to 0} \frac{f(x_0 + h) - f(x_0)}{h}$

Die Ableitung $f'(x_0)$ der Funktion f an der Stelle x_0 wird in Sachsituationen als **lokale Änderungsrate** einer Funktion an der Stelle x_0 bezeichnet.

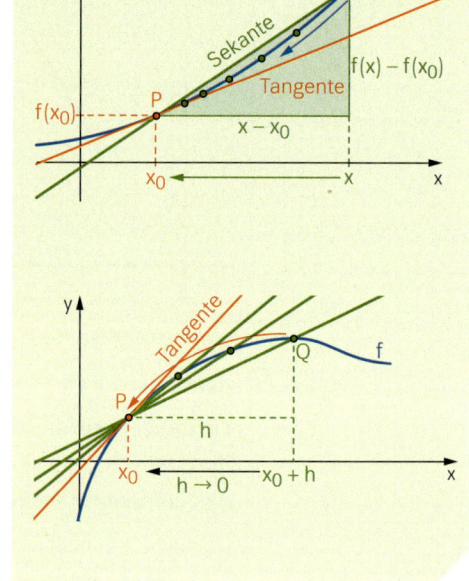

Begriff der Tangente – Steigung eines Graphen in einem Punkt

Eine **Tangente** an den Graphen einer Funktion f in einem Punkt $P(x_0|f(x_0))$ des Graphen ist eine Gerade durch P mit der Steigung $f'(x_0)$.

Die **Steigung des Graphen von f im Punkt P** ist die Steigung der Tangente an den Graphen von f im Punkt P, also $f'(x_0)$.

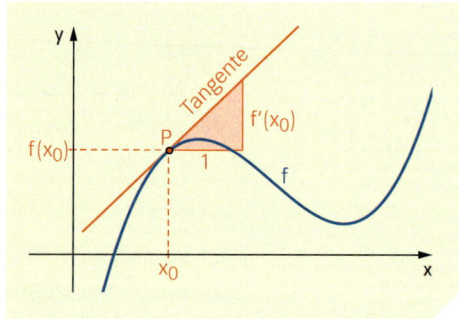

Das Wichtigste auf einen Blick

Ableitungsfunktion – Hoch-, Tief- und Sattelpunkte

Die Funktion, die jeder Stelle x die Ableitung f'(x) der Funktion f an dieser Stelle zuordnet, wird als **Ableitungsfunktion f'** bezeichnet.

Hochpunkte, **Tiefpunkte** oder **Sattelpunkte** liegen an Stellen, an denen der Funktionsgraph eine waagerechte Tangente hat. An diesen Stellen liegen Nullstellen der Ableitungsfunktion.

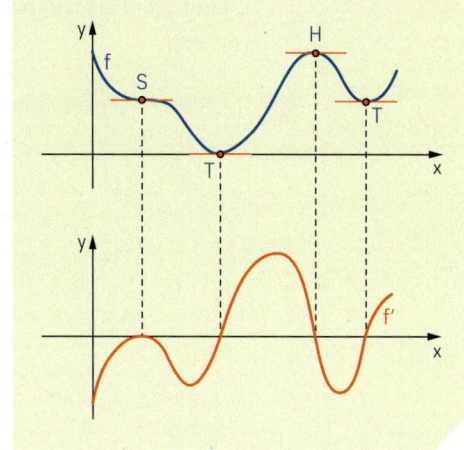

Monotonie

Gegeben ist eine in einem Intervall I definierte Funktion f.
(1) Wenn **f'(x) > 0** für alle x aus dem Intervall I gilt, dann ist die Funktion f im Intervall I **streng monoton wachsend**.
(2) Wenn **f'(x) < 0** für alle x aus dem Intervall I gilt, dann ist die Funktion f im Intervall I **streng monoton fallend**.

Der Wechsel der strengen Monotonie einer Funktion erfolgt in Hoch- oder Tiefpunkten des Funktionsgraphen.

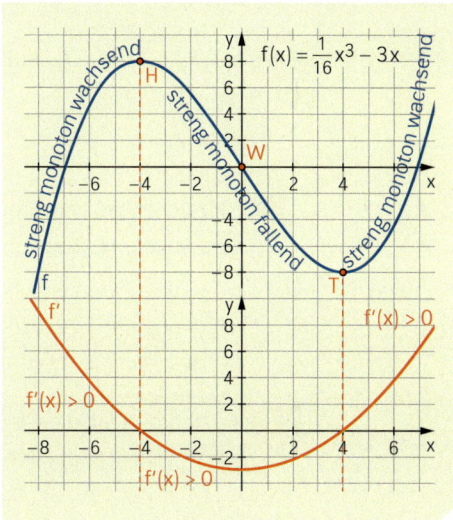

Potenzregel	$f(x) = x^n$ mit $n \in \mathbb{N}$	$f'(x) = n \cdot x^{n-1}$	$f(x) = x^5 \qquad f'(x) = 5 \cdot x^4$
Summenregel	$f(x) = u(x) + v(x)$	$f'(x) = u'(x) + v'(x)$	$f(x) = -2x^7 - 3x + 1 \quad f'(x) = -14 \cdot x^6 - 3$
Faktorregel	$f(x) = k \cdot u(x)$	$f'(x) = k \cdot u'(x)$	$f(x) = -3x^6$ $f'(x) = (-3) \cdot 6 \cdot x^5 = -18x^5$
Ableitung der Sinus- und der Kosinusfunktion	$f(x) = \sin(x)$ $f(x) = \cos(x)$	$f'(x) = \cos(x)$ $f'(x) = -\sin(x)$	$f(x) = 3\sin(x) \qquad f'(x) = 3\cos(x)$ $f(x) = \frac{1}{2}\cos(x) \qquad f'(x) = -\frac{1}{2}\sin(x)$

Klausurtraining

Lösungen im Anhang

Teil A — **Lösen Sie die folgenden Aufgaben ohne Formelsammlung und ohne Taschenrechner.**

1 Bestimmen Sie die Ableitung f'.
- a) $f(x) = 2x^4 - 3x^2 - \frac{1}{2}x$
- b) $f(x) = -\frac{3}{2}x^4 + 4x - 8$
- c) $f(x) = \sqrt{3}\,x^3 - 3x + 3$
- d) $f(x) = 2\cos(x)$

2 Bestimmen Sie die Steigung des Funktionsgraphen im Punkt P.

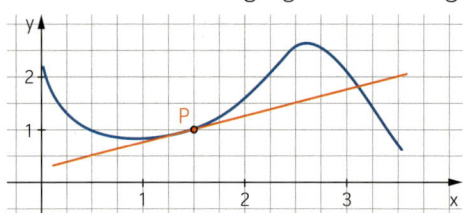
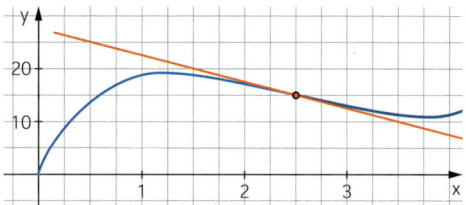

3 Bestimmen Sie die Ableitung der Funktion f an den Stellen $x = 3$ und $x = -3$.
- a) $f(x) = x^2 + 3$
- b) $f(x) = 3x^2$
- c) $f(x) = (x - 2)^2$
- d) $f(x) = x^2 + 2x$

4 Skizzieren Sie den Graphen der zugehörigen Ableitungsfunktion f' für $-4 < x < 10$.

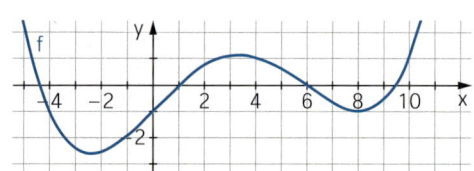

5 Bestimmen Sie die Gleichung der Tangente an den Graphen der Funktion f im Punkt P.
- a) $P(4|8)$; $f(x) = \frac{1}{2}x^2$
- b) $P(2|f(2))$; $f(x) = x^3 - 2x$

Teil B — **Bei der Lösung dieser Aufgaben können Sie die Formelsammlung und den Taschenrechner verwenden.**

6 Die Funktion h mit
$h(t) = -\frac{7}{10}t^3 + 3t^2 + 150t + 500$ beschreibt im Intervall [0; 10] die Höhe h einer Bergbahn (in m über NN) in Abhängigkeit von der Fahrzeit t (in min). Zum Zeitpunkt $t = 0$ befindet sich die Gondel an der Talstation, die Bergstation wird nach 10 Minuten erreicht.

a) Berechnen Sie die Höhe der Bergstation.
b) Bestimmen Sie die mittlere Änderungsrate der Höhe zwischen der 2. und 4. Minute und vergleichen Sie diese mit der mittleren Änderungsrate zwischen der 6. und 8. Minute.
c) Zeichnen Sie den Graphen der Ableitungsfunktion h'. Zu welchem Zeitpunkt ist die momentane Änderungsrate von h am größten?

Klausurtraining

Lösungen im Anhang

7 Nach der sogenannten Jahrhundertflut im August 2002 kam es in Tschechien und Deutschland im Juni 2013 wieder zu Überflutungen, die zu mehreren Deichbrüchen führten, und zu Pegelständen, die teilweise über denen von 2002 lagen.
Die folgende Tabelle gibt die Pegelstände der Elbe bei Niegripp in Sachsen-Anhalt in der Zeit vom 6. bis 11. Juni 2013 um 6 Uhr des jeweiligen Tages an.

6. Juni	7. Juni	8. Juni	9. Juni	10. Juni	11. Juni
836 cm	931 cm	959 cm	981 cm	964 cm	936 cm

Bestimmen Sie für jeden Tag, vom 6. bis einschließlich 10. Juni, die mittlere Änderungsrate der Pegelstände (in cm pro Stunde). Wann war diese am größten und wann am kleinsten? Bestimmen Sie auch die mittlere Änderungsrate für die Zeitspanne vom 6. bis zum 9. und vom 9. bis zum 11. Juni. Vergleichen Sie diese mit den mittleren Änderungsraten der einzelnen Tage.

8 Gegeben ist die Funktion f mit
$f(x) = x^3 - 3x^2 + 3x + 18$.
Zeigen Sie, dass der Graph von f und die Gerade g mit $y = 9x$ an der Stelle $x = 3$ einen gemeinsamen Punkt haben.
Der Graph von f und die Gerade g wurden mithilfe eines Rechners im Koordinatensystem dargestellt.
Im Rechnerfenster sieht es so aus, als ob

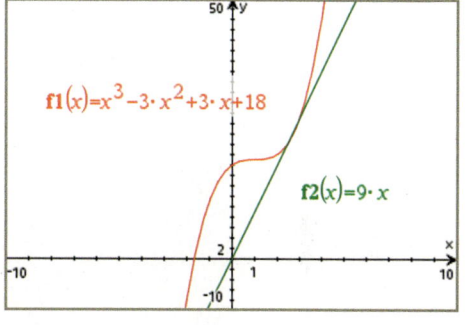

die Gerade g eine Tangente an den Graphen von f ist. Untersuchen Sie, ob dies wirklich der Fall ist.

9 In der Abbildung sind verschiedene Parabeln dargestellt. Die Graphen gehören jeweils zu einer Ableitungsfunktion f'.

(1)   (2)

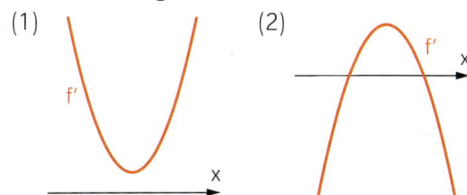

(3)

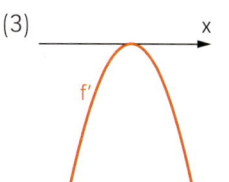

(4)

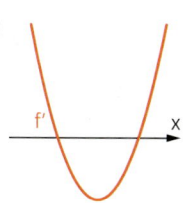

Begründen Sie, welcher Graph zu der jeweiligen Aussage über f passt.
(A) Der Graph von f hat einen Hochpunkt und einen Tiefpunkt.
(B) Der Graph von f hat einen Sattelpunkt.
(C) Der Graph von f hat keinen Hochpunkt und keinen Tiefpunkt.
(D) Die Steigung des Graphen von f ist in jedem Punkt größer als null.

Klausurtraining

10 Eine Gruppe von Schülerinnen und Schülern hat das Wachstum einer Hopfenpflanze beobachtet und die Höhe h (in m) in Abhängigkeit von der Anzahl der Tage t nach Beobachtungsbeginn protokolliert. Die von ihnen ermittelten Werte lassen sich gut durch die Funktion h mit der Gleichung

$h(t) = -0{,}0022\,t^3 + 0{,}0382\,t^2 + 0{,}2792\,t + 0{,}5528$ beschreiben.

a) Entscheiden Sie anhand des Graphen von h, in welchem Intervall die Funktion h sinnvolle Werte für die Höhe der Hopfenpflanze liefert.
Begründen Sie Ihre Entscheidung.

b) Wie hoch ist die Hopfenpflanze zu Beobachtungsbeginn? Berechnen Sie die Höhe der Hopfenpflanze 2 Tage nach Beginn der Beobachtung.

c) Berechnen Sie die mittlere Wachstumsgeschwindigkeit im Intervall [1; 3].

d) Ermitteln Sie h'(10). Was gibt dieser Wert an?

e) Geben Sie zwei Zeitpunkte an, an denen die Hopfenpflanze schneller als am 10. Tag wächst.

11 **Bewegliche Fußgängerbrücke**

Um einen reibungslosen Schiffsverkehr im Hafenbecken zu ermöglichen, wurde in Duisburg eine bewegliche Fußgängerbrücke erdacht. Bei Bedarf kann sie sich unterschiedlich stark krümmen und zu einem Buckel formen. Die Pylone (Pfeiler der Hängebrücke) werden dabei von vier Hydraulikzylindern immer weiter nach außen gezogen. Dadurch spannen sich die beiden Tragseile und der damit verbundene Fußweg wird nach oben gezogen. Das Tragwerk und der Fußweg bilden dabei jeweils unterschiedlich gekrümmte Parabeln.

Wenn die Brücke in eine mittlere Stellung gezogen wird, liegt ihr Scheitelpunkt etwa 4,50 Meter über dem Normalniveau, in der höchsten Lage sind es 9 Meter und der Steigungswinkel α des Fußweges erreicht dabei fast 45°.

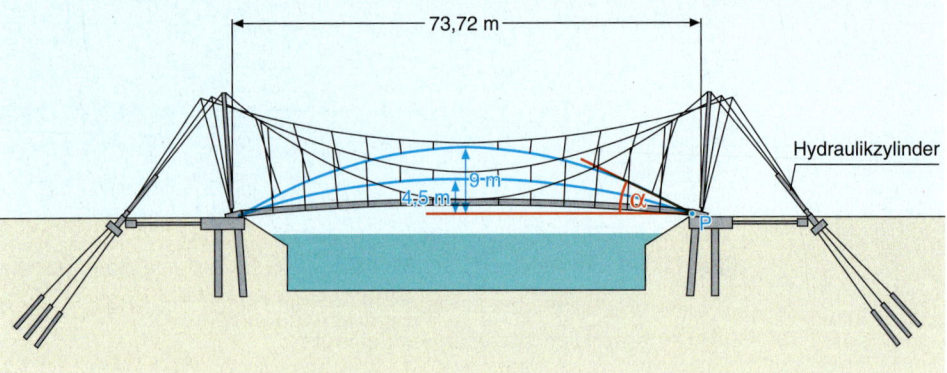

Überprüfen Sie die Aussage über den Steigungswinkel α durch eigene Berechnungen.

Funktionsuntersuchung 3

▲ Das Profil einer Skaterbahn, der Wasserstand eines Flusses oder die Körpertemperatur bei einem Patienten sind Beispiele aus Technik, Natur und Alltag, die mithilfe von Funktionen modelliert werden können.

In diesem Kapitel
lernen Sie, wie man Eigenschaften von Funktionen und ihren Graphen rechnerisch am Funktionsterm bestimmen kann. ▶

3.1 Ganzrationale Funktionen

Einstieg

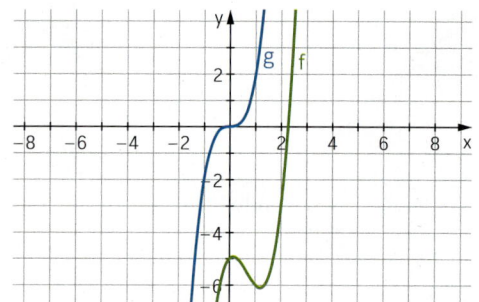

$f(x) = -2x^4 + 3x^2 + 4$

$g(x) = x^5 - 3x^3 + x$

$h(x) = -x^3 + 4x^2 - 3x + 1$

$k(x) = x^6 - 2x^3 - 4x^2 + 3$

Partner A wählt eine der angegebenen Funktionen und zeichnet den Graphen mit dem GTR, ohne dass Partner B das Display sehen kann. A beschreibt dann den Verlauf des Graphen in Worten, sodass B ihn skizzieren kann (Funktionsdiktat). Vergleichen Sie Zeichnung und GTR-Display und tauschen Sie dann die Rollen. Notieren Sie Gemeinsamkeiten und Unterschiede der vier Terme und ihrer Graphen.

Aufgabe mit Lösung

Globalverlauf einer Funktion

Die Graphen der Funktionen f und g mit $f(x) = 2x^3 - 4x^2 + x - 5$ und $g(x) = 2x^3$ sind dargestellt.

→ Zeichnen Sie die Graphen von f und g mit dem GTR und vergrößern Sie schrittweise den Zeichenbereich. Beschreiben Sie die Veränderung in der Darstellung der beiden Graphen.

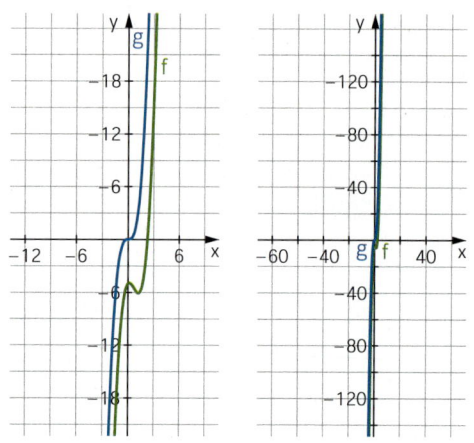

Lösung
Während sich im Bild oben die Graphen von f und g deutlich voneinander unterscheiden, sehen sie sich immer ähnlicher, je größer der Zeichenbereich gewählt wird.

→ Für $x \neq 0$ kann man den Funktionsterm von f auch wie folgt schreiben, wenn man die höchste Potenz ausklammert:

$f(x) = x^3 \cdot \left(2 - \frac{4}{x} + \frac{1}{x^2} - \frac{5}{x^3}\right)$

Begründen Sie damit das Verhalten der Funktionswerte von f für betragsmäßig große Werte von x.

Lösung
Für betragsmäßig größer werdende x-Werte nähern sich die Terme $\frac{4}{x}$, $\frac{1}{x^2}$ und $\frac{5}{x^3}$ immer mehr dem Wert Null an. Damit kommt der Term in der Klammer dem Wert 2 beliebig nahe. Deshalb verhalten sich die Funktionswerte von f bei betragsmäßig großen x-Werten wie die Funktionswerte von g mit $g(x) = 2x^3$: Bei beliebig großen x-Werten werden sie beliebig groß und bei beliebig kleinen x-Werten werden sie beliebig klein.

3.1 Ganzrationale Funktionen

Information

> Den Term einer ganzrationalen Funktion nennt man auch **Polynom**.

Ganzrationale Funktionen

Definition

Eine Funktion, deren Term sich in der Form
$a_n x^n + a_{n-1} x^{n-1} + \ldots + a_2 x^2 + a_1 x + a_0$ mit
$n \in \mathbb{N}$, $a_0, a_1, a_2, \ldots, a_n \in \mathbb{R}$ und $a_n \neq 0$ schreiben lässt, heißt **ganzrationale Funktion**.

Die Zahlen $a_0, a_1, a_2, \ldots, a_n$ nennt man **Koeffizienten**. Als **Grad** der ganzrationalen Funktion wird der höchste Exponent n von x bezeichnet.

Globalverlauf einer Funktion

Ganzrationale Funktionen sind stets für alle reellen Zahlen definiert. Das Verhalten der Funktionswerte $f(x)$ für betragsmäßig große x-Werte bezeichnet man als **Globalverlauf** der Funktion f. Man bewegt sich gedanklich auf der x-Achse immer weiter nach rechts bzw. nach links und sagt „x strebt gegen unendlich bzw. gegen minus unendlich". Um dabei das Verhalten von $f(x)$ zu beschreiben, verwendet man die folgenden **Kurzschreibweisen**:

Für $x \to \infty$ gilt $f(x) \to \infty$ oder
für $x \to \infty$ gilt $f(x) \to -\infty$.
Für $x \to -\infty$ gilt $f(x) \to \infty$ oder
für $x \to -\infty$ gilt $f(x) \to -\infty$.

> *Gelesen:* Für x gegen unendlich gilt $f(x)$ gegen minus unendlich.

Satz

Bei einer ganzrationalen Funktion f mit
$f(x) = a_n x^n + a_{n-1} x^{n-1} + \ldots + a_2 x^2 + a_1 x + a_0$
und $a_n \neq 0$ entscheidet der Summand $a_n x^n$ mit dem größten Exponenten über das Verhalten von $f(x)$ für betragsmäßig große Werte von x.
Abhängig von dem Exponenten n und dem Vorzeichen des Koeffizienten a_n ergeben sich die angezeigten vier Fälle für den Globalverlauf ganzrationaler Funktionen.

Die Funktion f mit
$f(x) = -\frac{1}{2}x^5 + 3x^4 - x^2 + \sqrt{2}\,x - 4$ ist eine ganzrationale Funktion fünften Grades mit den Koeffizienten $a_5 = -\frac{1}{2}$, $a_4 = 3$, $a_3 = 0$, $a_2 = -1$, $a_1 = \sqrt{2}$, $a_0 = -4$.

Fälle bei ganzrationalen Funktionen

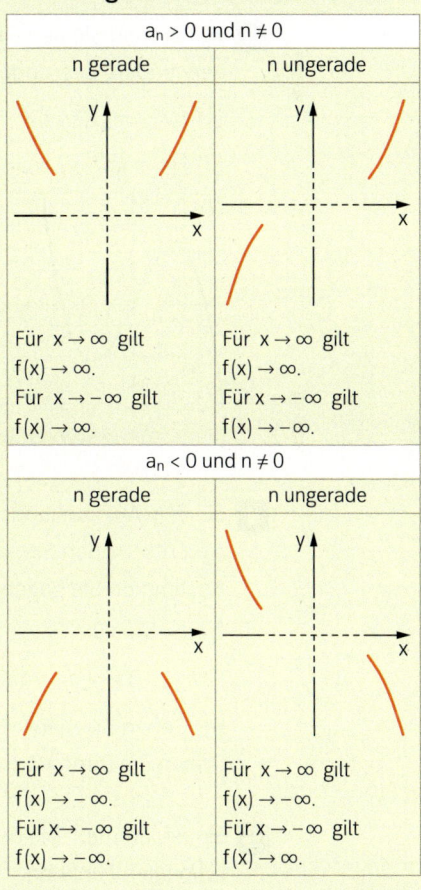

Bei der Funktion f mit
$f(x) = -\frac{1}{2}x^5 + 3x^4 - x^2 + \sqrt{2}\,x - 4$
bestimmt $-\frac{1}{2}x^5$ den Globalverlauf von f. Es ist der Fall $a_n < 0$, n ungerade.

Funktionsuntersuchung

Üben

1 Nach der Information auf der vorherigen Seite kann man vier Typen des Globalverlaufs einer ganzrationalen Funktion für $x \to \infty$ bzw. $x \to -\infty$ unterscheiden.

a) Ordnen Sie die folgenden ganzrationalen Funktionen jeweils den einzelnen Typen zu.

$f(x) = -3x^5 + 12x^3 - 8$ $\qquad$ $g(x) = \frac{1}{2}x^4 - 28x^3 + 6x^2 - 34$

$h(x) = 4x^3 + 2x^2 - 7x + 12$ $\qquad$ $i(x) = -2x^4 + x^3 + 21x^2 + 45x + 205$

b) Geben Sie zu jedem Typ zwei Beispiele einer ganzrationalen Funktion an.

2 Geben Sie den Globalverlauf von f an.

a) $f(x) = x^5 - \frac{2}{3}x$ $\qquad$ b) $f(x) = x^3 + 2x^2 + 5$

c) $f(x) = 3x^4 - 2x^2 + 1$ $\qquad$ d) $f(x) = 2^6 x^2 - 2^2 x^6$

e) $f(x) = 7 - x^5 + 0{,}01 x^3$ $\qquad$ f) $f(x) = -\sqrt{2} x^8 - 4x$

g) $f(x) = x^2 - x^5$ $\qquad$ h) $f(x) = 200 x^2 - 4x^4 + \frac{1}{10} x^{10}$

3 Ordnen Sie den Graphen die zugehörigen Funktionsterme zu, ohne einen Rechner zu verwenden. Begründen Sie Ihre Entscheidung.

(1) $f(x) = -\frac{1}{4}x^4 + 2x^2 + 1$ $\qquad$ (2) $f(x) = \frac{1}{4}x^3 - 2x$

(3) $f(x) = \frac{1}{9}x^4 - \frac{1}{4}x^3 + 1$ $\qquad$ (4) $f(x) = -\frac{1}{6}x^3 + 3x$

(A) 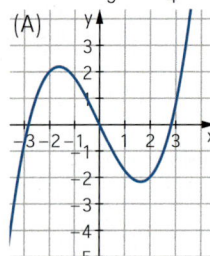 (B) 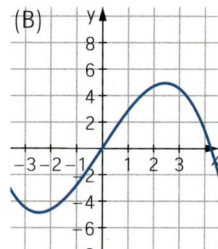 (C) 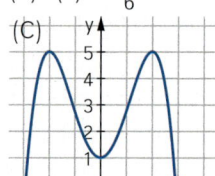 (D)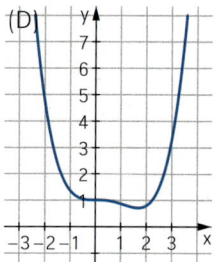

4 Am Funktionsterm kann man erkennen, ob eine ganzrationale Funktion vorliegt.

a) Entscheiden Sie, welche der folgenden Funktionen ganzrationale Funktionen sind. Bestimmen Sie gegebenenfalls den Grad der Funktion und geben Sie die Koeffizienten an.

$f_1(x) = 5x - 3$ $\qquad$ $f_2(x) = -2{,}5$ $\qquad$ $f_3(x) = x^4 - 4x^2 + 1$ $\qquad$ $f_4(x) = -2x + \frac{1}{4}x^2 - 5$

$f_5(x) = -3x^2 - \sqrt{x} + 12$ $\qquad$ $f_6(x) = 2^x - 5$ $\qquad$ $f_7(x) = \frac{x^2 + 2x + 2}{2}$ $\qquad$ $f_8(x) = \frac{2}{x^2 + 2x + 2}$

b) Geben Sie selbst Beispiele und Gegenbeispiele zu ganzrationalen Funktionen an und lassen Sie Ihren Partner darüber wie in Teilaufgabe a) entscheiden.

5 Bestimmen Sie den Grad der ganzrationalen Funktion.

a) $f(x) = (x - 2) \cdot (x + 3)$

b) $f(x) = (5 - 3x) \cdot (x + 2)$

c) $f(x) = (2x^2 + 1) \cdot (3x^3 - x)$

d) $f(x) = x(x^2 - 3) \cdot (x - 3)$

e) $f(x) = (x - 4) \cdot (x + 2) \cdot (x - 1)$

f) $f(x) = (-x^3 + x^2 + 2) \cdot (x^3 + 1)$

> $f(x) = (x - 4) \cdot (x^2 - 2x + 3)$
> In den beiden Faktoren sind x und x^2 die Summanden mit dem größten Exponenten. Da $x \cdot x^2 = x^3$ ist, handelt es sich hierbei um eine ganzrationale Funktion vom Grad 3.

100

3.1 Ganzrationale Funktionen

6 Greta und David haben den Graphen von f mit $f(x) = x^4 - \frac{1}{2}x^3 - 3x^2$ mit ihren GTR gezeichnet. Die Graphen sehen jedoch ganz unterschiedlich aus. Was meinen Sie dazu?

Greta:
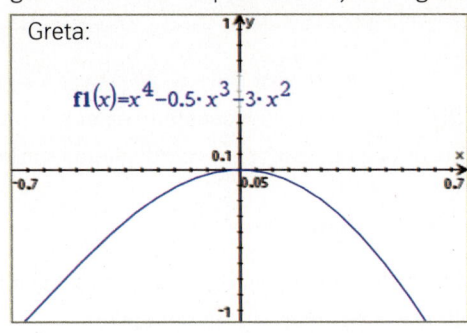

David:
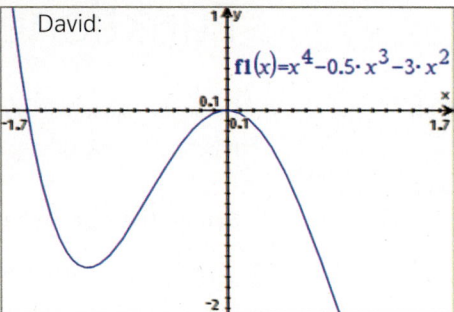

Skizzieren Sie selbst einen geeigneten Graphen.

7 Begründen Sie folgende Aussagen für eine ganzrationale Funktion f vom Grad n.
  a) Ist n gerade und n ≥ 2, so hat die Funktion mindestens einen Hochpunkt oder mindestens einen Tiefpunkt.
  b) Ist n ungerade, so schneidet der Graph von f mindestens einmal die x-Achse.

8 Vergleichen Sie jeweils den Grad der ganzrationalen Funktion f und ihrer Ableitung f'.
  a) $f(x) = -x^3 + 4x^2 + 5$
  b) $f(x) = 0{,}5x^6 - 2x^4 + x$
  c) $f(x) = \sqrt{2}\,x^4 + 2^3 x^3 - \pi x + \frac{1}{2}$
  d) $f(x) = (x + 3)(x^3 - 7x)$

9 Das Profil einer Bahn für Skateboarder kann in einem Koordinatensystem mit der Einheit m durch den Graphen der Funktion f mit $f(x) = \frac{x^8}{10\,000}$ beschrieben werden.

  a) Begründen Sie, dass f eine ganzrationale Funktion ist. Bestimmen Sie den Globalverlauf und skizzieren Sie den Graphen.
  b) An den Bahnenden soll die Bahn eine Steigung von 2,5 bzw. −2,5 haben. Bestimmen Sie die Stellen, an denen diese Steigung bei f vorliegt. Wie hoch ist die Bahn an diesen Stellen?
  c) Geben Sie den Definitionsbereich für f an, sodass der Graph das Bahnprofil beschreibt.

Weiterüben

10 a) Begründen Sie den Globalverlauf der angegebenen ganzrationalen Funktionen ausführlich wie in der Aufgabe mit Lösung, indem Sie die höchste Potenz von x ausklammern.
  (1) $f(x) = -5x^4 + 2x^3 - \frac{1}{2}x^2 + 5$
  (2) $f(x) = 0{,}2x^5 - x^3 + 20x$
  b) Beweisen Sie den Satz über den Globalverlauf beliebiger ganzrationaler Funktionen, indem Sie die Begründung aus der Aufgabe mit Lösung auf den allgemeinen Fall $f(x) = a_n x^n + a_{n-1} x^{n-1} + \ldots + a_2 x^2 + a_1 x + a_0$ übertragen.

11 Für die Funktion f gilt: $f(x) \to \infty$ sowohl für $x \to \infty$ als auch für $x \to -\infty$. Untersuchen Sie den Globalverlauf der Funktion g mit
  a) $g(x) = 100 - f(x)$
  b) $g(x) = -5 \cdot f(x)$
  c) $g(x) = [f(x)]^2$
  d) $g(x) = x \cdot f(x)$

Funktionsuntersuchung Selbstlernen

3.2 Symmetrien bei ganzrationalen Funktionen

Ziel In diesem Abschnitt lernen Sie, wie man am Funktionsterm einer ganzrationalen Funktion erkennen kann, ob der Graph zur y-Achse oder zum Koordinatenursprung symmetrisch ist.

Aufgabe mit Lösung

Symmetrieeigenschaften untersuchen

→ Zeichnen Sie mithilfe eines Taschenrechners den Graphen der Funktion f_1 mit $f_1(x) = \frac{1}{2}x^4 - 2x^2 - 1$ und betrachten Sie dabei die Wertetabelle.
Begründen Sie die Symmetrieeigenschaft des Graphen anhand des Funktionsterms von f_1.

Lösung

Das abgebildete Rechnerfenster zeigt den Graphen von f_1. Er scheint achsensymmetrisch zur y-Achse zu sein.
Die Wertetabelle bestätigt dies, da Funktionswerte an Stellen, die symmetrisch zur y-Achse liegen, gleich sind, z. B.
$f_1(-2) = f_1(2)$, $f_1(-1) = f_1(1)$.
Allgemein erhält man für zwei beliebige Stellen $-x$ und x:

$f_1(-x) = \frac{1}{2}(-x)^4 - 2(-x)^2 - 1 = \frac{1}{2}x^4 - 2x^2 - 1 = f_1(x)$

Die Funktionswerte stimmen überein, da der Funktionsterm $f_1(x)$ nur Potenzen von x mit geraden Exponenten enthält. Der Graph von f_1 ist somit achsensymmetrisch zur y-Achse.

→ Untersuchen Sie, ob der Graph der Funktion f_2 mit $f_2(x) = x^5 + 2x^3 - 4x$ eine Symmetrie aufweist. Begründen Sie gegebenenfalls die Symmetrieeigenschaft.

Lösung

Der Graph der Funktion f_2 scheint punktsymmetrisch zum Koordinatenursprung $O(0|0)$ zu sein. Die Wertetabelle bestätigt dies: Funktionswerte an Stellen, die symmetrisch zur y-Achse liegen, haben den gleichen Betrag, aber ein entgegengesetztes Vorzeichen, z. B. $f_2(-2) = -40$ und $f_2(2) = 40$.
Also gilt: $f_2(-2) = -f_2(2)$.
Allgemein erhält man für zwei beliebige Stellen $-x$ und x:

$f_2(-x) = (-x)^5 + 2(-x)^3 - 4(-x) = -x^5 - 2x^3 + 4x = -(x^5 + 2x^3 - 4x) = -f_2(x)$

Die Funktionswerte $f_2(-x)$ und $f_2(x)$ unterscheiden sich also nur durch ihr Vorzeichen, da der Funktionsterm $f_2(x)$ nur Potenzen von x mit ungeraden Exponenten enthält.
Der Graph von f_2 ist somit punktsymmetrisch zum Koordinatenursprung $O(0|0)$.

3.2 Symmetrien bei ganzrationalen Funktionen — Selbstlernen

→ Untersuchen Sie den Graphen der Funktion f_3 mit $f_3(x) = -\frac{4}{3}x^4 + x^3 + 2x^2$ auf Symmetrie.

Lösung
Der Graph der Funktion f_3 ist weder symmetrisch zur y-Achse noch symmetrisch zum Koordinatenursprung. Zum Beispiel ist $f_3(-1) \neq f_3(1)$ und auch $f_3(-1) \neq -f_3(1)$.
Der Funktionsterm enthält Potenzen von x sowohl mit geraden als auch mit ungeraden Exponenten.

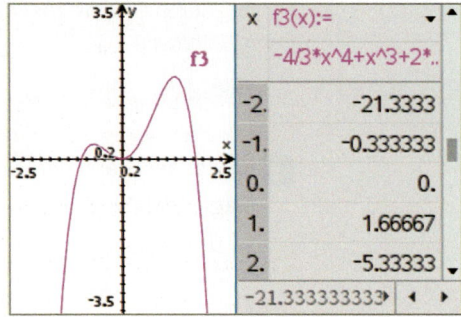

Information

Achsensymmetrie zur y-Achse

Der Graph einer Funktion f ist **achsensymmetrisch zur y-Achse**, falls $f(-x) = f(x)$ für alle x gilt, sonst nicht.

Ist f eine ganzrationale Funktion, so lässt sich die vorhandene Symmetrie einfach erkennen:
Enthält der Funktionsterm von f nur Potenzen von x mit geraden Exponenten, so ist der Graph der Funktion f achsensymmetrisch zur y-Achse.

$f(x) = 0{,}5x^4 - 4{,}5x^2 + 8$ enthält nur gerade Exponenten.

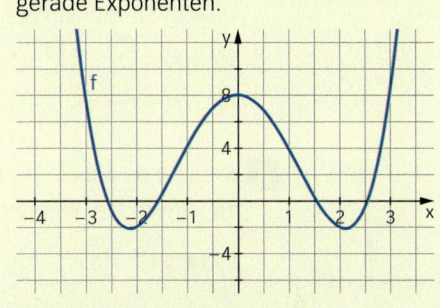

$f(-x) = 0{,}5(-x)^4 - 4{,}5(-x)^2 + 8$
$\quad\quad = 0{,}5x^4 - 4{,}5x^2 + 8$
$\quad\quad = f(x)$

Punktsymmetrie zum Koordinatenursprung

Der Graph einer Funktion f ist **punktsymmetrisch zum Koordinatenursprung**, falls $f(-x) = -f(x)$ für alle x gilt, sonst nicht.

Ist f eine ganzrationale Funktion, so lässt sich die vorhandene Symmetrie einfach erkennen:
Enthält der Funktionsterm von f nur Potenzen von x mit ungeraden Exponenten, so ist der Graph der Funktion f punktsymmetrisch zum Koordinatenursprung.

$g(x) = -0{,}5x^3 + 2x$ enthält nur ungerade Exponenten.

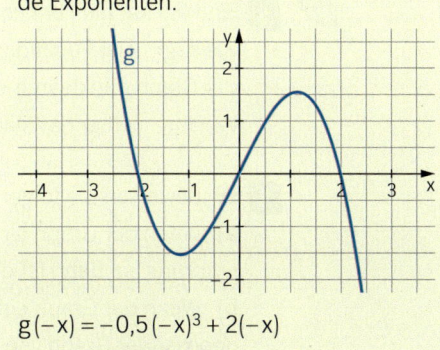

$g(-x) = -0{,}5(-x)^3 + 2(-x)$
$\quad\quad = +0{,}5x^3 - 2x$
$\quad\quad = -g(x)$

Funktionsuntersuchung | Selbstlernen

Üben

1 Vervollständigen Sie in Ihrem Heft die Wertetabelle, die zu einer Funktion f gehört,
a) deren Graph punktsymmetrisch zum Koordinatenursprung ist;
b) deren Graph achsensymmetrisch zur y-Achse ist.

x	−4	−3	−2	−1	0	1	2	3	4
f(x)	10		2	0				2	

2 Ist der Graph der Funktion f symmetrisch zur y-Achse oder zum Koordinatenursprung? Begründen Sie.
a) $f(x) = \frac{1}{2}x^2 + 5$
b) $f(x) = -x^5 + \frac{3}{4}x^3 - 2x$
c) $f(x) = x^3 - 3x + 1$
d) $f(x) = -2x^4 - x^2 + 4$
e) $f(x) = x^2 + 2x$
f) $f(x) = x^5 - x$
g) $f(x) = x^3 - 3x^2 + 3x$
h) $f(x) = x$
i) $f(x) = (x^4 - 2)(x^2 - 4)$
j) $f(x) = 3$

3 Überprüfen Sie durch Termumformung, ob $f(-x) = f(x)$ bzw. $f(-x) = -f(x)$ gilt, und folgern Sie die entsprechende Symmetrieeigenschaft.
a) $f(x) = \frac{1}{2}x^4 - 3x^2 + 1$
b) $f(x) = x^5 - 7x^3$
c) $f(x) = x^6 - 2x^2$
d) $f(x) = x(x^3 - x)$

4 Ordnen Sie die Funktionsgraphen den Funktionen zu, ohne dabei einen Taschenrechner zu verwenden. Begründen Sie Symmetrieeigenschaften am Funktionsterm.

$f(x) = \frac{1}{4}x^3 - 3x$ $g(x) = \frac{1}{4}x^4 - \frac{1}{3}x^3 - x^2$ $h(x) = \frac{1}{32}x^5 - \frac{1}{2}x^2 + 1$ $i(x) = \frac{1}{81}x^4 - \frac{1}{9}x^2$

(A) 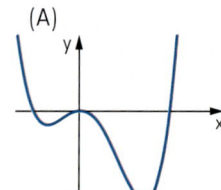　(B) 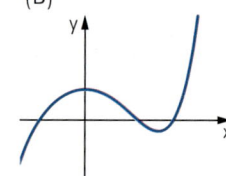　(C) 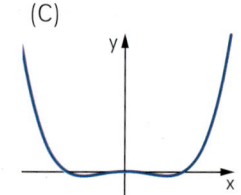　(D)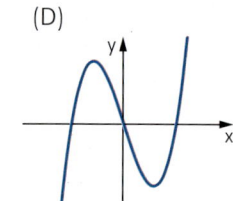

5 Mila hat die Funktion f mit $f(x) = 2x^3 + 2x + 1$ auf Symmetrie untersucht.
Sie sagt: „Der Funktionsterm enthält nur Potenzen von x mit ungeraden Exponenten. Also ist der Graph punktsymmetrisch zum Koordinatenursprung."
Welchen Fehler hat Mila gemacht?

6 Beweisen Sie folgende Sätze zur Symmetrie von ganzrationalen Funktionen.
a) Wenn der Graph einer ganzrationalen Funktion f punktsymmetrisch zum Koordinatenursprung ist, dann ist der Graph von f' achsensymmetrisch zur y-Achse.
b) Wenn der Graph einer ganzrationalen Funktion f achsensymmetrisch zur y-Achse ist, dann ist der Graph von f' punktsymmetrisch zum Koordinatenursprung.
c) Wenn die Graphen zweier ganzrationaler Funktionen f und g punktsymmetrisch zum Koordinatenursprung sind, dann ist der Graph von f · g achsensymmetrisch zur y-Achse.

3.2 Symmetrien bei ganzrationalen Funktionen Selbstlernen

7 Geben Sie alle möglichen Werte für den Parameter a an, sodass der Graph der Funktion f entweder achsensymmetrisch zur y-Achse oder punktsymmetrisch zum Ursprung ist. Nennen Sie jeweils die Art der Symmetrie.

a) $f(x) = \frac{1}{4}x^3 + a$ 　　　　　b) $f(x) = (x-a)^2$
c) $f(x) = a + x^4$ 　　　　　　　　d) $f(x) = (x-9) \cdot (x+a)$
e) $f(x) = x^2 \cdot (x^3 - ax)$ 　　　　f) $f(x) = x^a + x$
g) $f(x) = x^2 + ax$ 　　　　　　　h) $f(x) = ax^2 + ax - x$

Weitere Symmetrien

8 Der Graph von f_1 geht durch Verschieben aus dem Graphen von f mit
$f(x) = -0{,}125x^4 + x^3 - 2x^2 + 3$ hervor.
a) Bestimmen Sie den Funktionsterm für f_1.
b) Zeigen Sie, dass der Graph von f_1 achsensymmetrisch zur y-Achse ist. Was bedeutet dies für das Symmetrieverhalten des Graphen von f?

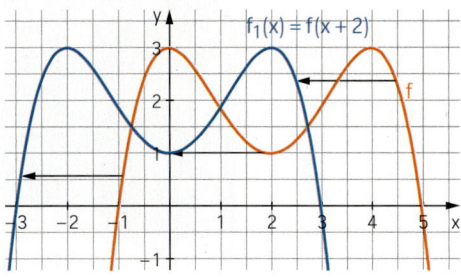

9 Der Graph von f_2 geht durch Verschieben aus dem Graphen von f mit $f(x) = x^3 - 3x^2$ hervor.

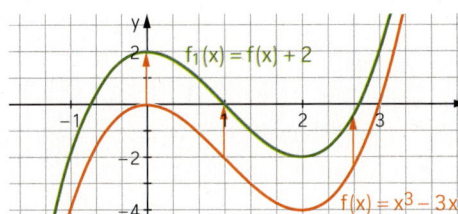 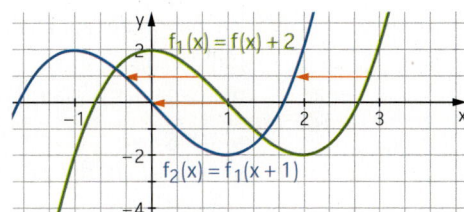

a) Bestimmen Sie den Funktionsterm für f_2.
b) Zeigen Sie, dass der Graph von f_2 punktsymmetrisch zum Koordinatenursprung ist. Welche Schlussfolgerungen ergeben sich daraus für das Symmetrieverhalten der Graphen zu f_1 und f?
c) Zeigen Sie, dass sich der Term der Funktion g mit $g(x) = x^3 - 6x^2 + 12x - 11$ in der Form $g(x) = (x-2)^3 - 3$ schreiben lässt.
Treffen Sie eine Aussage zum Symmetrieverhalten von g und skizzieren Sie den Graphen.

Weiterüben

10 Zeigen Sie, dass der Graph der Funktion f mit $f(x) = x^3 - 6x^2 + 8x + 1$ punktsymmetrisch zum Punkt $P(2|1)$ ist.

11 Geben Sie den Funktionsterm einer ganzrationalen Funktion an, deren Graph folgende Symmetrie aufweist:
(1) achsensymmetrisch zur Geraden mit $x = 1$;
(2) punktsymmetrisch zum Punkt $P(1|-3)$.

Funktionsuntersuchung

3.3 Nullstellen

Einstieg

Um das Becken einer Fischfarm mit frischem Wasser zu versorgen, wird regelmäßig für 9 Stunden gleichzeitig altes Wasser abgelassen und an einer anderen Stelle frisches Wasser zugeführt. Zufluss- und Abflussgeschwindigkeit werden dabei so reguliert, dass ihre Summe $\left(\text{in } \frac{m^3}{h}\right)$ durch die Funktion f mit $f(t) = 0{,}1\,t^3 - 1{,}3\,t^2 + 3{,}6\,t$ (mit t in h) beschrieben wird.
Berechnen Sie die Nullstellen von f, ohne einen Rechner zu verwenden. Skizzieren Sie den Graphen von f und deuten Sie seinen Verlauf für diesen Sachzusammenhang. Gehen Sie dabei auch auf die Bedeutung der Nullstellen ein.

Aufgabe mit Lösung

Bestimmen von Nullstellen ...

... mithilfe von Faktoren

→ Der Graph der Funktion f mit
$f(x) = x^2 \cdot (3x - 2) \cdot (x + 1)$ ist dargestellt.
Bestimmen Sie die Nullstellen von f.

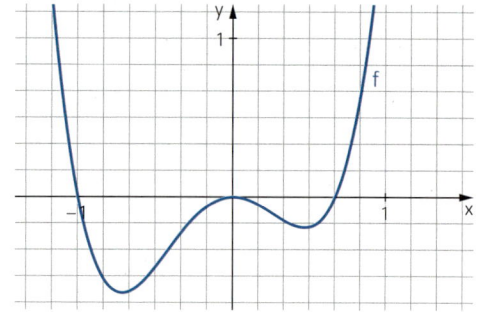

Lösung
Für eine Nullstelle x gilt $f(x) = 0$.
Deshalb bestimmt man die Lösung von
$x^2 \cdot (3x - 2) \cdot (x + 1) = 0$.
Weil ein Produkt nur dann gleich 0 ist, wenn mindestens ein Faktor 0 ist, setzt man jeden Faktor gleich 0:
$x^2 = 0$ oder $3x - 2 = 0$ oder $x + 1 = 0$ und somit
$x = 0$ oder $x = \frac{2}{3}$ oder $x = -1$.
Die Nullstellen der Funktion f sind also 0, $\frac{2}{3}$ und -1.

... durch Ausklammern der Variablen

→ Berechnen Sie die Nullstellen der Funktion g mit $g(x) = x^3 + 4x$.

Lösung
Durch Ausklammern von x erhält man $g(x) = x \cdot (x^2 + 4)$. Die Lösung von $g(x) = 0$ berechnet man, indem man jeden Faktor gleich 0 setzt:
$x = 0$ oder $x^2 + 4 = 0$ und somit
$x = 0$ oder $x^2 = -4$, was nicht möglich ist, da $x^2 \geq 0$ für alle x.
Die einzige Nullstelle der Funktion g ist also 0.

3.3 Nullstellen

substituere (lat.): ersetzen

... durch Substitution

→ Berechnen Sie die Nullstellen der Funktion h mit $h(x) = x^4 - 24x^2 - 25$.
Ersetzen Sie dafür x^2 durch u.

Lösung

Es gilt $x^4 = (x^2)^2$, somit kann man x^4 durch u^2 und x^2 durch u ersetzen.
Aus $x^4 - 24x^2 - 25 = 0$ erhält man so die quadratische Gleichung $u^2 - 24u - 25 = 0$.
Löst man diese Gleichung, so erhält man $u = 12 + \sqrt{144 + 25} = 25$ oder
$u = 12 - \sqrt{144 + 25} = -1$. Durch Rückeinsetzung von $u = x^2$ ergibt sich $x^2 = 25$ oder
$x^2 = -1$, was wegen $x^2 \geq 0$ für alle x aber zu keiner Lösung führt. Aus $x^2 = 25$ erhält man
die Nullstellen -5 und 5 der Funktion h.

Information

Nullstellen ganzrationaler Funktionen

Eine Stelle x_0 heißt **Nullstelle** einer Funktion f, falls gilt: $f(x_0) = 0$. Bei ganzrationalen Funktionen höheren Grades können die Nullstellen nur in speziellen Fällen *exakt* berechnet werden:

1) Falls die Funktion f als Produkt von Funktionen dargestellt wird, kann jeder Faktor einzeln gleich 0 gesetzt werden. Ein Faktor der Form $(x - x_1)$ heißt **Linearfaktor**. x_1 ist dann eine Nullstelle von f.

2) Manchmal kann man eine Potenz von x ausklammern und die einzelnen Faktoren untersuchen.

3) Wenn man die Lösung einer **biquadratischen Gleichung** der Form $ax^4 + bx^2 + c = 0$ mit $a \neq 0$ bestimmen will, erhält man durch Substitution von x^2 durch u daraus die quadratische Gleichung $au^2 + bu + c = 0$.

Falls keiner der drei Fälle zutrifft, kann man die Nullstellen *näherungsweise* mithilfe eines GTR ermitteln.

Satz: Eine ganzrationale Funktion vom Grad n kann höchstens n Nullstellen haben.

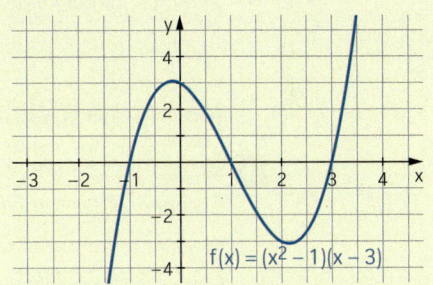

$f(x) = (x^2 - 1) \cdot (x - 3)$
Aus $x^2 - 1 = 0$ folgt $x = -1$ oder $x = 1$
und aus $x - 3 = 0$ folgt $x = 3$.
Somit hat f die Nullstellen -1, 1 und 3.

$f(x) = x^4 - 2x^3 = x^3 \cdot (x - 2)$
Aus $x^3 = 0$ folgt $x = 0$ und aus $x - 2 = 0$
folgt $x = 2$.
Somit hat f die Nullstellen 0 und 2.

$f(x) = x^4 - 7x^2 + 12$
Durch Substitution von x^2 durch u ergibt sich: $x^4 - 7x^2 + 12 = u^2 - 7u + 12 = 0$
mit den Lösungen $u = 4$ oder $u = 3$.
Aus $u = x^2 = 4$ bzw. $u = x^2 = 3$ erhält man die Nullstellen -2 und 2 sowie $-\sqrt{3}$ und $\sqrt{3}$ der Funktion f.

$f(x) = -0{,}02x^3 + 0{,}16x^2 + 0{,}7x - 3$

$\text{solve}(-0.02 \cdot x^3 + 0.16 \cdot x^2 + 0.7 \cdot x - 3 = 0, x)$
$x = -5. \text{ or } x = 3. \text{ or } x = 10.$

Die Nullstellen von f sind -5, 3 und 10.

Funktionsuntersuchung

Üben

1 Bestimmen Sie alle Nullstellen der Funktion f ohne Taschenrechner.
a) $f(x) = (x-4) \cdot (x+2) \cdot (x+1)$
b) $f(x) = x \cdot (x-3) \cdot (x+5)$
c) $f(x) = (x^2 - 9) \cdot (x^2 + 9)$
d) $f(x) = (x-3)^2 \cdot \left(x + \frac{1}{2}\right) \cdot x$

2 Berechnen Sie die Nullstellen der Funktion f ohne Taschenrechner.
a) $f(x) = 2x^3 - 6x^2$
b) $f(x) = -x^3 - 6x^2 + 3x$
c) $f(x) = x^4 - 20x^3 + 64x^2$
d) $f(x) = \frac{1}{2}x^4 - \frac{7}{2}x^2$
e) $f(x) = \frac{1}{3}x^5 + 2x^3$
f) $f(x) = -\frac{1}{3}x^5 + 2x^4 - 3x^3$

3 Berechnen Sie die Nullstellen der Funktion f ohne Taschenrechner.
a) $f(x) = x^4 - 13x^2 + 36$
b) $f(x) = 9x^4 - 52x^2 + 64$
c) $f(x) = 2x^4 - 13x^2 - 45$
d) $f(x) = 5x^4 + 23x^2 + 12$
e) $f(x) = (x^2 + 5) \cdot (16x^4 - 25x^2 + 9)$
f) $f(x) = 4x^6 - 33x^4 + 8x^2$

Mehrfache Nullstellen

4 Bestimmen Sie die Nullstellen der Funktion und untersuchen Sie das Verhalten des Graphen in der Nähe der Nullstellen.
Vergleichen Sie Ihre Ergebnisse miteinander.

$f(x) = 1{,}25 \cdot (x+1)^2 \cdot (x-1)^3 \cdot (x-2)$
$g(x) = 1{,}25 \cdot (x+1) \cdot (x-1)^2 \cdot (x-2)^3$
$h(x) = 1{,}25 \cdot (x+1)^3 \cdot (x-1)^2 \cdot (x-2)$
$u(x) = 1{,}25 \cdot (x+1)^2 \cdot (x-1) \cdot (x-2)^3$

Information

Mehrfache Nullstellen einer ganzrationalen Funktion

Bei einer ganzrationalen Funktion f können Linearfaktoren mit beliebigen natürlichen Exponenten im Funktionsterm vorkommen. Ist der größte Exponent, mit dem ein Linearfaktor $(x - x_1)$ vorkommt, zum Beispiel 1, 2, 3 oder 4, so spricht man von einer **einfachen**, **doppelten**, **dreifachen** oder **vierfachen Nullstelle** von f.

Ist die Nullstelle der Funktion f einfach, dreifach, fünffach ..., so hat f(x) an der Nullstelle einen Vorzeichenwechsel. Der Funktionsgraph schneidet die x-Achse.

Ist die Nullstelle der Funktion f doppelt, vierfach, sechsfach ..., so hat f(x) an der Nullstelle keinen Vorzeichenwechsel. Der Funktionsgraph berührt die x-Achse.

$f(x) = 0{,}01 \cdot (x+2)^3 \cdot (x-1) \cdot (x-4)^2$

Hier ist $x = -2$ eine dreifache, $x = 1$ eine einfache und $x = 4$ eine doppelte Nullstelle von f.

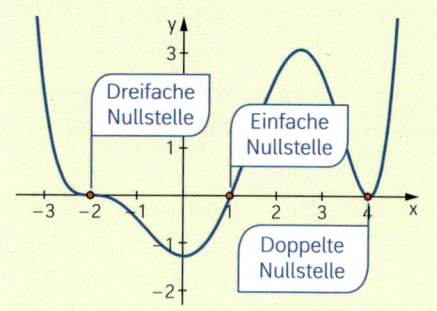

> An solchen Nullstellen liegt stets ein **Hochpunkt** oder ein **Tiefpunkt** des Graphen von f.

3.3 Nullstellen

5 Geben Sie alle Nullstellen der ganzrationalen Funktion f an und notieren Sie jeweils, ob es sich um eine einfache, doppelte oder dreifache Nullstelle handelt. Geben Sie auch jeweils an, ob an der Nullstelle ein Vorzeichenwechsel der Funktionswerte auftritt.

a) $f(x) = (x-4) \cdot (x+3)^2$
b) $f(x) = x^3 \cdot (x-0{,}6) \cdot (x+1)^2$
c) $f(x) = \left(x - \frac{2}{3}\right)^2 \cdot (x + \sqrt{2})$
d) $f(x) = (x^2 - 6x + 9) \cdot (x+3)$
e) $f(x) = x^4 - x^3$
f) $f(x) = 4x^4 - 4x^2$

6 Die ganzrationale Funktion f hat genau drei Nullstellen. Lesen Sie die Nullstellen von f am Graphen ab und entscheiden Sie, ob es sich um eine einfache, doppelte oder dreifache Nullstelle handelt.

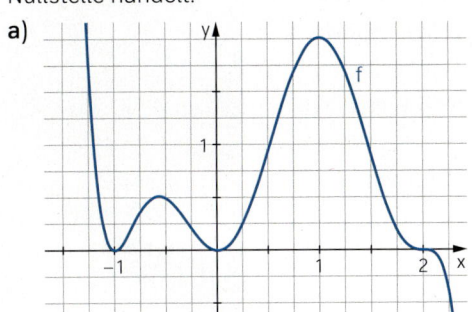
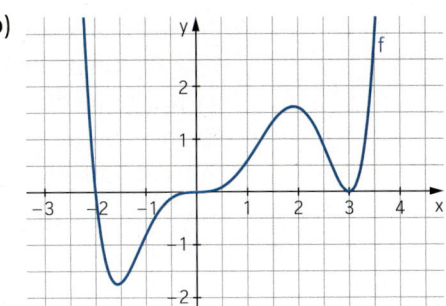

7 Der Graph der Funktion f mit
$f(x) = (x-1) \cdot (x+2) \cdot (x+1)^2 \cdot (x-2)^2 \cdot (x+3)^2$
ist abgebildet.
Übertragen Sie die Skizze in Ihr Heft. Skalieren Sie die x-Achse und zeichnen Sie die y-Achse ein.

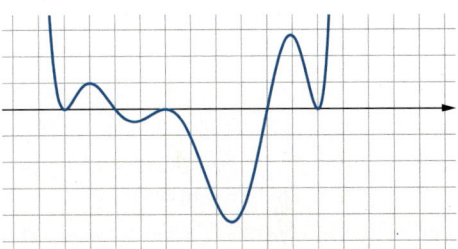

8 Informieren Sie sich, welche Möglichkeiten Ihr Rechner bietet, und bestimmen Sie mithilfe des Rechners die Nullstellen der Funktion f.

a) $f(x) = x^3 + 2x^2 - x + 1$
b) $f(x) = x^4 - x^3 - 7x^2 + 5x + 10$
c) $f(x) = \frac{1}{2}x^3 - 3x^2 + 2x + 1$
d) $f(x) = 3x^4 + 4x^3 - 24x^2 - 48x + 45$

$f(x) = 0{,}2x^3 + 0{,}1x^2 - 2{,}074x + 2{,}2542$

polyRoots$(0.2 \cdot x^3 + 0.1 \cdot x^2 - 2.074 \cdot x + 2.2542,$
$\{-3.9, 1.7, 1.7\}$

Nullstellen: $-3{,}9$ und $1{,}7$
$1{,}7$ ist eine doppelte Nullstelle von f.

9 Es ist zu sehen, wie mit einem CAS mithilfe des Befehls **factor** der Funktionsterm $f(x) = x^3 - 2x^2 + x - 2$ in ein Produkt umgeformt wurde. Faktorisieren Sie entsprechend und geben Sie die Nullstellen an.

factor$(x^3 - 2 \cdot x^2 + x - 2)$ $(x-2) \cdot (x^2 + 1)$

a) $f(x) = x^4 - 4x^3 + 5x^2 - 4x + 4$
b) $f(x) = x^5 - 6x^4 + 13x^3 - 14x^2 + 12x - 8$
c) $f(x) = x^6 - 8x^5 + 25x^4$
d) $f(x) = -40x^3 + 40x^2 - 32x + 16$
e) $f(x) = x^4 - 1$
f) $f(x) = x^4 - 2x^2 + 1$

Funktionsuntersuchung

10 ≡ Skizzieren Sie den Graphen von f. Orientieren Sie sich dabei am Globalverlauf und an den Nullstellen von f.
Kontrollieren Sie Ihr Ergebnis mit einem Rechner.

a) $f(x) = (x-1) \cdot (x-2) \cdot (x+2)$
b) $f(x) = -2(x-2)^2 \cdot (x+3)$
c) $f(x) = x^3 \cdot (x-1{,}5) \cdot (x+2)$
d) $f(x) = 1{,}5(x-1)^3 \cdot (x+5) \cdot \left(x-\frac{1}{2}\right)^2$
e) $f(x) = (x^2-9) \cdot (x-1) \cdot x^2$
f) $f(x) = (x^2-4) \cdot (x^2+1)$

11 ≡ Der Pegelstand eines Flusses ist schon bedenklich hoch. Aufgrund des Pegelstandes im Nachbarland rechnet man jedoch mit weiterem Hochwasser. Der Pegelstand (in m) kann für die nächsten 15 Tage durch die Funktion f mit
$f(t) = -0{,}00016t^4 + 0{,}036t^2 + 5$ mit t in Tagen modelliert werden.

a) Wie hoch ist der Pegelstand des Flusses am Anfang dieser Modellierung?
Bestimmen Sie ohne Verwendung eines Rechners, nach welcher Zeit der Anfangspegelstand wieder erreicht ist.

b) Bevor der Pegelstand 6 m übersteigt, müssen noch Schutzmaßnahmen für den Deich getroffen werden.
Wie viel Zeit bleibt noch für diese Maßnahmen und wie lange ist der Pegelstand vermutlich höher als 6 m?

12 ≡ Geben Sie einen möglichen Term für die Funktion mit dem dargestellten Graphen an. Beachten Sie dabei den Globalverlauf.

a)
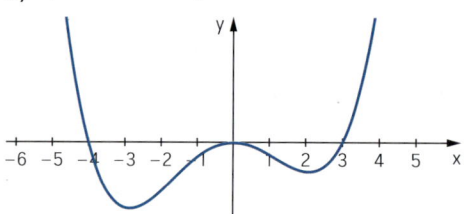

b)
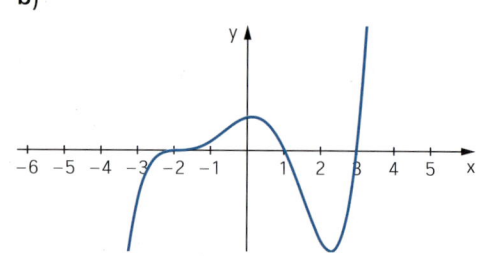

c)
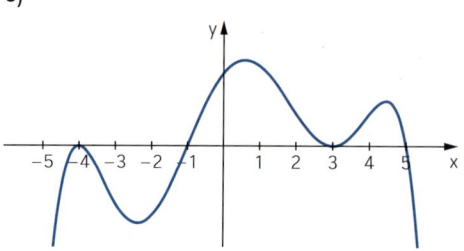

d)
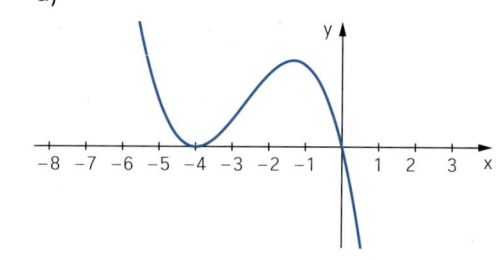

3.3 Nullstellen

13 a) Entscheiden Sie anhand des Globalverlaufs, ob die Funktion f mindestens eine Nullstelle haben muss.
(1) $f(x) = -x^5 - x^2 - 3$
(2) $f(x) = 2x^5 - 7x$
(3) $f(x) = -2x^2 - 3$
(4) $f(x) = x^4 + 2x^2 + 3$

b) Vervollständigen Sie den Satz zu einer wahren Aussage und begründen Sie:
„Die ganzrationale Funktion f vom Grad n hat mindestens eine Nullstelle, wenn der Grad n eine … Zahl ist."

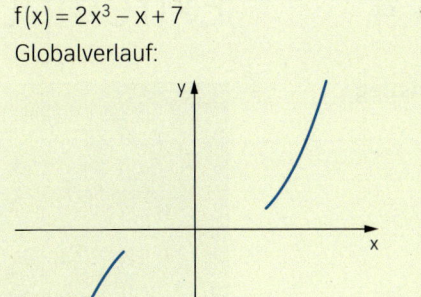

$f(x) = 2x^3 - x + 7$
Globalverlauf:

Der Graph von f muss die x-Achse schneiden.
f hat mindestens eine Nullstelle.

14 a) Zeichnen Sie die Graphen von f mit $f(x) = \frac{1}{16}x^4 - x^2$, von g mit $g(x) = \frac{1}{16}x^4 - x^2 + 2$ und von h mit $h(x) = \frac{1}{16}x^4 - x^2 + 5$ und geben Sie jeweils die Anzahl der Nullstellen an.
b) Entscheiden Sie, ob die Aussage wahr oder falsch ist. Begründen Sie dies grafisch.
(1) Eine ganzrationale Funktion vierten Grades hat mindestens eine Nullstelle.
(2) Eine ganzrationale Funktion vierten Grades kann höchstens vier Nullstellen haben.

15 Entscheiden Sie, ob die Aussage wahr oder falsch ist. Begründen Sie.
a) Jede ganzrationale Funktion 5. Grades hat genau eine Nullstelle.
b) Es gibt ganzrationale Funktionen 2. Grades, die nur eine Nullstelle haben.
c) Jede ganzrationale Funktion 3. Grades hat drei Nullstellen.
d) Es gibt ganzrationale Funktionen 3. Grades, die drei Nullstellen haben.

16 Geben Sie jeweils eine ganzrationale Funktion dritten, vierten und fünften Grades an, die genau die Nullstellen 1, 2 und 3 hat. Zeichnen Sie die Graphen mit dem GTR.

Weiterüben

17 Berechnen Sie die Nullstellen der Funktion f und kontrollieren Sie Ihre Lösung mit dem Rechner.
a) $f(x) = 2x^3 - 2x^2 - 4x$
b) $f(x) = 3x^4 - 6x^3$
c) $f(x) = (x^2 + 5)(x^2 - 8)$
d) $f(x) = -\frac{1}{2}x^5 + 2x^4 - 2x^3$
e) $f(x) = x^4 - 5x^2 + 4$
f) $f(x) = \frac{1}{3}(x^4 - 8x^2 - 9)$
g) $f(x) = -5x^4 + 15x^2$
h) $f(x) = x^6 - 4x^3 + 3$

18 Anna liest am Graphen der Funktion f die Nullstellen ab und erstellt damit den Funktionsterm:
$f(x) = \frac{3}{16}(x - 4) \cdot (x - 1) \cdot (x + 2)$
Welchen Fehler hat sie gemacht?
Korrigieren Sie den Funktionsterm.

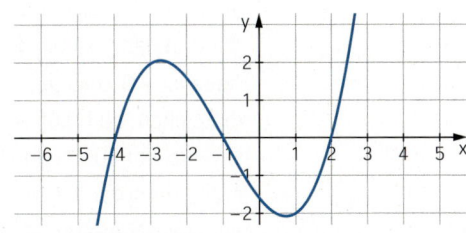

Funktionsuntersuchung

3.4 Extrempunkte

Einstieg

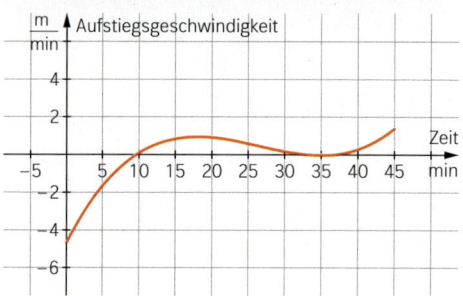

Beim Auftauchen sollen 10 Meter pro Minute nicht überschritten werden, damit die Lunge genügend Zeit hat, auf die Verminderung des Drucks zu reagieren. Ein Tauchcomputer zeichnet während eines Tauchgangs sowohl die aktuelle Höhe h im Vergleich zur Wasseroberfläche in Metern als auch die momentane Aufstiegsgeschwindigkeit h' in Metern pro Minute auf. Der abgebildete Graph von h' hat den Term
$h'(t) = \frac{1}{5000}(2t^3 - 159t^2 + 3780t - 23275)$,
wobei t die Zeit in Minuten nach Beginn des Tauchgangs bezeichnet. Die Taucherin startet an der Wasseroberfläche. Beschreiben Sie den Verlauf des Tauchgangs. Bestimmen Sie die Nullstellen von h' und deuten Sie sie im Sachzusammenhang.

Aufgabe mit Lösung

Hoch- und Tiefpunkte rechnerisch bestimmen

Gegeben ist die ganzrationale Funktion $f(x) = \frac{1}{16}x^4 - \frac{1}{3}x^3 + 1$ und ihr Graph.

→ An welchen Stellen vermuten Sie Hoch- oder Tiefpunkte? Berechnen Sie diese Stellen exakt mithilfe der Ableitung f'.

Lösung
Vermutlich liegt an der Stelle $x = 4$ ein Tiefpunkt. An dieser Stelle hat der Graph von f eine waagerechte Tangente, also eine Nullstelle der Ableitung $f'(x) = \frac{1}{4}x^3 - x^2$.
Die Gleichung $f'(x) = x^2 \cdot \left(\frac{1}{4}x - 1\right) = 0$ lässt sich exakt lösen. Sie hat die Lösungen $x_1 = 4$ und $x_2 = 0$. An der Stelle $x_1 = 4$ wechselt f' das Vorzeichen von − nach +. Der Graph von f hat an dieser Stelle einen Tiefpunkt, da f zuerst streng monoton fällt und dann wieder wächst. An der Stelle $x_2 = 0$ dagegen wechselt f' nicht das Vorzeichen, da f' auf beiden Seiten negativ ist. Also ist f auf beiden Seiten von $x_2 = 0$ streng monoton fallend. Der Graph von f hat hier einen Sattelpunkt.

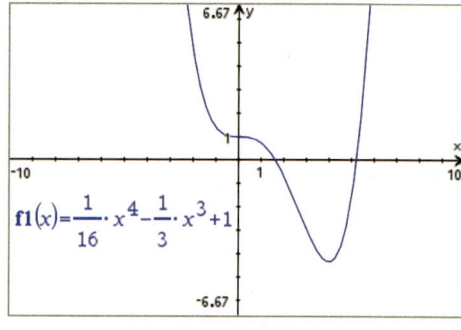

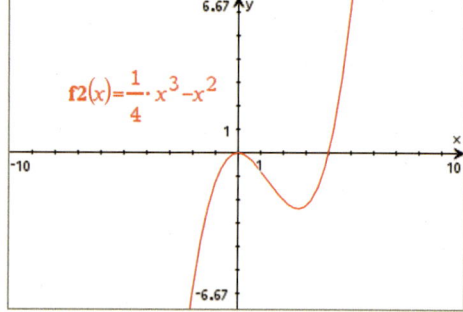

3.4 Extrempunkte

Information

Extrempunkte und Extremstellen

Definition

Hoch- und Tiefpunkte bezeichnet man auch als **Extrempunkte**. Ist $P(x_e \mid f(x_e))$ ein Extrempunkt, dann heißt x_e **Extremstelle** der Funktion f. Den Funktionswert $f(x_e)$ nennt man **Extremum**.

In einem hinreichend kleinen Intervall um x_e ist $f(x_e)$ der größte bzw. kleinste vorkommende Funktionswert.

$f(x) = \frac{1}{3}x^3 - x^2 - 3x + 2$

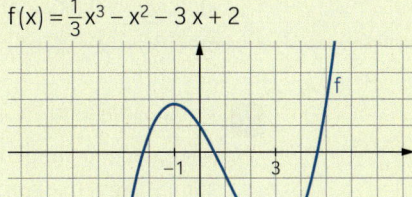

Notwendiges Kriterium für Extremstellen

Satz

Für eine Funktion f und ihre Ableitungsfunktion f' gilt:
Wenn der Graph der Funktion f an der Stelle x_e einen Extrempunkt besitzt, dann ist $f'(x_e) = 0$.

$f'(x) = x^2 - 2x - 3$

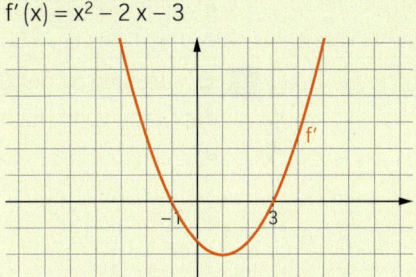

Notwendiges Kriterium: $f'(x) = 0$

-1 und 3 sind Nullstellen von f'. Dort hat der Graph von f eine waagerechte Tangente.

Hinreichendes Kriterium für Extremstellen (Vorzeichenwechsel-Kriterium)

Satz

Wenn die Ableitung f' an der Stelle x_e eine Nullstelle mit Vorzeichenwechsel hat, dann hat der Graph der Funktion f an der Stelle x_e einen Extrempunkt. Genauer gilt:

Hat f' an der Stelle x_e einen Vorzeichenwechsel von + nach −, so hat der Graph von f an der Stelle x_e einen **Hochpunkt**.

Hat f' an der Stelle x_e einen Vorzeichenwechsel von − nach +, so hat der Graph von f an der Stelle x_e einen **Tiefpunkt**.

Hinreichendes Kriterium:
Vorzeichenwechsel von f'

Links von −1 ist f' positiv, rechts von −1 negativ.
Also hat der Graph von f an der Stelle $x = -1$ einen Hochpunkt.

Links von 3 ist f' negativ, rechts von 3 positiv.
Also hat der Graph von f an der Stelle $x = 3$ einen Tiefpunkt.

An jeder Stelle x_e mit $f'(x_e) = 0$ hat der Graph von f eine waagerechte Tangente, aber nicht zwingend einen Extrempunkt. Wenn nämlich f' links und rechts von der Nullstelle das gleiche Vorzeichen hat, handelt es sich um einen Sattelpunkt.

Man sagt deshalb: Die Bedingung $f'(x_e) = 0$ ist *notwendig* für das Vorliegen eines Extrempunkts an der Stelle x_e, aber *nicht hinreichend*.

Funktionsuntersuchung

Üben

1 Berechnen Sie die Nullstellen der gegebenen Ableitungsfunktion f'. Entscheiden Sie mit dem hinreichenden Kriterium, ob die Funktion f an diesen Stellen Extrempunkte besitzt.
a) $f'(x) = x^2 - 3x - 4$
b) $f'(x) = x^3 - 4x^2$
c) $f'(x) = (x^2 - 4)(x - 1)^2$
d) $f'(x) = (x + 1)^3 (5x - 1)$

2 Berechnen Sie mithilfe der Ableitung die Stellen, an denen der Graph von f Punkte mit waagerechter Tangente besitzt. Bestimmen Sie jeweils, ob es sich um Hoch-, Tief- oder Sattelpunkte handelt, und geben Sie die Koordinaten der Punkte an.
a) $f(x) = \frac{1}{3}x^3 + \frac{7}{4}x^2 - 2x - 9$
b) $f(x) = -\frac{1}{4}x^4 + 2x^2$
c) $f(x) = \frac{1}{4}x^4 - 2x^3 + \frac{9}{2}x^2$
d) $f(x) = x^3 + 5x - 1$
e) $f(x) = \frac{1}{5}x^5 - \frac{1}{3}x^3 - 12x + 7$
f) $f(x) = x^4 - x^2 - 12$
g) $f(x) = \frac{1}{2}x^4 + \frac{4}{3}x^3$
h) $f(x) = \frac{4}{3}x^3 + 6x^2 + 9x$

3 Gegeben ist der Graph einer Ableitungsfunktion f'. Bestimmen Sie die Stellen, an denen der Graph von f Hoch-, Tief- oder Sattelpunkte hat. Begründen Sie Ihre Entscheidung.

a)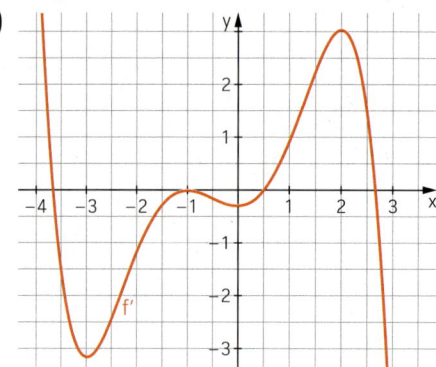
b)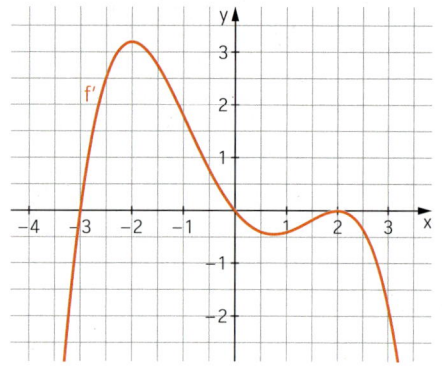

4 Nena sucht die Extremstellen der Funktion f mit $f(x) = \frac{1}{4}x^4 - x^3 + 4x + 5$ mit ihrem Taschenrechner, indem sie die Gleichung $x^3 - 3x^2 + 4 = 0$ in den Gleichungslöser ihres Taschenrechners eingibt. Der Rechner ermittelt $x_1 = -1$; $x_2 = 2$ als Lösungen.
Nena sagt: „Die Stellen –1 und 2 sind Extremstellen von f." Erläutern Sie, wie Nena die Extremstellen bestimmt hat. Was hat sie dabei übersehen? Korrigieren Sie Nenas Aussage.

5 Sophia hat die Extremstellen der Funktion f bestimmt.

> $f(x) = \frac{1}{6}x^3 - \frac{1}{4}x^2 - 3x + 1$; $f'(x) = \frac{1}{2}x^2 - \frac{1}{2}x - 3 = 0$
> Lösungen: $x_1 = -2$ und $x_2 = 3$. Beides sind einfache Nullstellen.
> Aufgrund des Globalverlaufs des Graphen von f' weiß ich, dass an der Stelle $x = -2$ ein Vorzeichenwechsel von + nach –, an der Stelle $x = 3$ von – nach + erfolgt.
> Somit hat der Graph von f an der Stelle …

a) Erläutern Sie Sophias Überlegungen und vervollständigen Sie ihren letzten Satz.
b) Untersuchen Sie genauso die Funktionen g und h auf Extremstellen.
$g(x) = -\frac{1}{16}x^4 - \frac{1}{4}x^3 + 1$
$h(x) = \frac{1}{5}x^5 - \frac{4}{3}x^3 - 2$

3.4 Extrempunkte

Extrempunkte im Sachkontext – Randextrema

6 Gegeben ist die Funktion f mit
$f(x) = \frac{1}{30}x^3 - \frac{1}{20}x^2 - \frac{7}{8}x + \frac{25}{8}$.
Ein Teil des Graphen von f soll als Modell einer BMX-Schanze dienen. Dazu wird der Definitionsbereich von f auf das Intervall [0; 5] eingeschränkt. Berechnen Sie den höchsten und den tiefsten Punkt der Schanze und skizzieren Sie ihren Verlauf.

Information

Lokale und globale Extrema
Definition
Ist $P(x_e | f(x_e))$ ein Hochpunkt einer Funktion f, so bezeichnet man $f(x_e)$ als **lokales Maximum** von f.
Ist $P(x_e | f(x_e))$ ein Tiefpunkt, so bezeichnet man $f(x_e)$ als **lokales Minimum** von f.
Ein lokales Maximum oder Minimum heißt auch **lokales Extremum**.
Der größte Funktionswert unter allen Funktionswerten im Definitionsbereich von f heißt **globales Maximum**.
Der kleinste Funktionswert unter allen Funktionswerten im Definitionsbereich von f heißt **globales Minimum**.
Ein globales Maximum oder Minimum heißt auch **globales Extremum**. Liegt es an einer Randstelle des Definitionsbereichs, so nennt man es **Randextremum**.

Definitionsbereich von f: [a; b]

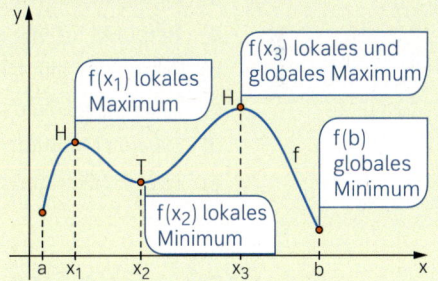

Das globale Minimum $f(b)$ ist kein lokales Minimum. Es ist ein Randextremum.
Das lokale Maximum $f(x_1)$ ist kein globales Maximum.
Der Wert $f(a)$ am linken Rand ist weder ein lokales noch ein globales Minimum.

7 Bestimmen Sie rechnerisch die lokalen Extrempunkte des Graphen. Entscheiden Sie unter Berücksichtigung des Globalverlaufs, ob es sich auch um ein globales Extremum handelt.
a) $f(x) = \frac{1}{2}x^2 + 2x + 3$
b) $f(x) = \frac{1}{2}x^4 + 16x - 1$
c) $f(x) = \frac{1}{4}x^3 - 3x + 2$
d) $f(x) = \frac{x(2x^2 + 3x - 12)}{6}$

Für eine Funktion f wurden die drei lokalen Extrempunkte $H_1(-3|4)$, $T(-1|3{,}63)$ und $H_2(4|8)$ berechnet. Für $x \to \infty$ und $x \to -\infty$ gilt $f(x) \to -\infty$. Somit gibt es kein globales Minimum, H_1 und T sind nur lokale Extrempunkte und das globale Maximum wird mit $f(4) = 8$ am zweiten Hochpunkt H_2 erreicht.

Funktionsuntersuchung

8 Bestimmen Sie anhand des Graphen von f die Koordinaten der vorhandenen Extrempunkte. Geben Sie jeweils an, ob es sich um einen lokalen oder einen globalen Extrempunkt handelt.

a)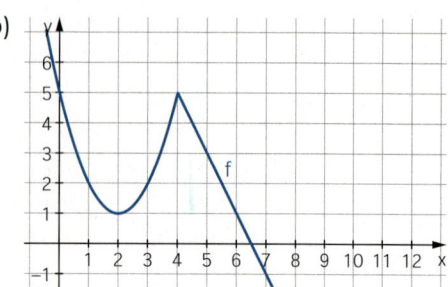

b)

9 Skizzieren Sie jeweils den Graphen einer ganzrationalen Funktion f mit den genannten Eigenschaften. Vergleichen Sie Ihre Zeichnungen miteinander.

a) Tiefpunkt für $x = -3$, Sattelpunkt im Koordinatenursprung, Hochpunkt für $x = 4$.
b) Für $x \to \infty$ gilt $f(x) \to -\infty$, für $x \to -\infty$ gilt $f(x) \to \infty$, an genau drei Stellen gilt $f'(x) = 0$.
c) $f'(1) = 0$, globales Minimum bei $x = -2$, für $x \to \infty$ und $x \to -\infty$ gilt $f(x) \to \infty$.
d) Lokales Minimum für $x = 0$, Sattelpunkt für $x = 3$, der Grad von f ist ungerade.
e) Zwei lokale Maxima, eines davon global, ein lokales Minimum.

Extremstellen bestimmen mit dem GTR

10 Grafikfähige Taschenrechner ermöglichen es, Hoch- und Tiefpunkte direkt im Zeichenfenster zu bestimmen.
Beachten Sie, dass der Rechner nur Näherungswerte ausgibt und immer nur die globalen Extrema im ausgewählten Intervall gefunden werden.
Bestimmen Sie mit Ihrem GTR jeweils alle Extrempunkte des Graphen von f. Notieren Sie Ihre Vorgehensweise.

a) $f(x) = \frac{1}{10}x^3 - \frac{1}{10}x^2 - \frac{11}{5}x + 4$
b) $f(x) = \frac{1}{3}x^5 - 3x^3 + 4x + 1$
c) $f(x) = \frac{1}{10}x^6 - 2x^5 + 7x^3 - 3x^2$
d) $f(x) = 0{,}001\,x^7 - x^4 + 2x^3 + 1$

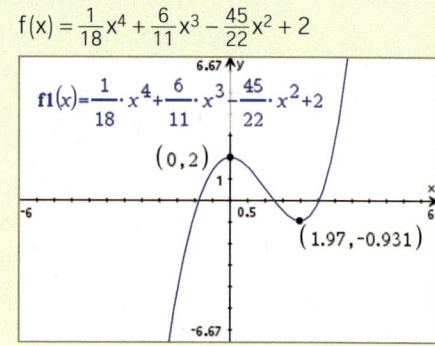

$f(x) = \frac{1}{18}x^4 + \frac{6}{11}x^3 - \frac{45}{22}x^2 + 2$

Im dargestellten Intervall $[-6; 6]$ erkennt man zwei Extrempunkte.
Da $f(x) \to +\infty$ für $x \to -\infty$ gilt, muss sich links vom Hochpunkt ein weiterer Tiefpunkt befinden. Diesen findet man nach Vergrößerung des Zeichenbereichs etwa bei $T_2(-9{,}336 | -198{,}082)$.
Da eine Funktion vierten Grades höchstens drei Extremstellen haben kann, gibt es keine weiteren Extremstellen.

3.4 Extrempunkte

11 Ermitteln Sie mit dem GTR grafisch oder numerisch die Nullstellen von f'. Entscheiden Sie mithilfe des Vorzeichenwechsel-Kriteriums, ob an diesen Stellen Hoch-, Tief- oder Sattelpunkte von f vorliegen.

a) $f(x) = \frac{1}{4}x^3 - \frac{3}{2}x^2 + 3x + 5$
b) $f(x) = \frac{1}{8}x^4 + \frac{1}{3}x^3 - x^2 - 3$
c) $f(x) = \frac{1}{3}x^3 + \frac{1}{2}x^2 - 6x - 4$
d) $f(x) = x^5 - 5x^4 + 5x^3 + 1$

Weiterüben

12 Ergänzen Sie jeder für sich die folgenden Sätze. Vergleichen Sie anschließend Ihre Formulierungen miteinander.

a) Der Graph einer Funktion f hat an der Stelle x_0 einen Tiefpunkt, wenn …
b) Wenn $f'(x) > 0$ für alle x aus einem Intervall I, dann …
c) Einen Sattelpunkt von f erkennt man bei f' daran, dass …
d) Ist $f'(x) \neq 0$ für alle x aus einem Intervall I, dann …
e) f ist in einem Intervall I steng monoton fallend, wenn …
f) Ist x_0 eine doppelte Nullstelle einer Ableitungsfunktion f', dann …
g) Ist x_0 eine doppelte Nullstelle einer Funktion f, dann …

13 Dargestellt ist der Graph der Funktion f.

a) Entscheiden Sie begründet, welche der folgenden Aussagen über f und die Ableitung f' wahr oder falsch sind:

(1) f hat bei x_1 ein lokales Minimum.
(2) f' wechselt des Vorzeichen bei x_2.
(3) f' hat einen Hochpunkt bei x_3.
(4) Es gilt $f'(x_4) = 0$ und $f(x_4) = 0$.
(5) Zwei der Stellen x_1, x_2, x_3, x_4 sind Nullstellen von f'.
(6) f hat keine globalen Extrempunkte.

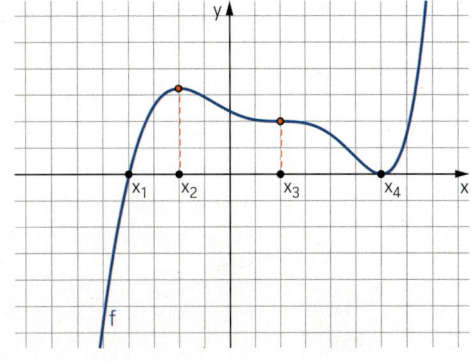

b) Skizzieren Sie einen möglichen Verlauf des Graphen der Ableitungsfunktion f'.

14 Begründen Sie mithilfe der Teilaufgaben a) bis c) folgenden Satz: Eine ganzrationale Funktion vom Grad n hat höchstens n Nullstellen und n − 1 Extremstellen. Verwenden Sie das notwendige Kriterium für Extremstellen und argumentieren Sie mit dem Verlauf des Graphen.

a) Begründen Sie, dass eine quadratische Funktion höchstens zwei Nullstellen hat. Folgern Sie, dass eine ganzrationale Funktion dritten Grades höchstens zwei Extremstellen und drei Nullstellen hat.
b) Folgern Sie aus Teilaufgabe a), dass eine ganzrationale Funktion vierten Grades höchstens drei Extremstellen und höchstens vier Nullstellen hat.
c) Nehmen Sie an, dass Sie schon wissen, dass eine ganzrationale Funktion vom Grad n − 1 höchstens n − 2 Extremstellen und n − 1 Nullstellen hat.
Folgern Sie daraus, dass eine ganzrationale Funktion vom Grad n höchstens n − 1 Extremstellen und n Nullstellen hat.

Funktionsuntersuchung

3.5 Aspekte von Funktionsuntersuchungen

Einstieg

Der Innenbogen einer großen Brücke kann näherungsweise durch die Funktion f mit
$$f(x) = -\frac{1}{15\,000}x^4 - \frac{1}{30}x^2 + 24$$
in der Einheit Meter, wobei $f(x) \geq 0$ ist, beschrieben werden.
Bestimmen Sie die Spannweite und die Höhe des Bogens.

Aufgabe mit Lösung

Rechnerische Untersuchung einer Funktion

Gegeben ist die Funktion f mit
$f(x) = x^3 - 3{,}9x^2 + 5{,}04x$.
Der Graph von f ist abgebildet.

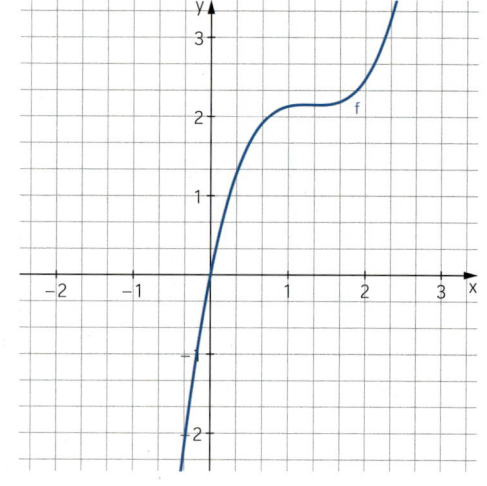

→ Ermitteln Sie rechnerisch die wichtigsten Eigenschaften von f. Welche der Eigenschaften lassen sich gut am Graphen erkennen, welche nicht?

Lösung

(1) Globalverlauf:

Der Summand mit dem größten Exponenten ist x^3. Das Vorzeichen ist positiv und der Exponent ist ungerade. Damit ergibt sich folgender Globalverlauf:

Für $x \to \infty$ gilt $f(x) \to \infty$ und für $x \to -\infty$ gilt $f(x) \to -\infty$.

(2) Symmetrie:

Der Funktionsterm enthält Potenzen von x mit geraden und mit ungeraden Exponenten. Der Graph von f ist also weder achsensymmetrisch zur y-Achse, noch ist er punktsymmetrisch zum Koordinatenursprung.

(3) Nullstellen:

Es gilt: $f(x) = x^3 - 3{,}9x^2 + 5{,}04x = x \cdot (x^2 - 3{,}9x + 5{,}04)$.
Die Gleichung $x^2 - 3{,}9x + 5{,}04 = 0$ führt zu $x_1 = 1{,}95 - \sqrt{-1{,}2375}$ bzw. $x_2 = 1{,}95 + \sqrt{-1{,}2375}$ und hat somit keine Lösungen. Aus der Gleichung $x = 0$ ergibt sich 0 als einzige Nullstelle von f.

(4) Extremstellen:

Es gilt $f'(x) = 3x^2 - 7{,}8x + 5{,}04$. Man berechnet die Nullstellen von f' wie folgt:

$$3x^2 - 7{,}8x + 5{,}04 = 0 \quad |:3$$
$$x^2 - 2{,}6x + 1{,}68 = 0$$

Daraus erhält man die Nullstellen $x_1 = 1{,}3 - \sqrt{1{,}3^2 - 1{,}68} = 1{,}3 - \sqrt{0{,}01} = 1{,}3 - 0{,}1 = 1{,}2$ und entsprechend $x_2 = 1{,}3 + 0{,}1 = 1{,}4$.

3.5 Aspekte von Funktionsuntersuchungen

Mögliche Extremstellen von f sind also 1,2 und 1,4. Da der Graph von f′ eine nach oben geöffnete Parabel ist, findet bei beiden Nullstellen ein Vorzeichenwechsel statt. Also sind die Nullstellen von f′ auch Extremstellen von f. An der Art des Vorzeichenwechsels erkennt man, dass an der Stelle $x = 1{,}2$ ein Hochpunkt und an der Stelle $x = 1{,}4$ ein Tiefpunkt liegt.

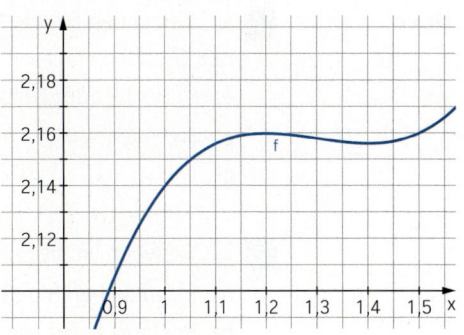

Der Graph von f hat somit den Hochpunkt $H(1{,}2\,|\,2{,}16)$ und den Tiefpunkt $T(1{,}4\,|\,2{,}156)$. Bis auf die Extrempunkte lassen sich alle Eigenschaften oben am Graphen gut erkennen. Um zu erkennen, dass es einen Hochpunkt und einen Tiefpunkt gibt, muss man den Bildausschnitt stark vergrößern.

Information

Aspekte der Untersuchung von ganzrationalen Funktionen

Globalverlauf:
Summand mit der höchsten Potenz der Variablen betrachten.

Symmetrie:
Prüfen, ob nur gerade oder nur ungerade Exponenten bei der Funktionsvariablen auftreten.

Nullstellen:
Die Gleichung $f(x) = 0$ lösen.

Extrempunkte:
Die Gleichung $f'(x) = 0$ lösen und prüfen, welche Lösungen Extremstellen sind; anschließend die zugehörigen Funktionswerte bestimmen. An der Art des Vorzeichenwechsels der Nullstellen von f′ entscheiden, ob ein Hochpunkt oder ein Tiefpunkt vorliegt.

$f(x) = \frac{1}{3}x^3 - 3x$

Da $n = 3$ ungerade und $a_3 = \frac{1}{3} > 0$, gilt $f(x) \to \infty$ für $x \to \infty$ und $f(x) \to -\infty$ für $x \to -\infty$.

Im Funktionsterm von f treten nur ungerade Exponenten bei den Potenzen von x auf.
Daher ist der Graph von f punktsymmetrisch zum Koordinatenursprung.

$\frac{1}{3}x^3 - 3x = \frac{1}{3}x \cdot (x^2 - 9) = 0$ hat die Lösungen
$x = 0$, $x = 3$ und $x = -3$.

$f'(x) = x^2 - 3$;
$x^2 - 3 = 0$ hat die Lösungen $x = \sqrt{3}$ und $x = -\sqrt{3}$.
Der Graph von f′ ist eine nach oben geöffnete Parabel, deshalb hat f′ an der Nullstelle $x = -\sqrt{3}$ einen Vorzeichenwechsel von + nach −, also liegt dort ein Hochpunkt $H(-\sqrt{3}\,|\,2\sqrt{3})$.
An der Nullstelle $x = \sqrt{3}$ hat f′ einen Vorzeichenwechsel von − nach +, also liegt dort ein Tiefpunkt $T(\sqrt{3}\,|\,-2\sqrt{3})$.

Funktionsuntersuchung

Üben

1 Berechnen Sie die Nullstellen der Funktion f. Bestimmen Sie die Koordinaten der Punkte des Graphen von f mit waagerechter Tangente und untersuchen Sie jeweils, ob es sich um einen Hoch- oder Tiefpunkt handelt. Skizzieren Sie den Funktionsgraphen.

a) $f(x) = \frac{2}{3}x^3 - 4x^2 + 6x$
b) $f(x) = \frac{1}{32}x^4 - \frac{1}{2}x^2$
c) $f(x) = -\frac{1}{3}x^3 + \frac{1}{2}x^2 + 2x$
d) $f(x) = x^6 + x^3 - 2$

2 Gegeben ist die Funktion f mit $f(x) = \frac{1}{16}x^4 - 2x^2 + 7$.

a) Untersuchen Sie den Globalverlauf sowie das Symmetrieverhalten des Graphen von f.
b) Bestimmen Sie die Nullstellen von f.
c) Bestimmen Sie die Koordinaten der Punkte mit waagerechter Tangente und begründen Sie jeweils mithilfe des Globalverlaufs und des Symmetrieverhaltens, ob es sich um einen Hoch- oder Tiefpunkt handelt.

3 Es wird das Wachstum einer Schimmelpilzkultur beobachtet. Die Funktion f mit $f(t) = 27t^2 - 5t^4$ beschreibt die Änderungsrate des Wachstumsprozesses (t in Tagen ab Beobachtungsbeginn, f(t) in cm² pro Tag).

a) Untersuchen Sie, wann die Änderungsrate maximal ist, und erläutern Sie die Bedeutung dieses Zeitpunkts für den Wachstumsprozess.
b) Berechnen Sie die positive Nullstelle der Funktion f und beschreiben Sie ihre Bedeutung im Sachzusammenhang.

4 Auf einem ebenen Gelände neben einer Siedlung wird ein Lärmschutzwall mit angrenzendem Abwassergraben gebaut. Das Profil des Querschnitts kann für $0 \leq x \leq 7$ näherungsweise durch den Graphen von f mit
$f(x) = 0,1x^3 - 1,3x^2 + 4,2x$ beschrieben

werden, wobei das ebene Gelände durch die x-Achse dargestellt wird (x und f(x) in m). Bestimmen Sie die Breite und die Höhe des Walls sowie die Breite und die Tiefe des Grabens. Geben Sie die Ergebnisse auf cm genau an. Zeichnen Sie den Querschnitt von Lärmschutzwall und Abflussgraben.

5 Die Steighöhe h eines Heißluftballons über dem Boden (in m) wird im Zeitraum von 0 bis 15 Minuten durch die Funktion $h(t) = 6t^2 - 0,4t^3$, t in min, beschrieben.

a) Berechnen Sie die größte Höhe des Ballonfluges und den Zeitpunkt der Landung.
b) Ermitteln Sie, wann der Ballon wieder am Boden wäre, wenn die Sinkgeschwindigkeit sich ab dem Zeitpunkt $t = 12$ Minuten nicht mehr ändern würde.

3.5 Aspekte von Funktionsuntersuchungen

6 ≡ In dieser Aufgabe sollen Sie die Eigenschaften der Funktion nutzen, um die Lage und Skalierung des Koordinatensystems zu ermitteln.

a) $f(x) = -\frac{1}{5}x^3 + 2x^2 - 5x$

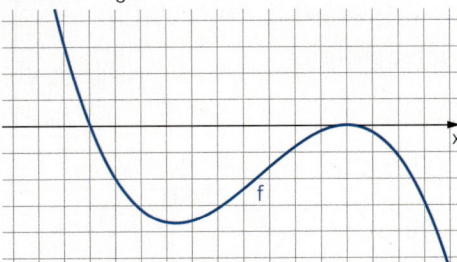

b) $f(x) = -\frac{1}{3}x^3 - x^2 + 15$

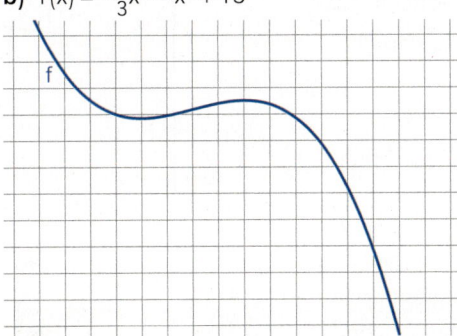

$f(x) = -\frac{1}{4}x^4 - \frac{1}{3}x^3 + x^2$

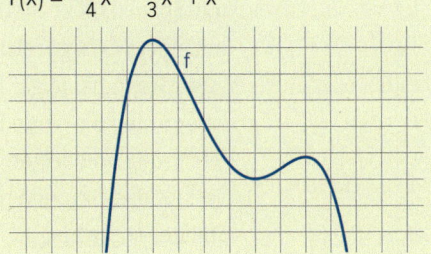

Untersuchung der Lage der Extrempunkte:

Die Nullstellen von f′ sind $x_1 = -2$, $x_2 = 0$ und $x_3 = 1$. Hierdurch liegt die Skalierung der x-Achse fest.

$f(-2) = \frac{8}{3}$, $f(0) = 0$, woraus sich die Skalierung der y-Achse ergibt.

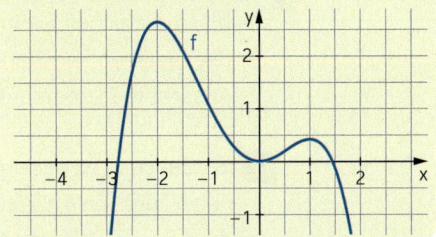

7 ≡ Ordnen Sie ohne Verwendung eines Taschenrechners die abgebildeten Graphen anhand ihrer Eigenschaften den Funktionen f, g und h zu. Begründen Sie.

$f(x) = 0{,}5x^3 - 2x$
$g(x) = 2x^3 - 8x^2 + 8x$
$h(x) = -0{,}5x^3 + 2x$

8 ≡ Malte hat den Graphen der Funktion f mit $f(x) = -0{,}1x^4 + 0{,}4x^3 + 1{,}8x^2$ mithilfe eines Rechners gezeichnet.

Emma behauptet: „Man sieht aber nicht alles Wichtige! Die Funktion f hat doch drei Nullstellen und drei Extrempunkte."

Nehmen Sie Stellung zu Emmas Behauptung.

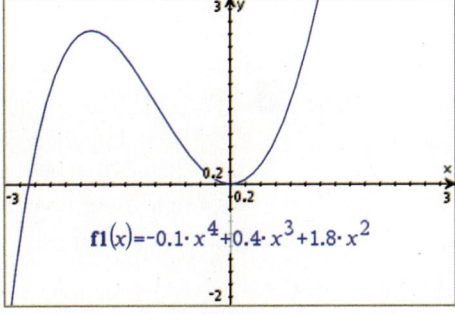

Funktionsuntersuchung

9 ≡ Mika hat den Graphen der Funktion f mit $f(x) = 0{,}02x^3 - 0{,}09x^2 + 0{,}12x + 4{,}95$ mit einem GTR gezeichnet und behauptet: „Der Graph hat ja gar keine Extrempunkte." Überprüfen Sie seine Behauptung durch Rechnung und zeigen Sie den wesentlichen Verlauf des Graphen mit einer geeigneten Fenstereinstellung.

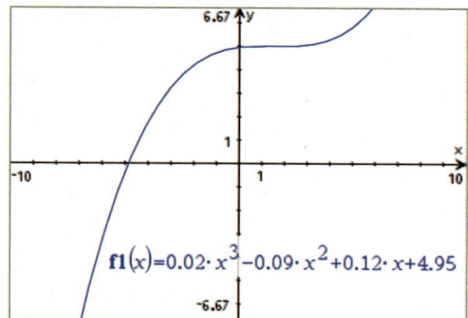

10 ≡ Der Graph der Funktion f mit $f(x) = x^4 - 6{,}8x^3 - 52x^2 + 530{,}4x$ ist abgebildet.

a) Begründen Sie ohne zu rechnen, dass der Graph mindestens einen Tiefpunkt haben muss.

b) Untersuchen Sie mithilfe eines Rechners, ob der Graph im gezeichneten Ausschnitt Extrempunkte hat.

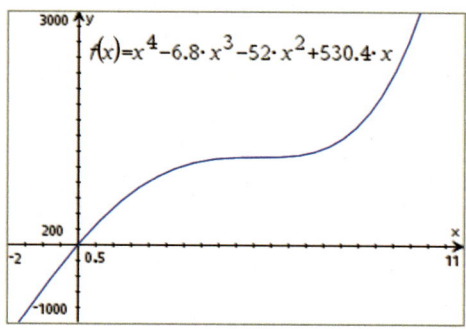

11 ≡ Gegeben ist der Graph einer ganzrationalen Funktion 4. Grades. Begründen Sie, dass der abgebildete Ausschnitt nicht alle wesentlichen Eigenschaften des Graphen zeigt.

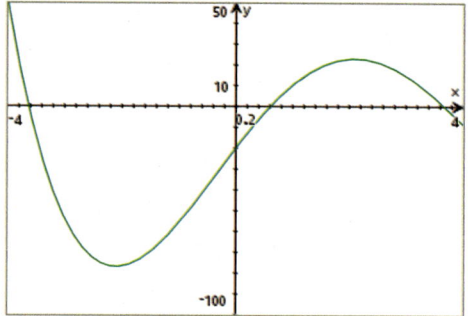

Das kann ich noch!

A Berechnen Sie das Volumen der dargestellten Körper (Maße in cm). Wie schwer ist der Körper, wenn er aus Holz mit einer Dichte von $0{,}69 \, \frac{g}{cm^3}$ besteht?

B Das Volumen einer quadratischen Pyramide mit einer Grundkantenlänge von 24 mm beträgt 13,44 cm³. Berechnen Sie die Höhe der Pyramide.

1)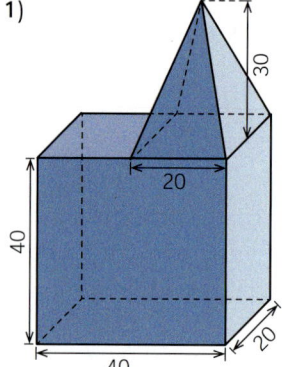

2)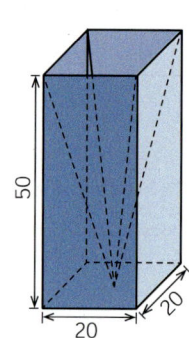

3.5 Aspekte von Funktionsuntersuchungen

Tangenten und Normalen

12 a) Zeichnen Sie die Normalparabel.
Stellen Sie einen Taschenspiegel oder ein Geodreieck so auf den Punkt P(2,5 | 6,25), dass der Verlauf des Spiegelbildes der Parabel den Verlauf der Parabel auf dem Papier knickfrei fortsetzt. Markieren Sie die Kante des Spiegels auf dem Papier; diese ist orthogonal zur Tangenten im Punkt P. Zeichnen Sie die Tangente ein und bestimmen Sie deren Steigung sowie die Steigung der Spiegelkante. Was fällt auf?

b) Begründen Sie den in der Information angegebenen Satz.

Information

Definition
Unter der **Normalen** des Graphen einer Funktion in einem Punkt P versteht man die Orthogonale zur Tangente an den Funktionsgraphen in diesem Punkt.

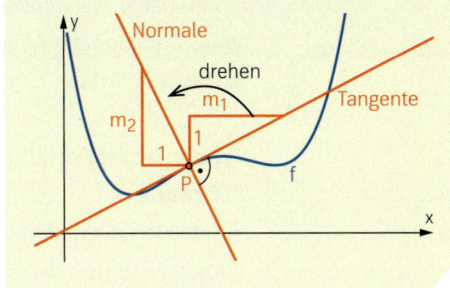

Satz
Für die Steigung der Tangente m_1 und die Steigung der Normalen m_2 gilt: $m_2 = \frac{-1}{m_1}$

13 Gegeben ist die Funktion f mit $f(x) = x^3 - 6x^2 + 9x$.
a) Die Tangente an den Graphen von f an der Stelle $x = 2$ bildet mit den beiden Koordinatenachsen ein Dreieck. Berechnen Sie seinen Flächeninhalt.
b) Bestimmen Sie die Gleichung der Ursprungsgeraden, die den Graphen von f in seinem Hochpunkt schneidet.

14 Gegeben ist die Funktion f mit $f(x) = -4x^3 + 6x^2 - 1$.
a) Bestimmen Sie die Gleichung der Normalen des Graphen an der Stelle $x = \frac{1}{2}$.
b) Die Tangente im Tiefpunkt des Graphen von f schneidet den Graphen in einem Punkt S. Berechnen Sie die Koordinaten von S.

Weiterüben

15 Unten links ist der Graph der Funktion f mit $f(x) = (x + 2)^2 \cdot x^3 \cdot (x - 2)$ abgebildet. Geben Sie jeweils einen möglichen Funktionsterm für die Graphen der Funktionen f_1, f_2 und f_3 an. Erläutern Sie, wie die Graphen von f_1, f_2 und f_3 aus dem Graphen von f hervorgehen.

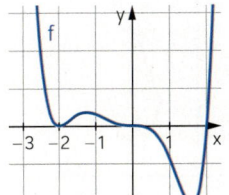 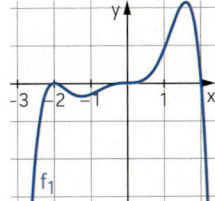 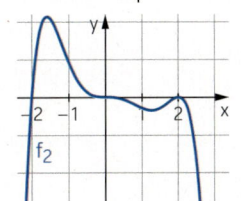 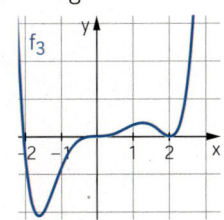

Fokus

Klassifikation ganzrationaler Funktionen 3. Grades

1 Gegeben sind die Funktionen f_1, f_2 und f_3 mit
$f_1(x) = x^3$; $\qquad f_2(x) = x^3 - x$; $\qquad f_3(x) = x^3 + x$.

a) Skizzieren Sie die Graphen der drei Ableitungsfunktionen. Untersuchen Sie jeweils mithilfe des Graphen der Ableitungsfunktion die Form des Graphen der Ausgangsfunktion, insbesondere im Hinblick auf die Anzahl und Art der Extrempunkte und der Punkte mit extremaler Steigung.

b) Der Graph der Ableitungsfunktion f′ einer ganzrationalen Funktion 3. Grades ist immer eine Parabel.
Untersuchen Sie die verschiedenen Möglichkeiten für die Lage einer Parabel im Koordinatensystem und die Auswirkungen auf den Graphen von f, insbesondere im Hinblick auf die Anzahl und Art der Extrempunkte und der Punkte mit extremaler Steigung.

Typen ganzrationaler Funktionen 3. Grades

Für den Graphen einer ganzrationalen Funktion f dritten Grades mit
$f(x) = ax^3 + bx^2 + cx + d$ und $a \neq 0$ gibt es drei Möglichkeiten:

(1) Der Graph von f hat einen Hochpunkt und einen Tiefpunkt und sonst keine weiteren Punkte mit einer waagerechten Tangente.

(2) Der Graph von f hat einen Sattelpunkt und sonst keine weiteren Punkte mit einer waagerechten Tangente.

(3) Der Graph von f hat keine Punkte mit einer waagerechten Tangente.

Die Parabel zu f′ hat zwei Schnittpunkte mit der x-Achse.

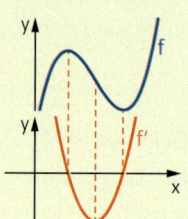 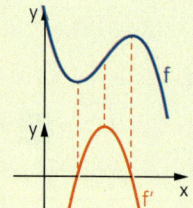

Die Parabel zu f′ berührt die x-Achse.

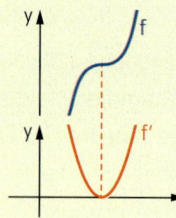 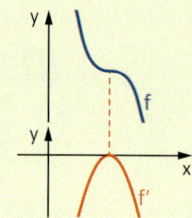

Die Parabel zu f′ hat keine gemeinsamen Punkte mit der x-Achse.

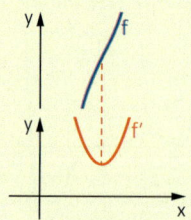 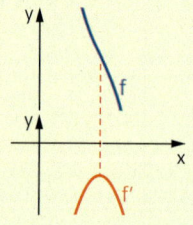

Fokus

2 Eine ganzrationale Funktion 3. Grades hat als Funktionsterm $f(x) = x^3 - kx$ mit $k \in \mathbb{R}$.
Untersuchen Sie, für welche Werte von k der Graph von f Extrempunkte hat und für welche Werte von k der Graph von f keine Punkte mit waagerechter Tangente hat.

3 Die Abbildungen zeigen einen Ausschnitt einer ganzrationalen Funktion 3. Grades.
Wie viele Nullstellen hat die Funktion? Begründen Sie.

a)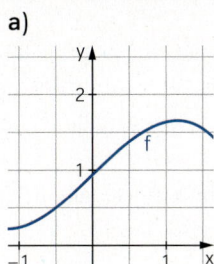
b)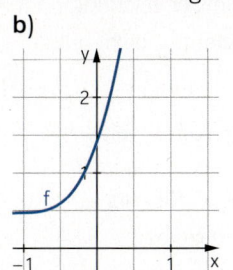
c)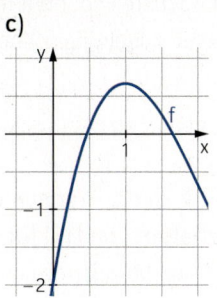
d)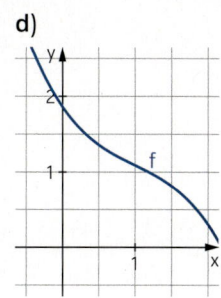

4 a) Gegeben ist die Ableitungsfunktion f' mit $f'(x) = (x - 2)^2 + 3$. Begründen Sie, dass der Graph der zugehörigen Ausgangsfunktion f genau eine Nullstelle hat.
b) Begründen Sie folgenden Satz.

Satz
Eine ganzrationale Funktion f dritten Grades mit $f(x) = ax^3 + bx^2 + cx + d$ hat eine, zwei oder drei Nullstellen.

Punktsymmetrie ganzrationaler Funktionen 3. Grades

Der Graph der Ableitungsfunktion einer ganzrationalen Funktion 3. Grades ist stets eine Parabel. Diese hat im Scheitelpunkt ein Minimum oder Maximum und ist achsensymmetrisch zu einer zur y-Achse parallelen Gerade durch ihren Scheitelpunkt.

Daraus ergibt sich folgender Satz:

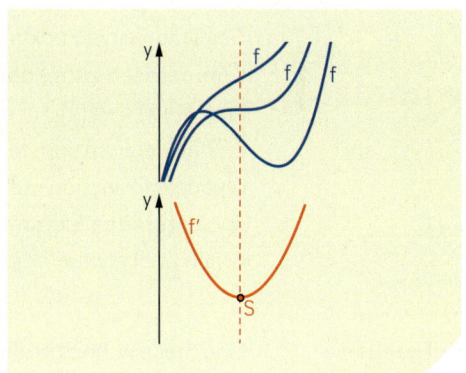

Satz
Der Graph einer ganzrationalen Funktion 3.Grades hat immer einen Punkt mit extremaler Steigung (Wendepunkt), zu dem er punktsymmetrisch ist.

5 Die Funktion f ist eine ganzrationale Funktion 3. Grades.
a) Der Graph von f hat den Hochpunkt $H(2|7)$ und den Tiefpunkt $T(6|5)$.
Bestimmen Sie den Wendepunkt. Skizzieren Sie den Graphen.
b) Der Graph von f hat den Hochpunkt $H(-2|4)$ und den Wendepunkt $W(1|1)$.
Bestimmen Sie die Koordinaten des Tiefpunktes. Skizzieren Sie den Graphen.

Das Wichtigste auf einen Blick

Ganzrationale Funktion – Globalverlauf

Eine Funktion, deren Term sich in der Form $a_n x^n + a_{n-1} x^{n-1} + \ldots + a_1 x + a_0$ mit $n \in \mathbb{N}$, $a_0, a_1, a_2, \ldots, a_n \in \mathbb{R}$ schreiben lässt, heißt **ganzrationale Funktion**.
Als **Grad** der ganzrationalen Funktion wird der höchste Exponent n von x bezeichnet, dessen zugehöriger Koeffizient a_n nicht null ist.

Bei einer ganzrationalen Funktion f mit $f(x) = a_n x^n + a_{n-1} x^{n-1} + \ldots + a_1 x + a_0$ mit $a_n \neq 0$ ist der Summand $a_n x^n$ **für das Verhalten von f(x) für** $x \to \infty$ bzw. $x \to -\infty$ verantwortlich.

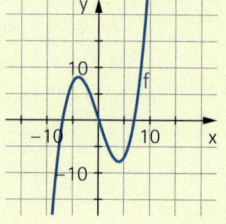

$f(x) = \frac{1}{16} x^3 - 3x$

Für $x \to \infty$ gilt: $f(x) \to \infty$
Für $x \to -\infty$ gilt: $f(x) \to -\infty$

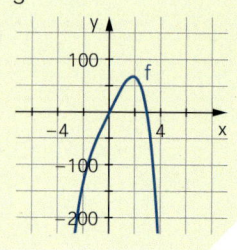

$f(x) = -2x^4 + 50x - 3$

Für $x \to \infty$ gilt: $f(x) \to -\infty$
Für $x \to -\infty$ gilt: $f(x) \to -\infty$

Symmetrie des Funktionsgraphen

Der Graph einer Funktion f ist **achsensymmetrisch zur y-Achse**, falls $f(-x) = f(x)$ für alle x gilt, sonst nicht.
Enthält der Funktionsterm einer ganzrationalen Funktion nur Potenzen von x mit **geraden Exponenten**, so ist der Graph achsensymmetrisch zur y-Achse.

Der Graph einer Funktion f ist **punktsymmetrisch zum Koordinatenursprung**, falls $f(-x) = -f(x)$ für alle x gilt, sonst nicht.
Enthält der Funktionsterm einer ganzrationalen Funktion nur Potenzen von x mit **ungeraden Exponenten**, so ist der Graph punktsymmetrisch zum Ursprung.

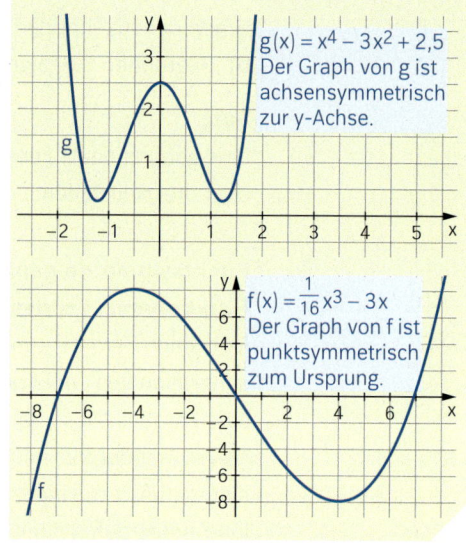

$g(x) = x^4 - 3x^2 + 2{,}5$
Der Graph von g ist achsensymmetrisch zur y-Achse.

$f(x) = \frac{1}{16} x^3 - 3x$
Der Graph von f ist punktsymmetrisch zum Ursprung.

Nullstellen einer ganzrationalen Funktion

Eine Stelle x_0 heißt **Nullstelle** der Funktion f, falls gilt: $f(x_0) = 0$.
Ist der Funktionsterm f(x) ein Produkt, so ist jede Nullstelle von f auch Nullstelle eines der Faktoren. An einfachen, dreifachen … Nullstellen wechseln die Funktionswerte das Vorzeichen, an doppelten, vierfachen … Nullstellen wechseln sie es nicht.

Eine ganzrationale Funktion f vom Grad n hat höchstens n Nullstellen. Ist n ungerade, so hat f mindestens eine Nullstelle.

$f(x) = (x + 3) \cdot (x - 1)^2$
Faktoren: $(x + 3)$ und $(x - 1)^2$
-3 ist eine einfache Nullstelle.
1 ist eine doppelte Nullstelle.

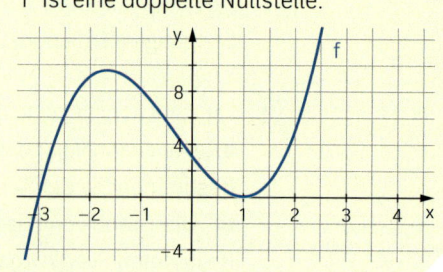

Das Wichtigste auf einen Blick

Kriterien für Extremstellen

Stellen, an denen der Graph einer Funktion f Hoch- oder Tiefpunkte hat, heißen **Extremstellen** von f.

Notwendiges Kriterium
An jeder Extremstelle x_e gilt: $f'(x_e) = 0$
Aber nicht bei allen Nullstellen von f' müssen Extremstellen von f vorliegen.

Ein **hinreichendes Kriterium** ist das **Vorzeichenwechsel-Kriterium**.
Es gilt:
(1) Ist $f'(x_e) = 0$ und wechselt f' an der Stelle x_e das Vorzeichen **von + nach −**, so hat f an der Stelle x_e einen **Hochpunkt**.
(2) Ist $f'(x_e) = 0$ und wechselt f' an der Stelle x_e das Vorzeichen **von − nach +**, so hat f an der Stelle x_e einen **Tiefpunkt**.

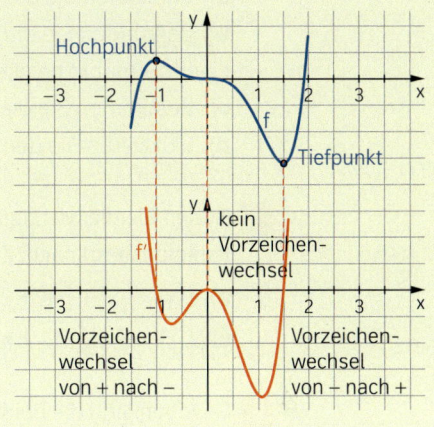

$f(x) = 8x^5 - 5x^4 - 20x^3$
$f'(x) = 40x^4 - 20x^3 - 60x^2$
$f'(x) = 0: \ 20x^2 \cdot (2x^2 - x - 3) = 0$
$x = 0$ oder $x = -1$ oder $x = \frac{3}{2}$

Klausurtraining

Lösungen im Anhang

Teil A   **Lösen Sie die folgenden Aufgaben ohne Formelsammlung und ohne Taschenrechner.**

1 Ermitteln Sie die Nullstellen der Funktion.
   a) $f(x) = (x + 3) \cdot (x - 4)^2 \cdot x$
   b) $f(x) = (x + 3) \cdot \left(x^2 + \frac{2}{3}x - \frac{1}{3}\right)$
   c) $f(x) = x^3 + 5x^2 + 6x$
   d) $f(x) = 2x^4 - 26x^2 + 72$

2 Skizzieren Sie den Graphen anhand des Globalverlaufs und der Vielfachheit der Nullstellen.
   a) $f(x) = (x - 2) \cdot (x + 1)^2$
   b) $f(x) = (x^2 + 1) \cdot (x + 2)^3$

3 Gegeben ist der Graph einer Ableitungsfunktion f'.
   a) An welchen Stellen hat der Graph von f im Intervall [−5; 3] Hoch- oder Tiefpunkte? Was können Sie über den Verlauf des Graphen von f an der Stelle $x = -1$ aussagen? Begründen Sie Ihre Antwort.
   b) Skizzieren Sie einen möglichen Verlauf des Graphen von f im Intervall [−5; 3].

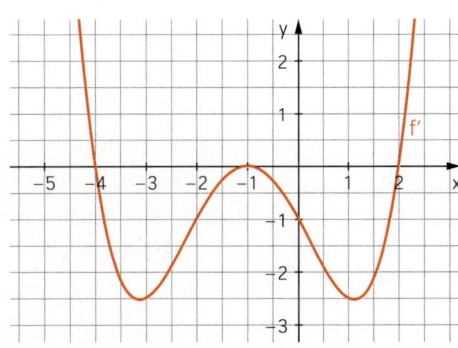

127

Klausurtraining

Lösungen im Anhang

Teil B   **Bei der Lösung dieser Aufgaben können Sie die Formelsammlung und den Taschenrechner verwenden.**

4 Gegeben ist die Funktion f mit $f(x) = \frac{1}{8}x^5 - x^2$.
 a) Berechnen Sie die Nullstellen von f und bestimmen Sie den Globalverlauf des Graphen.
 b) Begründen Sie ohne weitere Rechnung, dass der Graph von f genau einen Hoch- und einen Tiefpunkt besitzt.
 c) Bestimmen Sie die Koordinaten des Hochpunkts.
 d) Skizzieren Sie den Funktionsgraphen.

5 Geben Sie die wichtigsten Eigenschaften des Graphen von f an und weisen Sie diese am Funktionsterm nach. Zeichnen Sie den Funktionsgraphen.
 a) $f(x) = \frac{1}{9}x^4 + \frac{8}{9}x^3 + 2x^2$ b) $f(x) = \frac{1}{2}(x-1)^2(x+3)$
 c) $f(x) = x^3 - \frac{7}{2}x^2 - 6x$ d) $f(x) = x^4 - 10x^2 + 9$

6 Gegeben sind die beiden Funktionen f und g mit $f(x) = -x^3 - x^2 + x + 1$ und $g(x) = 2x^2 - 8x - 1$.
 Bestimmen Sie die Stellen, an denen die Tangente an den Graphen von f parallel zur Tangente an den Graphen von g ist.

7 Auf einem ebenen Gelände neben einer Siedlung wird ein Lärmschutzwall gebaut. Das Profil seines Querschnittes kann näherungsweise durch die Funktion f mit
$f(x) = \frac{1}{80} \cdot x^4 - \frac{5}{8} \cdot x^2 + \frac{125}{16}$ mit $-5 \leq x \leq 5$ und x und f(x) in Metern beschrieben werden.
 a) Zeichnen Sie den Querschnitt des Lärmschutzwalls.
 Wie hoch wird der Wall werden?
 b) Es ist geplant, den Wall in 5 Meter Höhe abzutragen, um darauf einen Weg zur Pflege und Reparatur des Walls anzulegen.
 Wie breit würde dieser Weg werden?

8 Bei einem Flug im Heißluftballon konnte aufgrund genauer Aufzeichnungen während des Flugs eine Funktion h ermittelt werden, welche die Flughöhe h(t) (in m ü. NN) in Abhängigkeit von der Flugzeit t (in min) näherungsweise beschreibt:
 $h(t) = 0{,}00002 \cdot t^4 - 0{,}003 \cdot t^3 - 0{,}014 \cdot t^2 + 11{,}69 \cdot t + 127$

 a) Stellen Sie die Flugkurve grafisch dar.
 Auf welcher Höhe liegt der Startplatz?
 Wie hoch liegt der Landeplatz nach dem Flug, der 1 h 40 min gedauert hat?
 b) Zu welchem Zeitpunkt erreichte der Ballon seine maximale Höhe?
 Wie groß war diese?
 In welchen Zeitintervallen befand sich der Ballon im Steig- bzw. Sinkflug?

Wahrscheinlichkeitsrechnung 4

▲ Wahrscheinlichkeiten geben Auskunft darüber, mit welchen Chancen ein Ereignis eintritt.
In einer Wettervorhersage für einen Ort wird zum Beispiel eine Regenwahrscheinlichkeit von 40 % für den nächsten Tag angegeben, weil es bei der vorhergesehenen Wetterlage in 40 von 100 Fällen an diesem Ort geregnet hat.

In diesem Kapitel
lernen Sie, wie man Glücksspiele und spezielle Sachsituationen mathematisch als Zufallsexperimente beschreibt und wie man Wahrscheinlichkeiten von Ereignissen bestimmt. ▶

Wiederholung — Zufallsexperimente

Zufallsexperimente

Aktivieren

1 Ein Würfel wird einmal geworfen.
   a) Welche Ergebnisse gehören zu dem Ereignis *Die geworfene Zahl ist größer als vier*? Wie groß ist die Wahrscheinlichkeit für dieses Ereignis?
   b) Welche Wahrscheinlichkeit haben jeweils die Ereignisse *Die geworfene Zahl ist negativ* bzw. *Die geworfene Zahl ist kleiner als sieben*?

2 Eine Reißzwecke wird einmal geworfen. Dabei können zwei Lagen eintreten.
Wie könnte man vorgehen, um herauszufinden, wie groß die Wahrscheinlichkeit für jedes Ergebnis ist?

Erinnern

Zufallsexperiment

Ein **Zufallsexperiment** ist ein Vorgang, bei dem man nicht vorhersagen kann, welches Ergebnis eintritt.

Alle möglichen Ergebnisse eines Zufallsexperiments bezeichnet man als **Ergebnismenge** S.

Die **Wahrscheinlichkeit** P(a) eines Ergebnisses a ist ein theoretischer Wert, der Auskunft gibt, mit welcher Chance das Ergebnis a bei dem Experiment eintritt.

Bei einem **Laplace-Experiment** haben alle Ergebnisse die gleiche Wahrscheinlichkeit.

Empirisches Gesetz der großen Zahlen

Führt man ein Zufallsexperiment oft genug durch, stabilisieren sich die relativen Häufigkeiten, mit denen ein Ergebnis auftritt, in der Nähe der Wahrscheinlichkeit für das Ergebnis.

Deshalb ist die Wahrscheinlichkeit auch ein Schätzwert für die zu erwartende relative Häufigkeit.

Ziehen einer Karte aus vier verschiedenen verdeckten Karten

Ergebnismenge
S = {Pik-Neun, Kreuz-Zehn, Herz-Bube, Herz-Dame}

Wahrscheinlichkeit für Kreuz-Zehn:
P(Kreuz-Zehn) = $\frac{1}{4}$ = 0,25 = 25 %

Werfen einer Reißzwecke S(, )

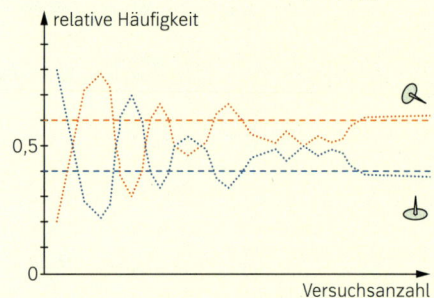

P(♛) ≈ 0,6 und P(⚲) ≈ 0,4

Wiederholung — Zufallsexperimente

Elementare Summenregel

Mehrere Ergebnisse eines Zufallsexperiments können zu **Ereignissen** zusammengefasst werden.
Ein Ereignis ist also eine Teilmenge der Ergebnismenge eines Zufallsexperiments.

Gehören zu einem Ereignis E die Ergebnisse $a_1, a_2, ..., a_m$, so sagt man: Das Ereignis ist eingetreten, wenn eines der Ergebnisse eingetreten ist.

Für die Wahrscheinlichkeit eines Ereignisses gilt die **elementare Summenregel**:
$P(E) = P(a_1) + P(a_2) + ... + P(a_m)$

Das Ereignis S enthält alle möglichen Ergebnisse und wird als **sicheres Ereignis** bezeichnet. Es gilt: $P(S) = 1$
Das Ereignis { } enthält kein mögliches Ergebnis und wird als **unmögliches Ereignis** bezeichnet. Es gilt: $P(\{\}) = 0$

Komplementärregel

Das **Gegenereignis** $\overline{E}$ enthält all die Ergebnisse der Ergebnismenge S des Zufallsexperiments, die nicht zu E gehören.
Für ein Ereignis E und sein Gegenereignis $\overline{E}$ gilt die **Komplementärregel**:
$P(E) + P(\overline{E}) = 1$

Laplace-Regel

Bei einem Laplace-Experiment vereinfacht sich die elementare Summenregel. Da alle Ergebnisse die gleiche Wahrscheinlichkeit haben, braucht man nur zu zählen, wie viele Ergebnisse zu einem Ereignis gehören.

$P(E) = \dfrac{\text{Anzahl der zu E gehörenden Ergebnisse}}{\text{Anzahl aller Ergebnisse}}$

Das Glücksrad wird einmal gedreht.

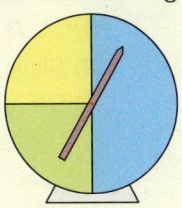

S = {grün, gelb, blau}
Ereignis E:
Der Zeiger bleibt auf dem grünen oder dem blauen Feld stehen.
E = {grün, blau}

$P(\text{grün}) = \dfrac{1}{4}$

$P(\text{blau}) = \dfrac{1}{2}$

$P(E) = P(\text{grün}) + P(\text{blau}) = \dfrac{1}{4} + \dfrac{1}{2} = \dfrac{3}{4}$

Sicheres Ereignis: Der Zeiger bleibt auf einem grünen, blauen oder gelben Feld stehen.
Unmögliches Ereignis: Der Zeiger bleibt auf einem roten Feld stehen.

$\overline{E} = \{\text{gelb}\}$
$\dfrac{3}{4} + P(\overline{E}) = 1$
$P(\overline{E}) = 1 - \dfrac{3}{4} = \dfrac{1}{4}$

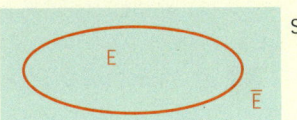

Ein Würfel wird einmal geworfen. Betrachtet wird das Ereignis E: Die geworfene Zahl ist eine Primzahl.

E = {2, 3, 5}

$P(E) = \dfrac{3}{6} = \dfrac{1}{2}$

Wiederholung Zufallsexperimente

Festigen

Tetra = 4
Hexa = 6
Okta = 8
Dodeka = 12
Iko (eigentlich Eiko) = 20

3 Bestimmen Sie für die abgebildeten Würfel die Wahrscheinlichkeit für das Ereignis
(1) Die Augenzahl ist keine Primzahl;
(2) Die Augenzahl ist durch 2 oder durch 3 teilbar;
(3) Die Augenzahl ist durch 4 oder durch 6 teilbar;
(4) Die Augenzahl ist weder durch 4 noch durch 5 teilbar.

Tetraeder   Hexaeder

Oktaeder   Dodekaeder   Ikosaeder

4 In einer Sportgruppe liegen die Geburtstage der Mitglieder in folgenden Monaten:

Januar	Februar	März	April	Mai	Juni	Juli	Oktober	Dezember
1	4	2	2	1	7	3	1	1

Wie hoch ist die Wahrscheinlichkeit, dass ein zufällig herausgegriffenes Mitglied
(1) in der ersten Jahreshälfte; (2) in einem Monat mit Buchstaben „r"
Geburtstag hat?

5 Das abgebildete Glücksrad wird einmal gedreht. Es lohnt sich, auf ein Ereignis zu wetten, wenn die Wahrscheinlichkeit des Ereignisses mindestens 50 % beträgt.
a) Lohnt es sich, darauf zu wetten, dass ein weißes Feld gedreht wird?
b) Lohnt es sich, darauf zu wetten, dass eine Zahl gedreht wird, die größer als 3 ist?
c) Hat das Ereignis *Die gedrehte Zahl ist keine Primzahl* eine höhere oder niedrigere Wahrscheinlichkeit als die in Teilaufgabe a) und b) betrachteten Ereignisse?

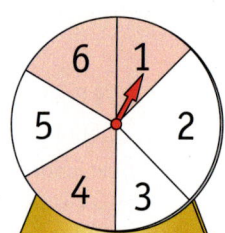

6 Bei einem Glücksrad mit zehn gleich großen Sektoren sind vier Sektoren blau gefärbt, drei grün, zwei rot und ein Sektor gelb. Geben Sie Ereignisse an, deren Wahrscheinlichkeit
(1) größer als 50 % ist; (2) gleich 50 % ist.

7 a) Dem Statistischen Jahrbuch 2016 der Stadt Frankfurt zufolge waren 46,1 % der Einwohnerinnen und Einwohner der Stadt verheiratet, 5,7 % verwitwet und 9,4 % geschieden. Ermitteln Sie den Anteil lediger Frankfurterinnen und Frankfurter.
b) Trifft man zufällig 5 Menschen, die in Frankfurt leben, dann ist die Wahrscheinlichkeit, dass niemand unter ihnen verheiratet ist, nur ca. 2 %.
Entscheiden Sie, ob die folgenden Aussagen wahr oder falsch sind:
(1) Die Wahrscheinlichkeit, dass unter 5 Menschen, die in Frankfurt leben, genau einer verheiratet ist, beträgt 98 %.
(2) Die Wahrscheinlichkeit, dass unter 5 Menschen, die in Frankfurt leben, mindestens einer verheiratet ist, beträgt 98 %.
(3) Die Wahrscheinlichkeit, dass unter 5 Menschen, die in Frankfurt leben, alle verheiratet sind, beträgt 98 %.

4.1 Mehrstufige Zufallsexperimente

Einstieg

Ein Hersteller von Keramikbechern prüft in drei unabhängigen Kontrollgängen die Qualität von Form, Farbe und Oberfläche der Becher. Erfahrungsgemäß wird in 10 % aller Fälle die Form, in 15 % die Farbe und in 20 % die Qualität der Oberfläche beanstandet. Ein Becher, der zweimal oder dreimal beanstandet wurde, wird aussortiert. Wie groß ist die Wahrscheinlichkeit, dass ein Becher nicht aussortiert wird?

Aufgabe mit Lösung

Mehrstufiges Zufallsexperiment

In einer Minipackung Gummibärchen sind 10 Stück enthalten. In einer Sonderedition sind 3 blaue Bärchen enthalten. Ohne hinzusehen entnimmt jemand nacheinander 3 Bärchen und isst sie. Wie groß ist die Wahrscheinlichkeit, dass er überwiegend blaue Bärchen isst?

Lösung

Im Baumdiagramm wird für ein blaues Bärchen b geschrieben, ein $\overline{b}$ steht für alle anderen Farben. Anfangs sind 10 Bärchen in der Packung, dann 9 und danach nur noch 8. Deshalb ändert sich im Baumdiagramm die Wahrscheinlichkeit von Stufe zu Stufe.

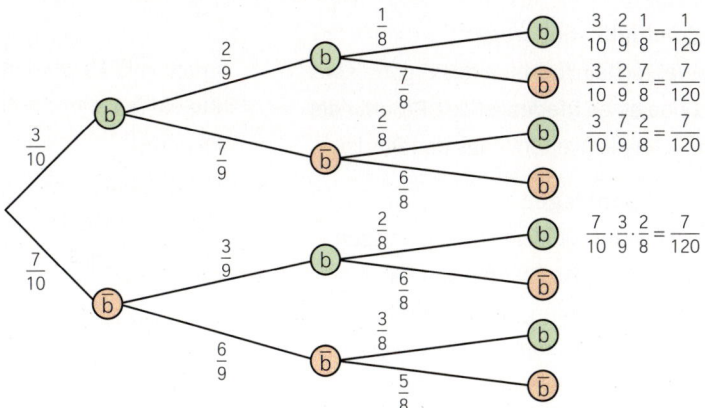

Zu dem Ereignis E, dass überwiegend blaue Bärchen gegessen werden, gehören die 4 Ergebnisse (b|b|b), $(b|b|\overline{b})$, $(b|\overline{b}|b)$, $(\overline{b}|b|b)$.

Es gilt $P((b|b|b)) = \frac{3}{10} \cdot \frac{2}{9} \cdot \frac{1}{8} = \frac{1}{120}$, denn in $\frac{1}{8}$ von $\frac{2}{9}$ von $\frac{3}{10}$ aller Fälle werden 3 blaue Bärchen entnommen.

Aus dem Baumdiagramm und der elementaren Summenregel ergibt sich

$P(E) = P((b|b|b)) + P((b|b|\overline{b})) + P((b|\overline{b}|b)) + P((\overline{b}|b|b))$

$\quad = \quad \frac{1}{120} \quad + \quad \frac{7}{120} \quad + \quad \frac{7}{120} \quad + \quad \frac{7}{120} \quad = \frac{11}{60}$.

Die Wahrscheinlichkeit, dass überwiegend blaue Bärchen gegessen werden, beträgt $\frac{11}{60}$.

Wahrscheinlichkeitsrechnung

Information

Mehrstufige Zufallsexperimente

Ein **mehrstufiges Zufallsexperiment** setzt sich aus mehreren Teilexperimenten zusammen. Jedes Ergebnis setzt sich aus den Ergebnissen der einzelnen Teilexperimente zusammen und kann als sogenanntes **Tupel**, wie z. B. $(a_1 | a_2 | a_3 | a_4)$ bei einem 4-stufigen Zufallsexperiment, geschrieben werden.

Mehrstufige Zufallsexperimente können mithilfe von Baumdiagrammen dargestellt werden. Die Summe der Wahrscheinlichkeiten der Ergebnisse an jeder Verzweigung in einem Baumdiagramm ist gleich 1.

Pfadregeln

Jeder Pfad in einem Baumdiagramm führt am Ende zu einem Ergebnis, das sich aus den Ergebnissen der einzelnen Teilexperimente längs dieses Pfades in einer festen Reihenfolge zusammensetzt.

Pfadmultiplikationsregel:
Die Wahrscheinlichkeit eines Ergebnisses am Ende eines Pfades ist das Produkt der Wahrscheinlichkeiten längs des Pfades.

Pfadadditionsregel:
Die Wahrscheinlichkeit von Ereignissen, zu denen mehrere Pfade eines Baumdiagramms gehören, ist die Summe der zugehörigen Pfadwahrscheinlichkeiten.

Aus einer Kiste mit 5 gelben und 3 blauen Kugeln werden nacheinander 2 Kugeln gezogen, ohne sie zurückzulegen.
Im Baumdiagramm ist Gelb mit g und Blau mit b bezeichnet.
Die Ergebnismenge S dieses zweistufigen Zufallsexperiments besteht aus vier Tupeln.
$S = \{(g|g), (g|b), (b|g), (b|b)\}$

Baumdiagramm:

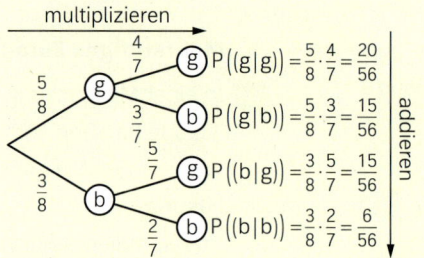

Ereignis E: Es werden zwei gleichfarbige Kugeln gezogen.
Es gilt:
$E = \{(g|g), (b|b)\}$
$P(E) = P((g|g)) + P((b|b))$
$\quad\quad = \frac{20}{56} + \frac{6}{56}$
$\quad\quad = \frac{13}{28}$

Üben

1 ≡ Das Glücksrad wird zweimal gedreht. Bestimmen Sie die Wahrscheinlichkeit für folgendes Ereignis:
Man erhält
(1) zweimal Rot;
(2) zuerst Rot;
(3) keinmal Rot;
(4) höchstens einmal Gelb.

4.1 Mehrstufige Zufallsexperimente

2 ≡ Wirft man Reißzwecken einer bestimmten Sorte, dann tritt die Lage *Kopf: Nadelspitze nach oben* mit der Wahrscheinlichkeit 0,4 und die Lage *Seite: Nadelspitze zur Seite* mit der Wahrscheinlichkeit 0,6 auf.

Eine Reißzwecke wird dreimal geworfen.
a) Zeichnen Sie das zugehörige Baumdiagramm.
b) Mit welcher Wahrscheinlichkeit tritt das Ergebnis (Kopf; Kopf; Seite) auf?
c) Welche Wahrscheinlichkeit hat das Ereignis *Kopf kommt öfter als Seite*?
d) Welche Wahrscheinlichkeit hat das Ereignis *Nur Kopf oder nur Seite*?
e) Bestimmen Sie die Wahrscheinlichkeit für das Ereignis *Mindestens einmal Kopf*.

3 ≡ Aus einer Urne mit drei schwarzen und zwei weißen Kugeln werden nacheinander 3 Kugeln entnommen. Dabei wird
(1) eine gezogene Kugel immer wieder in die Urne zurückgelegt, bevor die nächste Kugel gezogen wird;
(2) eine gezogene Kugel nicht wieder in die Urne zurückgelegt.
Man unterscheidet deshalb bei solchen Zufallsexperimenten zwischen einem Ziehen mit Zurücklegen und einem Ziehen ohne Zurücklegen.
Erstellen Sie für beide Zufallsexperimente ein vollständiges Baumdiagramm mit den Wahrscheinlichkeiten der möglichen Ergebnisse. Vergleichen Sie die Ergebnisse miteinander.

4 ≡ Aus einer Klasse mit 15 Mädchen und 12 Jungen sollen drei Jugendliche für eine Befragung ausgelost werden. Für die Auswahl sollen 27 Karten eines Kartenspiels verwendet werden.
a) Wie sollen die Karten zum Auslosen verwendet werden?
b) Bestimmen Sie die Wahrscheinlichkeit, dass
(1) erst zwei Mädchen, dann ein Junge ausgelost werden;
(2) unter den drei Jugendlichen zwei Mädchen und ein Junge sind;
(3) mindestens *ein* Junge ausgelost wird.
c) Damit auf jeden Fall ein Junge bzw. ein Mädchen unter den Ausgelosten ist, erfolgt die 3. Auslosung nur unter den Jungen bzw. Mädchen, wenn vorher zwei Mädchen bzw. zwei Jungen ausgelost wurden.
Wie verändern sich die Wahrscheinlichkeiten gegenüber den in Teilaufgabe b) ermittelten Werten?

5 ≡ Untersuchen Sie, ob sich die Wahrscheinlichkeiten von Teilexperiment zu Teilexperiment ändern oder nicht.
(1) Eine Münze wird mehrmals hintereinander geworfen.
(2) Aus einer Tüte mit Gummibärchen wird mehrmals ein Bärchen entnommen.
(3) Lottozahlen werden gezogen.
(4) Der Name jeder Schülerin und jedes Schülers wird auf ein Los geschrieben und das Los wird in eine Lostrommel getan. Nacheinander werden dann mehrere Lose gezogen.

Wahrscheinlichkeitsrechnung

6 ≡ Bei einer Qualitätskontrolle eines Produktes wird ein bestimmter Fehler in 10 % aller Fälle übersehen. Deshalb wird das Produkt von drei verschiedenen Personen kontrolliert. Bestimmen Sie die Wahrscheinlichkeit dafür, dass ein Produkt mit diesem Fehler
(1) schon bei der ersten Kontrolle;   (2) spätestens bei der zweiten Kontrolle;
(3) erst bei der dritten Kontrolle;   (4) gar nicht
erkannt wird.

7 ≡ Tim und Maria spielen ein Spiel mit folgender Spielregel:
In einer Urne befinden sich sechs rote, eine gelbe und eine schwarze Kugel. Es wird abwechselnd ohne Zurücklegen eine Kugel gezogen. Wer zuerst die gelbe Kugel zieht, hat gewonnen; wer jedoch die schwarze Kugel zieht, hat sofort verloren.
Mit welcher Wahrscheinlichkeit gewinnt Tim, wenn Maria beginnt?

8 ≡ In Mitteleuropa sind die Blutgruppen so verteilt, wie es das Kreisdiagramm zeigt.

Menschen mit Blutgruppe 0 besitzen Antikörper der Blutgruppen A und B, können also keine Blutspenden von Menschen der Blutgruppen A, B oder AB erhalten. Bei Menschen mit Blutgruppe A entwickeln sich Antikörper gegen das Blut der Blutgruppe B und umgekehrt. Menschen mit Blutgruppe AB besitzen keine Antikörper.

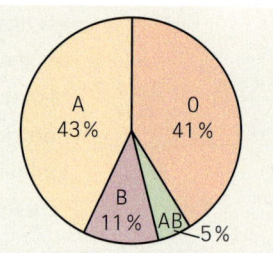

a) Drei Personen kommen zur Blutspende. Wie groß ist die Wahrscheinlichkeit, dass
(1) alle drei Personen die gleiche Blutgruppe haben;
(2) die drei Personen lauter verschiedene Blutgruppen haben?
b) Ein Patient mit Blutgruppe   (1) A;   (2) B;   (3) AB;   (4) 0
benötigt dringend eine Blutspende. Mit welcher Wahrscheinlichkeit ist unter den drei Personen mindestens ein geeigneter Spender?

Weiterüben

9 ≡ Ein Gerät funktioniert nur, wenn zwei hintereinander geschaltete Bauteile A und B ordnungsgemäß arbeiten. Das erste fällt beim Einschaltvorgang mit einer Wahrscheinlichkeit von 5 % aus, das zweite mit einer Wahrscheinlichkeit von 10 %. Der Ausfall der Bauteile geschieht unabhängig voneinander.
a) Mit welcher Wahrscheinlichkeit funktioniert das Gerät beim Einschalten nicht?
b) Wie verändert sich die Wahrscheinlichkeit im Vergleich zu Teilaufgabe a), wenn man parallel zum
(1) Bauteil A;   (2) Bauteil B;   (3) Bauteil A und Bauteil B

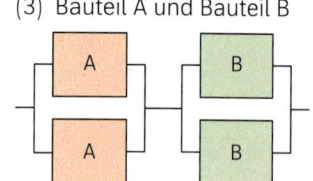

ein weiteres Bauteil bzw. weitere Bauteile vom gleichen Typ schaltet?

4.2 Stochastische Unabhängigkeit und bedingte Wahrscheinlichkeit

Einstieg

Beeinflusst der frühzeitige Kontakt von Kindern mit Haustieren das Auftreten von Asthmaerkrankungen? Mehrere Jahre wurden Kinder mit familiären Asthmarisiko untersucht, 19 % von ihnen hatten ein Haustier. Insgesamt 30 % der untersuchten Kinder hatten Asthma. Ein Haustier und Asthma hatten 2 %.
Vergleichen Sie die Wahrscheinlichkeiten, dass ein Kind mit Haustier an Asthma erkrankt und dass ein Kind ohne Haustier an Asthma erkrankt.

Aufgabe mit Lösung

Abhängigkeit von Ereignissen

Anna und Bert haben mehrfach montags in der 1. Stunde gefehlt. Anna versäumte 30 % der 1. Stunden an Montagen, Bert 25 %. In 15 % aller Fälle fehlten sogar beide.
Der Klassenlehrer fragt sich, ob Berts Fehlen am Montag in der 1. Stunde unabhängig von Annas Fehlen ist.

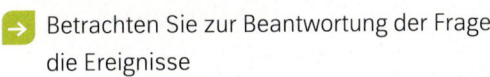

→ Betrachten Sie zur Beantwortung der Frage die Ereignisse

A: Anna fehlt montags in der ersten Stunde;
B: Bert fehlt montags in der ersten Stunde;
A und B: Anna und Bert fehlen beide montags in der 1. Stunde.
Erstellen Sie zur Klärung der Frage ein Baumdiagramm.

Lösung

$P(A) = 0{,}3$; $P(B) = 0{,}25$; $P(A \cap B) = 0{,}15$;
Ereignis $\overline{A}$: Anna fehlt montags in der 1. Stunde nicht;
Ereignis $\overline{B}$: Bert fehlt montags in der 1. Stunde nicht.

statt A und B schreibt man auch $A \cap B$

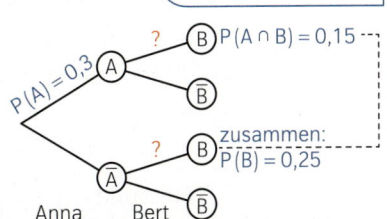

→ Bestimmen Sie die fehlenden Wahrscheinlichkeiten im Baumdiagramm und klären Sie daran, ob Berts Fehlen unabhängig von Annas Fehlen ist. Was müsste gelten, damit die beiden Ereignisse unabhängig voneinander sind?

Lösung
- Die Wahrscheinlichkeit, dass Bert an den Tagen fehlt, an denen Anna auch fehlt, beträgt 0,5.
- Die Wahrscheinlichkeit, dass Bert an den Tagen fehlt, an denen Anna nicht fehlt, beträgt $\frac{1}{7}$.
- Die Wahrscheinlichkeit, dass Bert überhaupt fehlt, beträgt 0,25.

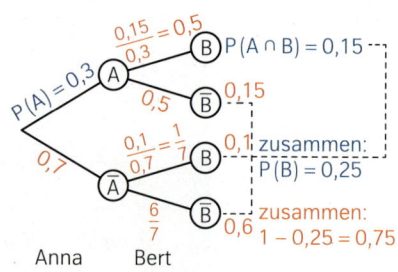

Der Verdacht, dass Berts Fehlen abhängig von Annas Fehlen ist, liegt also nahe. Wenn das Fehlen von Bert unabhängig vom Fehlen Annas wäre, so müsste folgendes gelten: Die Wahrscheinlichkeit, dass Bert fehlt, müsste auch sonst genauso groß sein wie an den Tagen, an denen Anna fehlt.

Information

Bedingte Wahrscheinlichkeit
Bei zweistufigen Zufallsexperimenten können die Wahrscheinlichkeiten auf der zweiten Stufe davon abhängig sein, welches Ereignis auf der ersten Stufe eintritt. Für die Wahrscheinlichkeit, dass ein Ereignis B eintritt, nachdem ein Ereignis A eingetreten ist, schreibt man $P_A(B)$, gelesen: **Wahrscheinlichkeit von B unter der Bedingung A**.
Aus der Pfadmultiplikationsregel ergibt sich:
$P_A(B) = \frac{P(A \cap B)}{P(A)}$

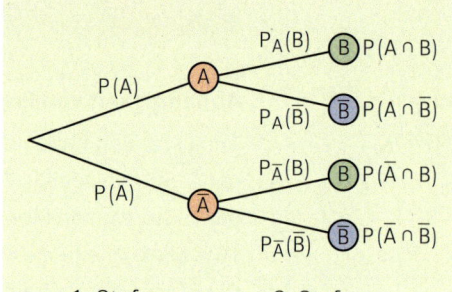

Die bedingten Wahrscheinlichkeiten stehen an den Pfaden der 2. Stufe im Baumdiagramm.

Stochastische Unabhängigkeit
Ein Ereignis B ist von einem Ereignis A unabhängig, wenn die Wahrscheinlichkeit für das Eintreten von B immer gleich ist, egal ob das Ereignis A eingetreten ist oder nicht, also wenn $P_A(B) = P_{\overline{A}}(B) = P(B)$ gilt. Aus der Formel für die bedingte Wahrscheinlichkeit ergibt sich dann
$P(A \cap B) = P(A) \cdot P_A(B) = P(A) \cdot P(B)$.

Definition
Zwei Ereignisse A und B nennt man **stochastisch unabhängig**, wenn gilt: $P(A \cap B) = P(A) \cdot P(B)$. Ansonsten nennt man sie stochastisch abhängig.

Am Baumdiagramm erkennt man die stochastische Unabhängigkeit zweier Ereignisse A und B an den gleichen Wahrscheinlichkeiten auf den Teilpfaden der 2. Stufe.

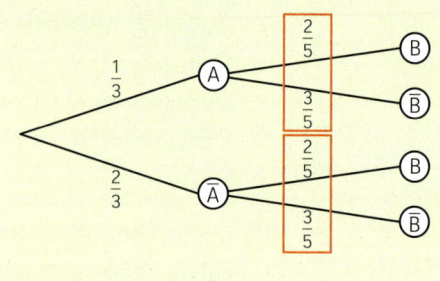

4.2 Stochastische Unabhängigkeit und bedingte Wahrscheinlichkeit

Üben

1 Das Baumdiagramm enthält Informationen aus einer Urlaubsregion darüber, ob eine Person, die Ski fahren kann (A), auch Snowboard fahren kann (B).
Bestimmen Sie die fehlenden Wahrscheinlichkeiten im Baumdiagramm.
Entscheiden Sie damit, ob die beiden Ereignisse A und B stochastisch unabhängig sind.

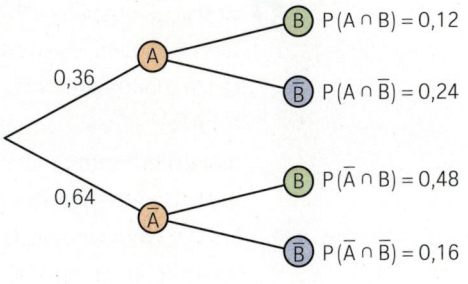

2 Ein Würfel wird zweimal nacheinander geworfen. Untersuchen Sie, ob die Ereignisse A und B stochastisch unabhängig sind.
a) Ereignis A: Die Augensumme ist 4. Ereignis B: Es fällt ein Pasch (zwei gleiche Zahlen).
b) Ereignis A: Die Augensumme ist 2. Ereignis B: Es fällt ein Pasch.
c) Ereignis A: Die Augensumme ist größer als 5. Ereignis B: Es fällt ein Pasch.

3 Definieren Sie zwei Ereignisse, die zu den folgenden Wahrscheinlichkeiten gehören, und geben Sie eine passende Notation für diese Wahrscheinlichkeiten an.
(1) Der Anteil der männlichen Wähler der Partei A beträgt 10 %.
(2) Der Anteil der Personen, die männlich sind und Partei A gewählt haben, beträgt 10 %.
(3) Der Anteil der Wähler der Partei A unter den Männern beträgt 10 %.
(4) Der Anteil der Männer unter den Wählern der Partei A beträgt 10 %.

4 Sind die Ereignisse A und B beim Roulette stochastisch unabhängig?
a) Die Kugel fällt A: auf eine rote Zahl; B: auf eine gerade Zahl.
b) Die Kugel fällt A: auf eine schwarze Zahl; B: auf eine gerade Zahl.
c) Die Kugel fällt A: auf eine rote Zahl; B: auf eine Primzahl.

5 In einer Studie wurde das Medienverhalten von 1 000 Jugendlichen untersucht. Dabei ging es um den Umgang mit sozialen Medien und Online-Spielen. 44 Jugendliche wurden als mediensüchtig (S) eingestuft, darunter 24 Mädchen. 472 der Jungen gelten als nicht mediensüchtig. Überprüfen Sie, ob Mediensucht und Geschlecht in der untersuchten Gruppe stochastisch abhängig oder unabhängig sind.

Tipp: Erstellen Sie ein Baumdiagramm und berechnen Sie zunächst die fehlenden Wahrscheinlichkeiten.

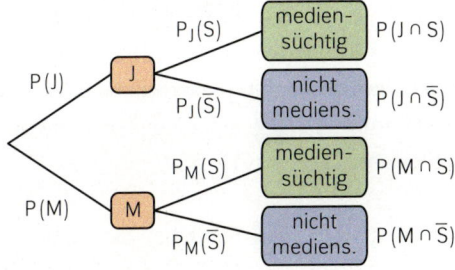

Wahrscheinlichkeitsrechnung

6 Im dargestellten Baumdiagramm sind Informationen über Raucher und Nichtraucher enthalten.
Notieren Sie die Formulierungen in mathematischer Notation und überprüfen Sie, ob folgende Aussagen wahr sind:

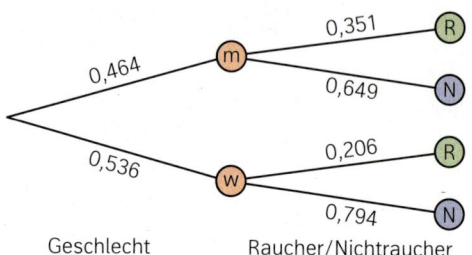

(1) Die Wahrscheinlichkeit, dass ein Mann Raucher ist, beträgt 35,1 %.
(2) Die Wahrscheinlichkeit, dass eine Person ein Mann ist und Raucher ist, beträgt 35,1 %.
(3) Die Wahrscheinlichkeit, dass eine Frau zu den Rauchern gehört, beträgt 11,04 %.
(4) Die Wahrscheinlichkeit, dass eine Person eine Frau ist und zu den Rauchern gehört, beträgt etwa 11,04 %.
(5) Die Wahrscheinlichkeit, dass eine Person Nichtraucher ist, beträgt ca. 73 %.

7 Laut Melderegister leben in NRW etwa 17,9 Millionen Menschen. Davon haben etwa 2,5 Millionen eine andere Staatsangehörigkeit als die deutsche. Insgesamt haben in Deutschland von den 82,4 Millionen Menschen 19 Millionen eine ausländische Staatsangehörigkeit. Berechnen Sie sämtliche bedingte Wahrscheinlichkeiten und beschreiben Sie deren Bedeutung mit Blick auf die stochastische Abhängigkeit bzw. Unabhängigkeit.

Weiterüben

8 Zwei Würfel werden gleichzeitig geworfen. Prüfen Sie für je zwei der folgenden Ereignisse, ob diese stochastisch unabhängig sind.
A: Der Wurf ist ein Pasch (zwei gleiche Zahlen), in dem keine Zahl größer als 4 ist.
B: Die Augensumme ist 8 oder 9.
C: Mindestens eine Zahl ist eine 6.

9 In einer Urne sind 4 blaue, 3 weiße und 2 rote Kugeln. Es werden 2 Kugeln
(1) mit Zurücklegen; (2) ohne Zurücklegen
gezogen. Erläutern Sie mit eigenen Worten anhand dieses Zufallsexperiments die Bedeutung der Begriffe stochastische Abhängigkeit und Unabhängigkeit.

10 Bei einer Umfrage vor dem Stadion gaben 60 % der Befragten an, Fan von Arminia Bielefeld zu sein. Von den Fans spielen 75 % selbst aktiv Fußball in einem Sportverein. Weiterhin gaben 70 % aller Befragten an, aktiv Fußball zu spielen.
Gibt es eine Abhängigkeit zwischen den Merkmalen „Fan" und „aktiver Fußballer"?
Begründen Sie Ihre Antwort.

Das kann ich noch!

A Schreiben Sie folgende Brüche als Dezimalbrüche:
1) $\frac{1}{4}$ 2) $\frac{1}{3}$ 3) $\frac{1}{2}$ 4) $-\frac{7}{5}$ 5) $-\frac{2}{3}$ 6) $\frac{7}{6}$

B Schreiben Sie folgende Dezimalbrüche als Brüche:
1) 0,75 2) −2,8 3) 0,55 4) $1,\overline{3}$ 5) $0,\overline{7}$ 6) $0,1\overline{6}$

4.3 Vierfeldertafeln und Baumdiagramme

Einstieg

Am 23. Juni 2016 gab es im Vereinigten Königreich ein Referendum zum EU-Verbleib. Übertragen Sie die folgende Tabelle mit den Ergebnissen in Ihr Heft und vervollständigen Sie die Daten.

	für EU	gegen EU	Summe
bis 24 Jahre			9,4 %
über 24 Jahre		49,4 %	
Summe	48,1 %	51,9 %	100 %

Die BBC berichtete, dass 73 % der Wähler im Alter bis 24 Jahre für den Verbleib in der EU stimmten.
Überprüfen Sie diese Meldung und fertigen Sie ein Baumdiagramm an.

Aufgabe mit Lösung

Daten vervollständigen und bedingte Wahrscheinlichkeiten berechnen

Die Tabelle enthält Daten über Geschlecht und Alter von Personen, gegen die 2017 in Deutschland wegen Sachbeschädigung durch Grafitti ermittelt wurde.

	< 14 Jahre	≥ 14 Jahre	gesamt
Junge			10 094
Mädchen	321		
gesamt	1 219		11 525

→ Übertragen Sie die Tabelle in Ihr Heft und vervollständigen Sie die Daten.
Erstellen Sie außerdem eine zweite Tabelle mit relativen Häufigkeiten.

Lösung

Aus der Tabelle lässt sich z. B. berechnen, dass 1 219 − 321 = 898 Jungen jünger als 14 Jahre waren oder dass insgesamt 11 525 − 10 094 = 1 431 Mädchen beteiligt waren. Entsprechend kann man die anderen fehlenden Daten berechnen.
Die relativen Häufigkeiten erhält man, indem man alle Werte in der Tablle durch 11 525 dividiert.

	< 14	≥ 14	gesamt
Junge	898	9 196	10 094
Mädchen	321	1 110	1 431
gesamt	1 219	10 306	11 525

	< 14	≥ 14	gesamt
Junge	7,8 %	79,8 %	87,6 %
Mädchen	2,8 %	9,6 %	12,4 %
gesamt	10,6 %	89,4 %	100 %

→ Julia und Elias haben dazu zwei verschiedene Baumdiagramme erstellt. Julia sagt, dass fast 90 % der Sprayer ab 14 Jahre Jungen sind. Elias behauptet: Von den Mädchen, die sprayen, sind über 20 % unter 14 Jahre alt. Fertigen Sie selbst zwei verschiedenen Baumdiagramme an und überprüfen Sie die Aussagen von Julia und Elias.

Lösung

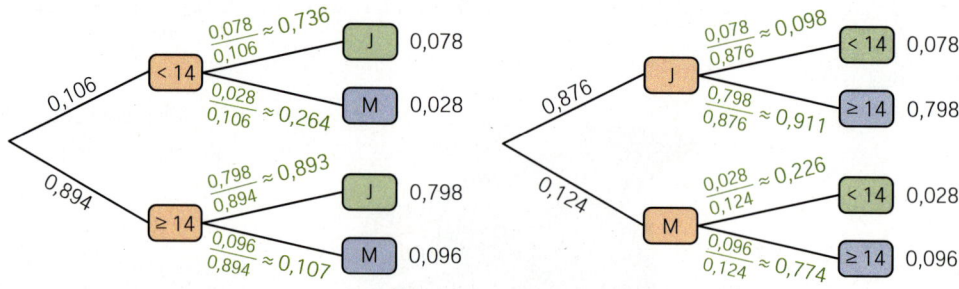

Die Aussagen von Julia und Elias sind richtig.

Information

Vierfeldertafeln und Baumdiagramme

Die Wahrscheinlichkeiten, dass zwei Ausprägungen zweier Merkmale zutreffen, kann man in einer Vierfeldertafel erfassen.

Merkmal	B	$\overline{B}$	Summe
A	$P(A \cap B)$	$P(A \cap \overline{B})$	$P(A)$
$\overline{A}$	$P(\overline{A} \cap B)$	$P(\overline{A} \cap \overline{B})$	$P(\overline{A})$
Summe	$P(B)$	$P(\overline{B})$	1

Zu einer Vierfeldertafel gehören zwei Baumdiagramme.

> Die bedingten Wahrscheinlichkeiten stehen nicht in der Vierfeldertafel.

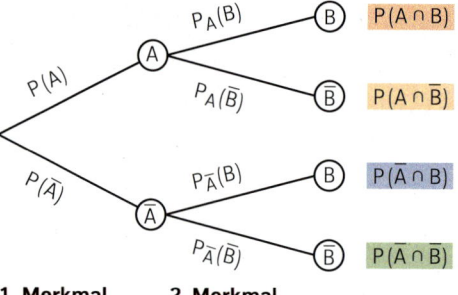

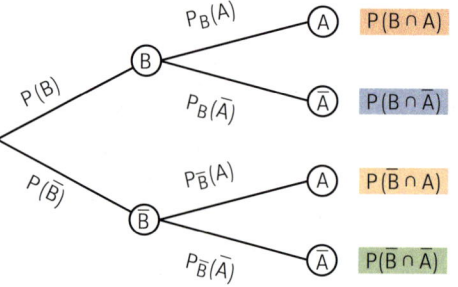

Der Vierfeldertafel sind Informationen über die Staatsangehörigkeit der Einwohner Deutschlands zu entnehmen.

	Bundesländer		gesamt
	West	Ost	
deutsch	72,3 %	18,9 %	91,2 %
ausländisch	7,8 %	1,0 %	8,8 %
	80,1 %	19,9 %	100 %

Es gibt zwei Baumdiagramme.

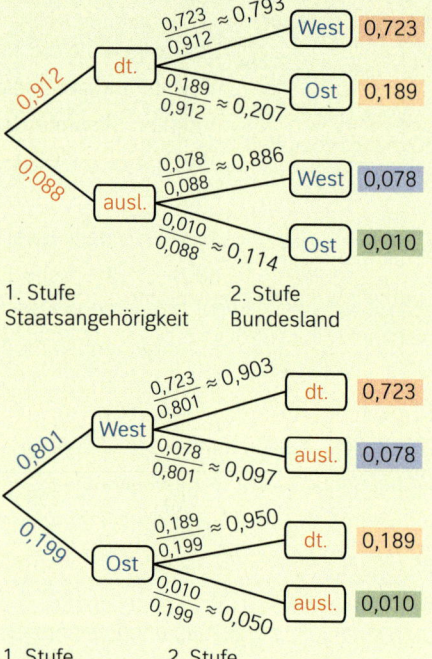

4.3 Vierfeldertafeln und Baumdiagramme

Üben

1 In einem Biologie-Experiment züchtet die Forscher-AG einer Schule Fruchtfliegen. Das Ergebnis einer Zählung nach einiger Zeit ist in der Tabelle dargestellt.

	männlich	weiblich	gesamt
rote Augen	42	81	123
weiße Augen	54	21	75
gesamt	96	102	198

Sprechen diese Daten für oder gegen die stochastische Unabhängigkeit von Geschlecht und Augenfarbe der Tierchen?

2 In einer kardiologischen Studie wurde die Frage untersucht, ob das Auftreten neuer Läsionen (Schäden) in den Herzkranzgefäßen mit dem Merkmal „Rauchen" zusammenhängt.
Die Tabelle zeigt das Ergebnis der Beobachtung an 230 Patienten nach drei Jahren (absolute Häufigkeiten).

Raucher \ Läsionen (neu)	ja	nein	gesamt
ja	34	33	
nein	42	121	
gesamt			

Tipp: Ergänzen Sie zunächst die fehlenden Daten in der Tabelle.

Überprüfen Sie die Daten dieser Studie auf stochastische Abhängigkeit.

3 Bei einer Wahl wurde eine repräsentative Befragung durchgeführt. Daraufhin schrieben zwei Zeitungen die folgenden Schlagzeilen. Welche ist zutreffend?
(1) Jeder vierte Wähler der Partei A ist unter 30.
(2) Jeder vierte Wähler unter 30 entschied sich für Partei A.

		Wahl der Partei A	sonstige	gesamt
Alter	unter 30 J.	4,5 %	13,5 %	18,0 %
	30 J. und älter	7,5 %	74,5 %	82,0 %
gesamt		12,0 %	88,0 %	100 %

4 Widersprechen sich die Angaben in dem Zeitungsartikel oder können die Informationen so stimmen?

> 31 % aller Männer rauchen.
> 56 % aller Raucher sind Männer.
> 26 % aller Frauen rauchen.
> 53 % aller Nichtraucher sind Frauen.

5 Laut einer Veröffentlichung des Instituts der deutschen Wirtschaft bewarben sich im Jahr 2016 durchschnittlich 13,8 Personen auf eine freie Stelle. Die relativen Häufigkeiten bezüglich Geschlecht und Eignung dieser Bewerber sind in der Tabelle dargestellt.
a) Entwickeln Sie ein entsprechendes Baumdiagramm und seine Umkehrung.
b) Deuten Sie jeweils die Wahrscheinlichkeiten, die auf der zweiten Stufe berechnet wurden, im Sachzusammenhang.

	männlich	weiblich	
geeignet	0,1594	0,1812	0,3406
ungeeignet	0,3551	0,3043	0,6594
	0,5145	0,4855	1

Wahrscheinlichkeitsrechnung

6 ≡ Eine Arbeitsmarkt-Statistik enthält die in der Tabelle dargestellten Informationen über Teilzeit- und Vollzeitbeschäftigte in Deutschland.

	weiblich	männlich	gesamt
Vollzeit	25 %	46,4 %	71,4 %
Teilzeit	23 %	5,6 %	28,6 %
gesamt	48,0 %	52,0 %	100 %

a) Stellen Sie diese Informationen auf zwei Arten durch Baumdiagramme dar.
b) Schreiben Sie dazu Zeitungstexte, die wie folgt beginnen:
Von 1000 Erwerbstätigen ...
(1) ... sind 480 weiblich und 520 männlich. ...
(2) ... haben 714 einen Vollzeit-Job und 286 eine Teilzeit-Beschäftigung. ...

7 ≡ An einem Gymnasium werden Daten zu Grund- und Leistungskurswahlen der Schülerinnen und Schüler erhoben. In der Tabelle sind die relativen Häufigkeiten für die Fächer Mathematik und Deutsch dargestellt.
Stellen Sie die beiden möglichen Baumdiagramme dar.

	Kurswahl	Mathematik LK	Mathematik GK	gesamt
Deutsch	LK	$\frac{1}{60}$	$\frac{19}{60}$	$\frac{1}{3}$
Deutsch	GK	$\frac{11}{60}$	$\frac{29}{60}$	$\frac{2}{3}$
	gesamt	$\frac{1}{5}$	$\frac{4}{5}$	1

8 ≡ Die Tabelle basiert auf einer Studie zu Ernährungsgewohnheiten.

	in Orten mit ... Einwohnern < 500 000	in Orten mit ... Einwohnern ≥ 500 000	gesamt
vegetarische Ernährung	0,055		0,1
Ernährung mit Fleischanteilen	0,645		
gesamt		0,3	1

a) Berechnen Sie die fehlenden Daten und vervollständigen Sie die Tabelle im Heft.
b) Wie hoch ist die Wahrscheinlichkeit, dass eine zufällig ausgewählte Person sich vegetarisch ernährt, wenn sie in einer Stadt mit mindestens 500 000 Einwohnern lebt?
c) Wandeln Sie die Tabelle in eine mit absoluten Häufigkeiten um. Gehen Sie dabei davon aus, dass die Studie repräsentativ für die gesamte Bundesrepublik Deutschland sei (ca. 82 000 000 Einwohner).
d) Schreiben Sie einen möglichst aussagekräftigen Zeitungsartikel zu dem dargestellten Sachverhalt.

9 ≡ Das Baumdiagramm enthält Informationen zu den im Verkehrszentralregister in Flensburg erfassten Personen über das Geschlecht (**m**ännlich, **w**eiblich) und die Frage, ob der Führerschein entzogen wurde (**j**a, **n**ein).

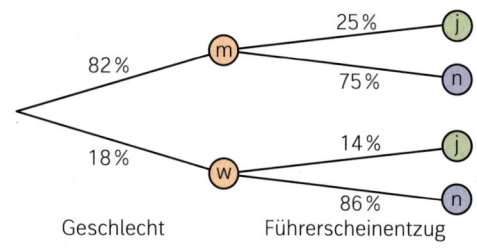

a) Legen Sie zu diesen Daten eine Vierfeldertafel mit relativen Häufigkeiten an.
b) Entwickeln Sie aus der Vierfeldertafel das andere mögliche Baumdiagramm.
c) Schreiben Sie zu den Daten einen pointierten Zeitungsartikel.

Aufgabe mit Lösung

Bedingte Wahrscheinlichkeiten für das umgekehrte Baumdiagramm bestimmen

In Deutschland sind etwa 0,1 % der Bevölkerung mit HIV infiziert. Der üblicherweise eingesetzte ELISIA-Test zum Nachweis einer HIV-Infektion hat eine hohe Sicherheit (Sensitivität). Bei 99,9 % der tatsächlich infizierten Testpersonen (K) erfolgt eine positive Testreaktion (R). Nur bei 0,3 % der nichtinfizierten Testpersonen wird irrtümlich eine Infektion angezeigt (Spezifität 99,7 %).

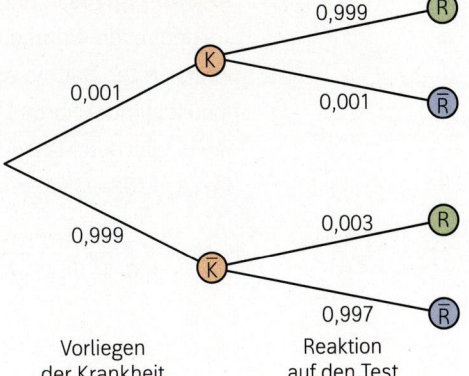

Bestimmen Sie die Wahrscheinlichkeit dafür, dass bei einer zufällig ausgewählten Person bei positivem Testergebnis tatsächlich eine HIV-Infektion vorliegt. Bewerten Sie das Ergebnis.

Lösung

Gesucht ist die bedingte Wahrscheinlichkeit $P_R(K) = \frac{P(R \cap K)}{P(R)}$.

Mithilfe des Baumdiagramms findet man $P(R \cap K) = 0{,}001 \cdot 0{,}999 = 0{,}000999$ und
$P(R) = P(K \cap R) + P(\overline{K} \cap R) = 0{,}001 \cdot 0{,}999 + 0{,}999 \cdot 0{,}003 = 0{,}003996$.

Damit ergibt sich $P_R(K) = \frac{0{,}000999}{0{,}003996} = 0{,}25$.

Trotz der hohen Sensitivität von 99,9 % liegt die Wahrscheinlichkeit dafür, dass eine zufällig ausgewählte Person bei positivem Test tatsächlich HIV-infiziert ist, nur bei 25 %.

Zum Verständnis der paradox erscheinenden Wahrscheinlichkeit betrachten wir 1 000 000 Testteilnehmer. Von diesen sind 99,9 %, also 999 000, nicht infiziert und 0,1 %, also 1000, infiziert. Von den 999 000 Nichtinfizierten erhalten 0,3 %, also 2997, dennoch ein positives Testergebnis. Von den 1000 Infizierten erhalten 99,7 %, also 997, ein positives Ergebnis. Wegen der geringen Anzahl der Infizierten ist diese Zahl wesentlich kleiner als die Zahl Nichtinfizierten mit positivem Testergebnis.

Stellen Sie das umgekehrte Baumdiagramm auf und untersuchen Sie, wie groß die Wahrscheinlichkeit ist, dass eine negativ getestete Person trotzdem HIV-infiziert ist.

Lösung

Gesucht ist die bedingte Wahrscheinlichkeit

$P_{\overline{R}}(K) = \frac{P(\overline{R} \cap K)}{P(\overline{R})}$

Mithilfe des Baumdiagramms findet man
$P(\overline{R} \cap K) = 0{,}001 \cdot 0{,}001 = 0{,}000001$ und
$P(\overline{R}) = P(K \cap \overline{R}) + P(\overline{K} \cap \overline{R})$
$\quad\quad\quad = 0{,}001 \cdot 0{,}001 + 0{,}999 \cdot 0{,}997$
$\quad\quad\quad = 0{,}996004$.

Damit ergibt sich
$P_{\overline{R}}(K) = \frac{0{,}000001}{0{,}996004} = 0{,}000001004$.

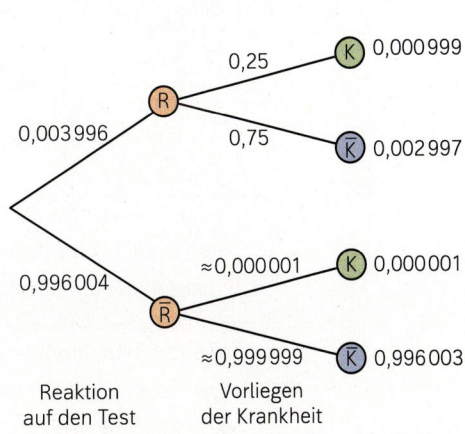

Information

Satz von Bayes

Die bedingten Wahrscheinlichkeiten des umgekehrten Baumdiagramms kann man nach folgender Formel berechnen, die auf den englischen Mathematiker Thomas Bayes (1702–1761) zurückgeht:

$$P_B(A) = \frac{P(A) \cdot P_A(B)}{P(A) \cdot P_A(B) + P(\overline{A}) \cdot P_{\overline{A}}(B)}$$

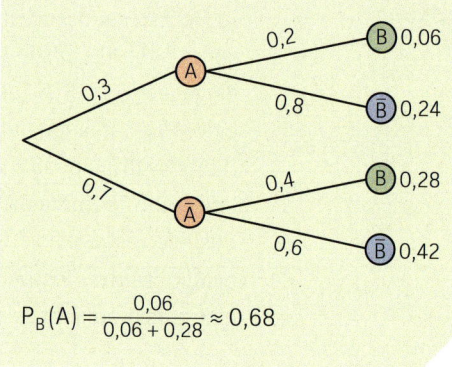

$$P_B(A) = \frac{0{,}06}{0{,}06 + 0{,}28} \approx 0{,}68$$

---

10 Zecken können Krankheiten übertragen, unter anderem Borreliose. Nach einem Biss soll ein Schnelltest Gewissheit bringen. Dieser erkennt infizierte Zecken zu 92,86 und nichtinfizierte Zecken zu 95,83 Prozent.
In einer Region sind 10 Prozent der Zecken mit Borrelien infiziert. Wie wahrscheinlich trägt eine positiv getestete Zecke wirklich Borrelien in sich?

11 Eine neue Züchtung Zimmerpflanzen hat entweder glatte oder gerollte Blätter und die Blüten können einfarbig oder zweifarbig sein. Aus 6 Prozent der Samen entwickeln sich Pflanzen mit zweifarbigen Blüten und gerollten Blättern. Aus 4 Prozent der Samen entstehen Pflanzen mit einfarbigen Blüten und gerollten Blättern. Bestimmen Sie die Wahrscheinlichkeit, dass eine Pflanze mit gerollten Blättern zweifarbige Blüten bekommt.

12 **Malaria**

Trotz aller Warnungen fahren viele Urlauber ohne Impfschutz in tropische Gegenden. Offensichtlich halten sie z. B. die Ansteckungsrate von 6 % für Malaria für nicht gefährlich. Hotels in diesen Regionen halten für die Touristen Schnelltests bereit, mit denen diese ohne großen Aufwand überprüfen können, ob sie sich mit Malaria infiziert haben.

Unabhängig von den Schwierigkeiten, die manche Touristen haben, den Schnelltest nach Anleitung durchzuführen, sind die Schnelltests selbst nicht sicher: Nur bei 77 % der tatsächlich Infizierten erfolgt eine „positive" Testreaktion; bei 95 % der tatsächlich Nichtinfizierten erfolgt eine „negative" Testreaktion.

Angenommen, eine Person führt vorsichtshalber einen Schnelltest durch und das Testergebnis ist „positiv". Mit welcher Wahrscheinlichkeit ist diese Person tatsächlich an Malaria erkrankt?

4.3 Vierfeldertafeln und Baumdiagramme

13 ≡ **TBC-Test**

Tuberkolose (kurz TBC) ist weltweit immer noch eine der gefährlichsten Infektionskrankheiten. Bis in die 90er-Jahre wurden in Deutschland Röntgen-Reihenuntersuchungen durchgeführt. Dabei wurde festgestellt, ob Schatten auf der Lunge zu sehen waren. Als der Anteil der Erkrankten aber auf unter 0,2 % gesunken war und die Gefährdung durch zu häufige Belastung des Körpers durch Röntgenstrahlung in den Blick geriet, wurde die flächendeckende Reihenuntersuchung eingestellt. Ein weiterer Gesichtspunkt war in diesem Zusammenhang der sehr hohe Anteil von 30 % falsch-negativer Befunde und der nicht zu übersehende Anteil von 2 % falsch-positiver Befunde.

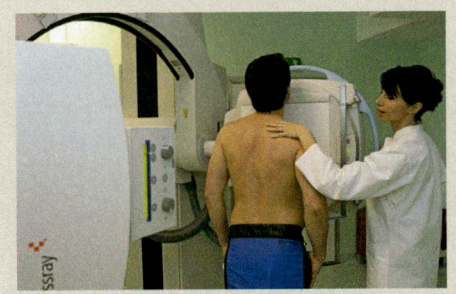

a) Erläutern Sie, was mit „falsch-negativen" und „falsch-positiven" Befunden gemeint ist.
b) Überlegen Sie, was die Informationen bedeuten, wenn man bei 100 000 Personen eine Röntgenuntersuchung durchführen würde.
c) Mit welcher Wahrscheinlichkeit ist eine Person mit auffälligem Röntgenbefund tatsächlich an Tuberkulose erkrankt?
Mit welcher Wahrscheinlichkeit leidet eine Person, bei der auf der Röntgenaufnahme nichts Auffälliges bemerkt wird, tatsächlich nicht an Tuberkulose?

14 ≡ Eine Firma produziert SIM-Karten. Bei der Kontrollmessung werden fehlerhafte SIM-Karten zu 95 Prozent als solche erkannt. Einwandfreie SIM-Karten werden irrtümlich zu 2 Prozent als fehlerhaft angezeigt. Tatsächlich sind 90 Prozent der dort hergestellten SIM-Karten einwandfrei.

a) Eine zufällig gegriffene SIM-Karte wird als fehlerhaft angezeigt. Mit welcher Wahrscheinlichkeit ist sie wirklich defekt?
b) Eine zufällig gegriffene SIM-Karte wird als einwandfrei angezeigt. Mit welcher Wahrscheinlichkeit ist sie wirklich fehlerfrei?
c) Es wird überlegt, generell zweimal zu messen. Berechnen Sie die Wahrscheinlichkeiten aller möglichen Ereignisse. Ist die doppelte Kontrolle zu empfehlen?

Weiterüben

15 ≡ Eine Firma baut Computer auf Bestellung (on demand) zusammen. Drei Beschäftigte A, B und C arbeiten unterschiedlich zuverlässig: 15 Prozent der von A zusammengebauten Computer weisen Mängel auf, bei B sind es 10 Prozent und bei C nur 7 Prozent.
Die drei arbeiten auch nicht gleich schnell: 40 Prozent aller Rechner baut A zusammen, 35 Prozent B und 25 Prozent C.
Ein zufällig ausgewählter Computer erweist sich als voll funktionsfähig.
Mit welcher Wahrscheinlichkeit wurde er von A zusammengebaut, mit welcher von B, mit welcher von C?

16 Laut Statistik werden in einer Stadt Pkw-Unfälle im Durchschnitt von diesen Altersgruppen verursacht: 55 Prozent der Unfälle von 18- bis 25-Jährigen (A_1), 16 Prozent von 26- bis 60-Jährigen (A_2) und 29 Prozent von über 60-Jährigen (A_3). Überhöhte Geschwindigkeit ist die Ursache bei 76 Prozent der Unfälle aus der Gruppe A_1, 24 Prozent aus A_2 und 14 Prozent aus A_3. Nach einem Unfall in dieser Stadt wird nun überhöhte Geschwindigkeit als Ursache festgestellt.

a) Mit welcher Wahrscheinlichkeit war die verursachende Person jünger als 26 Jahre?
b) Mit welcher Wahrscheinlichkeit war die verursachende Person älter als 60 Jahre?

17 Zeigen Sie, dass beide Zeitungsartikel auf denselben statistischen Daten beruhen. Auf welche Tendenzen wollen die Autoren jeweils aufmerksam machen?

Fahrstuhleffekt im Schulsystem

44 Prozent aller 10- bis 16-Jährigen besuchen derzeit die Schulform Gymnasium. Jedoch nur 61 Prozent von ihnen haben Eltern, von denen mindestens ein Elternteil die Fachhochschulreife oder die allgemeine Hochschulreife erreichte. Andererseits findet man unter den Schülerinnen und Schülern, die eine andere Schulform besuchen, nur 20 %, bei denen mindestens ein Elternteil die FHR/AHR erreichte.

Schulform Gymnasium immer beliebter

71 Prozent der Eltern, von denen mindestens ein Elternteil die Fachhochschulreife oder die allgemeine Hochschulreife erreichte, schicken heute ihr Kind auf ein Gymnasium.
Bei Eltern ohne solchen Schulabschluss ist es ähnlich: 72 % haben ihr Kind an einer Haupt-, Real-, Sekundar- oder Gesamtschule angemeldet. In der Elterngeneration liegt der Anteil der Schulabschlüsse FHR oder AHR bei 38 %.

18 Bei den Bundestagswahlen 2017 erreichte die CDU/CSU insgesamt 32,9 % und die SPD 20,5 % der abgegebenen gültigen Zweitstimmen. Aufgrund der Wahltagsbefragungen veröffentlichte *Infratest dimap* folgende Informationen: Bei den Wähler/-innen
- unter 30 Jahren kam die CDU/CSU auf 25 % und die SPD auf 19 %;
- zwischen 30 und 60 erreichte die CDU/CSU 31 % und die SPD 18 %;
- über 60 Jahren kam die CDU/CSU auf 39 % und die SPD auf 24 %.

Erschließen Sie aus den Informationen über die CDU/CSU, die SPD und die restlichen Parteien (insgesamt), welche Anteile die drei Altersgruppen am Gesamt-Wahlergebnis hatten.

4.4 Wahrscheinlichkeitsverteilungen und zu erwartende Mittelwerte

Einstieg

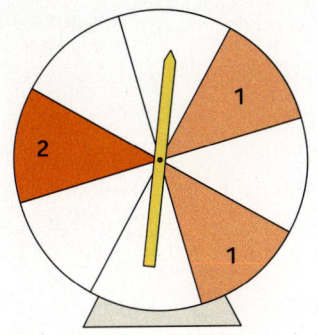

Das Glücksrad wird zweimal gedreht. Die gedrehten Zahlen werden addiert und die Summe wird in Euro ausgezahlt.

a) Untersuchen Sie, welche Auszahlungsbeträge möglich sind und mit welcher Wahrscheinlichkeit sie jeweils auftreten.

b) Der Betreiber verlangt für ein Spiel 1,50 €. Lohnt sich das Spiel? Was wäre ein fairer Preis für das Spiel?

Aufgabe mit Lösung

Zu erwartende Auszahlung bei einem Spiel

Bei einem Spiel wird ein Würfel, der wie in der Abbildung beschriftet ist, zweimal geworfen. Danach werden die Augenzahlen beider Würfe miteinander multipliziert. Die so ermittelte Punktzahl wird in Euro ausgezahlt.

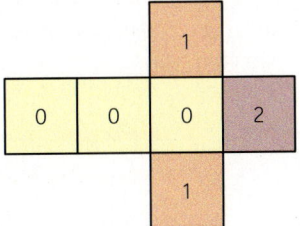

→ Untersuchen Sie, welche Auszahlungen möglich sind und mit welcher Wahrscheinlichkeit man welchen Betrag erhält. Stellen Sie dies in einem Baumdiagramm dar.

Lösung

Beim Doppelwurf des Würfels kann man 0, 1, 2 oder 4 Euro gewinnen, denn die Multiplikation der Zahlen 0, 1 und 2 untereinander ergibt nur diese Werte. Folgende Ereignisse sind möglich:
$E_0 = \{(0|0), (0|1), (0|2), (1|0), (2|0)\}$; $E_1 = \{(1|1)\}$; $E_2 = \{(1|2), (2|1)\}$; $E_4 = \{(2|2)\}$

Die Wahrscheinlichkeiten für die Ereignisse, d. h. für die möglichen Auszahlungsbeträge, berechnen wir mithilfe der Pfadregeln anhand des abgebildeten Baumdiagramms.

$P(E_0) = \frac{1}{2} + \frac{1}{3} \cdot \frac{1}{2} + \frac{1}{6} \cdot \frac{1}{2} = \frac{9}{12} = \frac{3}{4}$

$P(E_1) = \frac{1}{3} \cdot \frac{1}{3} = \frac{1}{9}$

$P(E_2) = \frac{1}{3} \cdot \frac{1}{6} + \frac{1}{6} \cdot \frac{1}{3} = \frac{1}{9}$

$P(E_4) = \frac{1}{6} \cdot \frac{1}{6} = \frac{1}{36}$

Wahrscheinlichkeitsrechnung

→ Das Spiel wird 180-mal durchgeführt. Notieren Sie in einer Häufigkeitstabelle, wie oft die verschiedenen möglichen Auszahlungsbeträge zu erwarten sind. Welcher Betrag ist im Mittel nach 180 Spielen zu erwarten? Welcher Betrag folgt daraus im Mittel pro Spiel?

Lösung

Wenn das Spiel 180-mal durchgeführt wird, kann man erwarten, dass in drei Viertel der Spiele, also in ca. 135 Spielen, 0 € ausgezahlt werden, in je einem Neuntel der Spiele, also in jeweils ca. 20 Spielen, ein Betrag von 1 € bzw. 2 € und in $\frac{1}{36}$ der Spiele, d. h. in ca. 5 Spielen, ein Betrag von 4 €.

Auszahlung (in €)	Wahrscheinlichkeit	erwartete Häufigkeit in 180 Spielen	erwartete Auszahlung (in €)
0	$\frac{3}{4}$	135	135 · 0 € = 0 €
1	$\frac{1}{9}$	20	20 · 1 € = 20 €
2	$\frac{1}{9}$	20	20 · 2 € = 40 €
4	$\frac{1}{36}$	5	5 · 4 € = 20 €
Summe	1	180	80 €

In 180 Spielen werden also im Mittel 80 € insgesamt ausgezahlt, d. h., pro Spiel kann man im Mittel eine Auszahlung von $\frac{80\,€}{180} \approx 0{,}44\,€$ erwarten.

Diesen Wert erhält man auch, wenn man jeden Auszahlungsbetrag mit seiner Wahrscheinlichkeit multipliziert und die erwarteten Auszahlungen pro Spiel addiert:

$0 \cdot \frac{3}{4} + 1 \cdot \frac{1}{9} + 2 \cdot \frac{1}{9} + 4 \cdot \frac{1}{36} = \frac{4}{9} \approx 0{,}44$

Information

Wahrscheinlichkeitsverteilung

In einer Sachsituation wird abhängig von der interessierenden Fragestellung ein Zufallsexperiment mit seinen Ergebnissen festgelegt. Ordnet man jedem Ergebnis seine Wahrscheinlichkeit zu, so bezeichnet man diese Zuordnung als **Wahrscheinlichkeitsverteilung**. Eine Wahrscheinlichkeitsverteilung wird oft durch eine Tabelle oder ein Säulendiagramm angegeben.

Zwei der abgebildeten Würfel werden geworfen, die Augensumme wird berechnet und in Euro ausgezahlt. Mithilfe eines Baumdiagramms lassen sich die Wahrscheinlichkeiten berechnen.

Zu erwartender Mittelwert

Sind die möglichen Ergebnisse eines Zufallsexperiments reelle Zahlen (z. B. Auszahlungsbeträge), so kann man berechnen, welcher Wert im Mittel bei einer genügend großen Anzahl von Experimenten zu erwarten ist. Man spricht deshalb auch von **zu erwartendem Mittelwert der Wahrscheinlichkeitsverteilung**.

Auszahlung (in €)	Wahrscheinlichkeit	zu erwartende Auszahlung pro Spiel (in €)
0	$\frac{1}{4}$	$0 \cdot \frac{1}{4} = 0$
1	$\frac{1}{3}$	$1 \cdot \frac{1}{3} = \frac{1}{3}$
2	$\frac{5}{18}$	$2 \cdot \frac{5}{18} = \frac{5}{9}$
3	$\frac{1}{9}$	$3 \cdot \frac{1}{9} = \frac{1}{3}$
4	$\frac{1}{36}$	$4 \cdot \frac{1}{36} = \frac{1}{9}$
Summe	1	$\frac{4}{3}$

Die zu erwartende mittlere Auszahlung pro Spiel beträgt etwa 1,33 €.

4.4 Wahrscheinlichkeitsverteilungen und zu erwartende Mittelwerte

Üben

1 Die Abbildungen zeigen die Netze von zwei besonderen Würfeln. In einem Spiel werden beide Würfel geworfen und die Augensumme wird berechnet.
Stellen Sie die Wahrscheinlichkeitsverteilung aller möglichen Augensummen in einer Tabelle dar.
Bestimmen Sie den zu erwartenden Mittelwert der Wahrscheinlichkeitsverteilung.

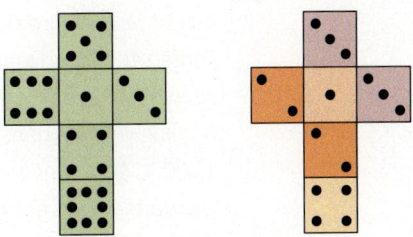

faires Spiel
Ein Spiel wird als fair bezeichnet, wenn der Spieleinsatz und die zu erwartende Auszahlung gleich groß sind.

2 Bei einem Spiel mit einem Glücksrad wird jeweils der am Sektor angegebene Betrag ausgezahlt, wenn der Zeiger auf diesem Sektor stehen bleibt.
Die Prozentangaben beziehen sich auf die Größe des Sektors.
Bestimmen Sie den Spieleinsatz für ein faires Spiel.

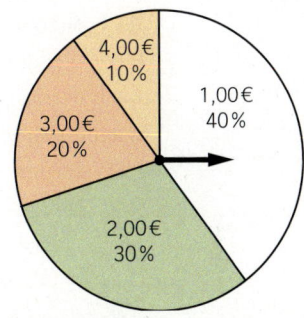

3 Zwei Freunde spielen gern Tischtennis gegeneinander. Beide sind gleich starke Spieler, sodass die Wahrscheinlichkeit, einen Satz zu gewinnen, für beide gleich groß ist. Berechnen Sie die zu erwartende Anzahl der Sätze, wenn die beiden Freunde
(1) zwei Gewinnsätze;
(2) drei Gewinnsätze vereinbaren.

4 Das abgebildete Glücksrad wird zweimal nacheinander gedreht. Von den beiden gedrehten Zahlen wird das Produkt gebildet.
a) Erläutern Sie:
Bei diesem Spiel können nur die Produkte 1, 2, 4, 8, 16 auftreten.
b) Bestimmen Sie die zugehörige Wahrscheinlichkeitsverteilung.
c) Ermitteln Sie den zu erwartenden Mittelwert.

5 a) Bei einem Glücksspiel mit einem Würfel, dessen Netz abgebildet ist, werden so viele Euro ausgezahlt, wie die Augenzahl angibt.
Bestimmen Sie die Höhe des Spieleinsatzes für ein faires Spiel.
b) Bei einem anderen Spiel wird der Würfel zweimal geworfen und das Produkt der Augenzahlen in Euro ausgezahlt.
Berechnen Sie den Mittelwert der Auszahlungen pro Spiel.

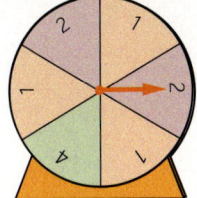

Wahrscheinlichkeitsrechnung

Weiterüben

6 Bei der Herstellung von Keramikvasen in Handarbeit wird das Tonmineral auf einer Töpferscheibe so lange modelliert, bis die gewünschte Form erzielt ist. Dann muss der Rohling vortrocknen, bevor er bei über 1 000 °C gebrannt wird. Danach folgt in Handarbeit eine erste Glasur, die Verzierung wird aufgemalt, anschließend folgt eine zweite Glasur.

- Erfahrungsgemäß werden bereits 25 % der Vasen nach dem Vortrocknen aussortiert, da die Form nicht den hohen Anforderungen entspricht. Sie werden aber gebrannt und mit einer Glasur versehen und als Keramikvasen 3. Wahl verkauft.
- Auch die übrigen Vasen werden gebrannt und erhalten ihre erste Glasur. Das von Hand aufgemalte Motiv wird in 80 % der Fälle von den Qualitätsprüfern akzeptiert; die übrigen 20 % werden nach der zweiten Glasur als Dekorvasen 2. Wahl angeboten.
- Nach der zweiten Glasur müssen noch einmal 10 % der Vasen mit gelungenem Dekor als Vasen 2. Wahl aussortiert werden.

a) Stellen Sie den Prüfungsvorgang mithilfe eines Baumdiagramms dar und bestimmen Sie die Wahrscheinlichkeit für das Ereignis, dass eine zufällig ausgewählte Keramikvase 1., 2. oder 3. Wahl ist.

b) Die Herstellung der Vasen ist mit folgenden Kosten verbunden: Das hochwertige Tonmineral kostet 5,00 € pro Vase; der Arbeitsgang des Modellierens auf der Töpferscheibe muss mit 8,00 € kalkuliert werden, der Brennvorgang mit 2,00 €, die Glasur jeweils mit 3,00 €, das Aufmalen des Motivs mit 12,00 €. Die Vasen 1. Wahl werden für 59,95 € verkauft, die Vasen 2. Wahl für 29,95 € und die Vasen 3. Wahl für 14,95 €.
Bestimmen Sie den zu erwartenden Gewinn, der pro Vase erzielt werden kann.

7 Bei der Preiskalkulation eines Produktes müssen auch die Kosten berücksichtigt werden, die möglicherweise in der Garantiezeit anfallen. Bei einem Handrührgerät können in der Garantiezeit erfahrungsgemäß folgende Kosten für Arbeit, Transport und Kommunikation anfallen:

- In 15 % der Fälle muss die Mechanik ausgetauscht werden, was mit 35,00 € kalkuliert wird.
- Elektronische Probleme treten in 10 % der Fälle auf. Für deren Beseitigung rechnet man mit 25,00 €.
- In 2 % der Fälle kommt es zu Reklamationen an Zubehörteilen. Der Austausch dieser Teile wird mit 20,00 € eingeplant.

Während der Garantiezeit können mehrere dieser Schäden bei einem Gerät auftreten. Allerdings wird ausgeschlossen, dass ein Schaden des gleichen Typs mehrfach auftritt. Welche zu erwartenden Kosten müssen demnach berücksichtigt werden?

4.5 Simulation

Einstieg

Zu einer Serie von Sammelbildern gehören zwölf Bilder. Diese sind mit gleichen Anteilen und zufällig verteilt in Schokoriegeln vorhanden. Jemand kauft acht Schokoriegel und untersucht, wie viele verschiedene Bilder er nun für seine Sammlung hat.
Führen Sie dazu in Gruppen eine Simulation mithilfe eines Dodekaeders, also eines 12-flächigen Würfels, durch und ermitteln Sie aus den Ergebnissen eine möglichst aussagekräftige Prognose für acht, sieben, sechs ... verschiedene Bilder.

Aufgabe mit Lösung

Näherungsweise Bestimmung von Wahrscheinlichkeiten

Daniel Bernoulli versuchte um 1760 ein Modell für die Dauer von Ehen aufzustellen. Damals gab es keine Ehescheidungen, sodass die Dauer von Ehen von der Lebensdauer abhing.
Betrachtet werden 10 Ehepaare, wobei die Ehepartner ungefähr gleich alt sein sollen. Die Sterblichkeit wird als unabhängig vom Geschlecht angenommen. Innerhalb eines gewissen Zeitraums sterben „zufällig" 10 der 20 betrachteten Personen.
Wie viele Paare sind hierunter, d. h., wie viele Ehen bestehen auch noch nach dem betrachteten Zeitraum?
Wie groß ist die Wahrscheinlichkeit dafür, dass unter den 10 überlebenden Personen 0, 1, 2, 3, 4, 5 Paare sind?

DANIEL BERNOULLI (1700–1782) Schweizer Mathematiker und Physiker

→ Beschreiben Sie, wie Sie mithilfe eines Kartenspiels diese Simulation durchführen können.
Lösung
Man beschriftet 20 Karten und davon je zwei mit gleichen Nummern. Die Karten werden umgedreht und gut gemischt. Nacheinander wählt man zufällig 10 Karten aus und entfernt sie. Unter den übrig bleibenden 10 Karten zählt man nach, wie viele „Paare" noch übrig sind.

Führen Sie die Simulation in Gruppen so oft durch, dass Sie insgesamt 300 Ergebnisse vorliegen haben, und stellen Sie die Ergebnisse in geeigneter Weise grafisch dar.

Lösung

Um die Größenverhältnisse deutlich zu machen, veranschaulicht man die relativen Häufigkeiten nach 300 Simulationsversuchen mithilfe eines Säulendiagramms.

	Anzahl der Paare					
	5	4	3	2	1	0
50	1	1	24	18	5	1
100	1	3	44	37	14	1
150	1	8	62	59	19	1
200	1	13	81	78	26	1
250	1	15	96	101	35	2
300	1	19	109	128	41	2

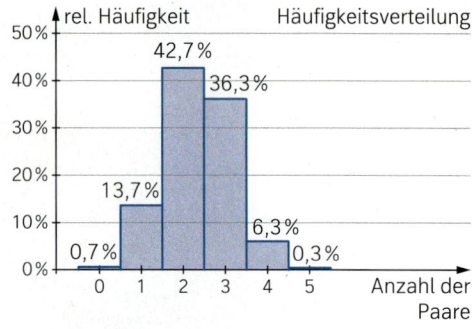

Man schätzt aufgrund des vorliegenden Simulationsexperiments, dass von den 10 Ehepaaren mit einer Wahrscheinlichkeit von ca. 14 % nur noch ein Ehepaar, ca. 43 % nur 2 Ehepaare, ca. 36 % nur 3 Ehepaare, ca. 6 % nur 4 Ehepaare überlebt haben.
Die Wahrscheinlichkeiten dafür, dass 0 oder 5 Ehen noch bestehen, ist vermutlich sehr gering (zusammen ca. 1 %).

Information

Simulation

In vielen Fällen ist es sehr aufwendig oder sogar unmöglich, ein Zufallsexperiment durchzuführen. Oft lässt sich jedoch ein solches Zufallsexperiment durch ein anderes, einfacheres Zufallsexperiment mit der gleichen Wahrscheinlichkeitsverteilung ersetzen. Man spricht dann von einer **Simulation** des Zufallsexperiments. Ziel einer Simulation ist es, durch häufiges Durchführen des Experiments näherungsweise Wahrscheinlichkeiten zu bestimmen.

12 Unkrautsamen gelangen in eine Abfüllmenge Blumensamen, die auf 100 Samentüten verteilt werden. Mit welcher Wahrscheinlichkeit gelangen dabei 2 oder mehr Unkrautsamen in eine Samentüte?

Simulation:
Ein Glücksrad mit 100 gleich großen Feldern mit den Nummern (Tüten) von 1 bis 100 wird 12-mal gedreht. So oft, wie eine Nummer gedreht wird, so viel Unkrautsamen sollen in diese Tüte gelangt sein.

Ergebnis:
Führt man das Experiment oft genug durch, so erhält man ungefähr eine relative Häufigkeit von 49,7 % für Samentüten mit 2 oder mehr Unkrautsamen.

4.5 Simulation

Information

Zufallszahlen

Oft können Simulationen mithilfe von **Zufallszahlen** durchgeführt werden, die z. B. mit einem Taschenrechner erzeugt werden. Die Rechner nutzen dafür Algorithmen (Rechenvorschriften), mit deren Hilfe sie Zahlen erzeugen, die wie zufällig entstanden aussehen. Man spricht auch von Pseudo-Zufallszahlen. Der Vorteil technischer Simulationen liegt in der schnell erzielbaren hohen Anzahl an Versuchsdurchführungen und damit einem besseren Schätzwert für die realen Wahrscheinlichkeiten.

randSamp({1,2,3,4,5,6},3)	{1,6,6}
randSamp({1,2,3,4,5,6},3)	{5,3,4}
randSamp({1,2,3,4,5,6},3)	{6,3,1}
randSamp({1,2,3,4,5,6},3)	{6,5,2}
randSamp({1,2,3,4,5,6},3)	{1,3,2}
randSamp({1,2,3,4,5,6},3)	{1,1,6}

Das dreimalige Werfen eines Würfels wurde hier 6-mal mit einem Rechner simuliert.

Mit den folgenden Befehlen lassen sich Simulationen mit dem Taschenrechner durchführen:

rand(n) erzeugt n Zufallszahlen zwischen 0 und 1.	rand(2) {0.05259, 0.722379}
randInt(a,b,n) liefert aus dem Intervall von a bis b genau n ganzzahlige Zufallszahlen.	Es wird ein idealer Würfel viermal geworfen: randInt(1,6,4) {4,2,1,6}
Simulation einer Ziehung von n Elementen aus einer Liste a) mit Zurücklegen: **randSamp(liste, n)**	Aus einer Urne mit je einer blauen, gelben und grünen Kugel werden vier Kugeln mit Zurücklegen gezogen: randSamp({blau,gelb,grün},4) {gelb,grün,grün,blau}
b) ohne Zurücklegen: **randSamp(liste, n, 1)**	Aus der gleichen Urne werden 2 Kugeln ohne Zurücklegen gezogen: randSamp({blau,gelb,grün},2,1) {blau,gelb}

Bemerkung: Da alle baugleichen Taschenrechner die identischen Algorithmen verwenden, erzeugen sie zunächst auch identische Zufallszahlen. Mit **randseed(n)** (n ∈ ℝ) kann man den Startwert der Zufallszahlenerzeugung verändern, sodass alle Rechner unterschiedliche Zufallszahlen erzeugen.

Üben

1 Für ein Schulfest möchten die Schülerinnen und Schüler der Klasse 11b ein Lottospiel anbieten. Als Spielvariante entscheiden sie sich für „4 aus 7".
a) Ermitteln Sie mithilfe von 100-Simulationen Schätzwerte für die Wahrscheinlichkeiten für keine, eine, zwei, drei und vier richtig getippte Zahlen.
b) Vergleichen Sie Ihre Ergebnisse mit den Lottovarianten „5 aus 8" und „3 aus 6". Welche Variante würden Sie spielen?

Wahrscheinlichkeitsrechnung

2 Jeder Kaugummipackung einer bestimmten Marke ist ein Sammelbild beigefügt; zu einer Serie gehören 15 Bilder. Es kann sein, dass man beim Kauf von mehreren Packungen mindestens eines der Bilder mehrfach hat.
Bestimmen Sie einen Schätzwert für die Wahrscheinlichkeit von Mehrfachen beim Kauf von fünf (sechs, sieben, ..., zehn) Kaugummipackungen durch Simulation:
(1) Führen Sie die Simulation mithilfe von geeignet beschrifteten Zetteln durch.
(2) Führen Sie die Simulation mit dem Taschenrechner 50-mal durch.
Vergleichen Sie die Schätzwerte für die Wahrscheinlichkeit von mehrfachen Sammelbildern.

3 Auf einem Tisch liegen sechs Schokoladentäfelchen, die alle gleichartig aussehen, aber mit den Nummern 1 bis 6 versehen sind. Drei Personen schreiben auf, welches Täfelchen sie gern hätten. Wird ein Täfelchen nur von einer Person gewünscht, darf sie es behalten. Wird eine Nummer mehrfach aufgeschrieben, gehen die betreffenden Personen leer aus.

a) Für eine Simulation mit dem Taschenrechner sind zwei Lösungswege denkbar. Schildern Sie beide Simulationsmöglichkeiten. Welcher der beiden Wege ist der effektivere?
b) Führen Sie die Simulation 100-mal durch und ermitteln Sie Schätzwerte für die Wahrscheinlichkeit, keine, eine, zwei oder drei Täfelchen zu verteilen.
c) Wie viele Täfelchen werden auf lange Sicht im Mittel pro Spielrunde ausgeteilt?

4 Eines der populärsten Zufallsexperimente ist das Lotto.
Simulieren Sie mit dem Taschenrechner eine Ziehung von drei aus fünf Lottokugeln („3 aus 5").
Führen Sie die Simulation mehrfach durch und ermitteln Sie Schätzwerte für die Wahrscheinlichkeit, keine, eine, zwei, drei Kugeln richtig getippt zu haben.

randSamp({1,2,3,4,5},3,1)	{5,2,4}
randSamp({1,2,3,4,5},3,1)	{4,3,5}
randSamp({1,2,3,4,5},3,1)	{2,4,3}
randSamp({1,2,3,4,5},3,1)	{5,2,3}
randSamp({1,2,3,4,5},3,1)	{1,3,4}
randSamp({1,2,3,4,5},3,1)	{2,5,1}

5 In einer Urne sind 2 blaue und 3 gelbe Kugeln enthalten. Es wird nun aus der Urne zweimal ohne Zurücklegen gezogen und die Anzahl der blauen Kugeln gezählt.
a) Definieren Sie die beschriebene Urne in einer Spalte im Taschenrechner und simulieren Sie das zweimalige Ziehen ohne Zurücklegen.
b) Führen Sie die Simulation 200-mal durch und ermitteln Sie Schätzwerte für die Wahrscheinlichkeit, keine, genau eine, zwei blaue Kugeln zu erhalten.
c) Ermitteln Sie die theoretischen Wahrscheinlichkeiten mithilfe eines Baumdiagramms.
d) Vergleichen Sie das Ergebnis aus Teilaufgabe c) mit Ihrem Simulationsergebnis. Auf welche Weise können Sie die durch Simulation ermittelten Schätzwerte verbessern?

Das Wichtigste auf einen Blick

Pfadregeln

Mehrstufige Zufallsexperimente lassen sich mithilfe von **Baumdiagrammen** darstellen.

Pfadmultiplikationsregel:
Die Wahrscheinlichkeit eines Ergebnisses ist das Produkt der Wahrscheinlichkeiten längs des zugehörigen Pfades.

Pfadadditionsregel:
Die Wahrscheinlichkeit eines Ereignisses ist die Summe der Pfadwahrscheinlichkeiten aller Ergebnisse, die zum Ereignis gehören.

Aus einer Urne mit 3 roten und 7 gelben Kugeln werden 2 Kugeln ohne Zurücklegen gezogen.

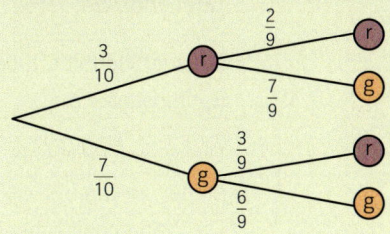

$P(\text{beide rot}) = P((r|r)) = \frac{3}{10} \cdot \frac{2}{9} = \frac{1}{15}$

$P(\text{beide gleichfarbig})$
$= P((r|r),(g|g)) = P((r|r)) + P((g|g))$
$= \frac{1}{15} + \frac{7}{10} \cdot \frac{6}{9} = \frac{1}{15} + \frac{7}{15} = \frac{8}{15}$

Bedingte Wahrscheinlichkeit

Die Wahrscheinlichkeit $P_A(B)$, dass ein Ereignis B eintritt unter der Bedingung, dass ein Ereignis A bereits eingetreten ist, berechnet man wie folgt:

$P_A(B) = \frac{P(A \cap B)}{P(A)}$

Die bedingten Wahrscheinlichkeiten stehen an den Pfaden der zweiten Stufe des Baumdiagramms.

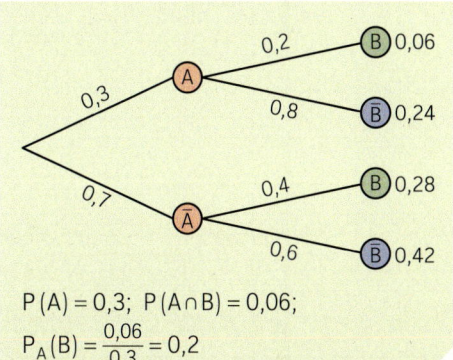

$P(A) = 0{,}3;\ P(A \cap B) = 0{,}06;$
$P_A(B) = \frac{0{,}06}{0{,}3} = 0{,}2$

Satz von Bayes

Die bedingten Wahrscheinlichkeiten des umgekehrten Baumdiagramms kann man nach folgender Formel berechnen:

$P_B(A) = \frac{P(A) \cdot P_A(B)}{P(A) \cdot P_A(B) + P(\overline{A}) \cdot P_{\overline{A}}(B)}$

$P_B(A) = \frac{0{,}06}{0{,}06 + 0{,}28} \approx 0{,}68$

Stochastische Unabhängigkeit

Zwei Ereignisse A und B heißen **stochastisch unabhängig** voneinander, wenn gilt:
$P(A \cap B) = P(A) \cdot P(B)$
Sonst nennt man sie **voneinander stochastisch abhängig**.
Am Baumdiagramm erkennt man die stochastische Unabhängigkeit an gleichen Wahrscheinlichkeiten an den Teilbäumen der 2. Stufe.

stochastisch unabhängig:

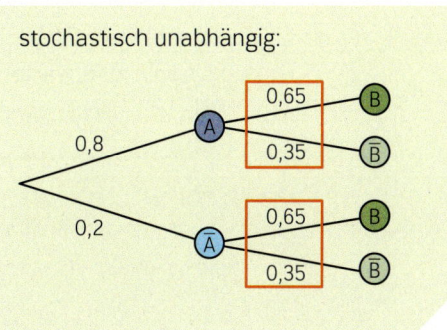

Das Wichtigste auf einen Blick

Vierfeldertafeln

Die Wahrscheinlichkeiten dafür, dass zwei Ausprägungen zweier Merkmale gleichzeitig zutreffen, lassen sich in einer **Vierfeldertafel** erfassen.

Zu einer Vierfeldertafel gehören zwei Baumdiagramme.

Die Wahrscheinlichkeiten an den Pfadenden stehen im Inneren der Vierfeldertafel.
Die Wahrscheinlichkeiten an den Pfaden der 1. Stufe befinden sich am Rand der Vierfeldertafel.
Die bedingten Wahrscheinlichkeiten an den Pfaden der 2. Stufe bestimmt man jeweils als Quotient aus der Wahrscheinlichkeit am Pfadende und der Wahrscheinlichkeit der 1. Stufe.

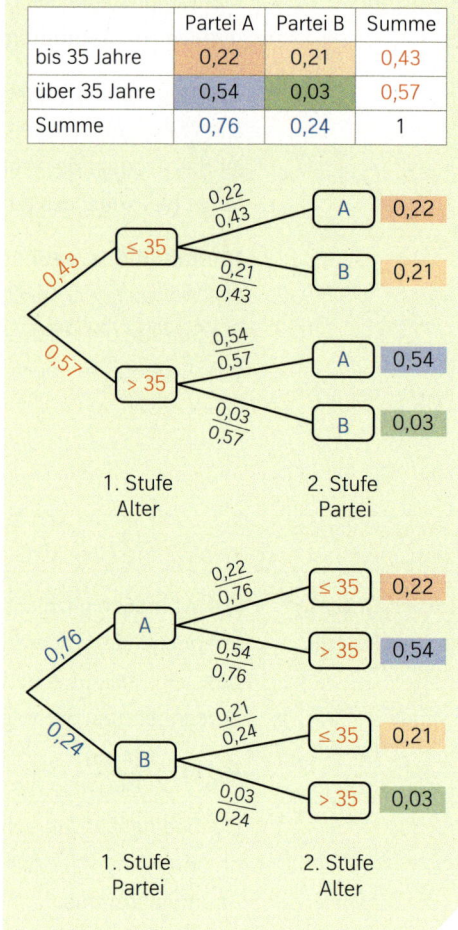

Wahrscheinlichkeitsverteilung – zu erwartender Mittelwert

Ordnet man jedem Ergebnis eines Zufallsexperiments seine Wahrscheinlichkeit zu, so bezeichnet man diese Zuordnung als **Wahrscheinlichkeitsverteilung**.

Sind die interessierenden Ergebnissen reelle Zahlen (z. B. Auszahlungsbeträge), so kann man berechnen, welcher Wert im Mittel zu erwarten ist. Man spricht deshalb auch vom **zu erwartenden Mittelwert** der Wahrscheinlichkeitsverteilung.

Aus einer Urne mit 3 roten und 7 gelben Kugeln werden 2 Kugeln ohne Zurücklegen gezogen. Wenn eine rote Kugel dabei ist, erhält man 1 €. Sind zwei rote Kugeln dabei, gewinnt man 3 €. Wurde keine rote Kugel gezogen, bekommt man nichts.

Auszahlung	0 €	1 €	3 €
Ergebnis	(g|g)	(r|g), (g|r)	(r|r)
Wahrscheinlichkeit	$\frac{7}{15}$	$\frac{7}{15}$	$\frac{1}{15}$

Die zu erwartende mittlere Auszahlung pro Spiel beträgt
$0\,€ \cdot \frac{7}{15} + 1\,€ \cdot \frac{7}{15} + 3\,€ \cdot \frac{1}{15} \approx 0{,}67\,€.$

Klausurtraining

Lösungen im Anhang

Teil A — Lösen Sie die folgenden Aufgaben ohne Formelsammlung und ohne Taschenrechner.

1 a) Ein Würfel wird dreimal geworfen. Bestimmen Sie die Wahrscheinlichkeit, dass
  (1) dreimal eine ungerade Zahl geworfen wird;
  (2) die Augensumme aus den drei Würfen 17 beträgt;
  (3) keinmal eine 6 geworfen wird.
b) Auf welche Augensumme würden Sie nach drei Würfen am ehesten wetten?

2 Zwei rote und zwei schwarze Kugeln sollen auf zwei Becher verteilt werden. Ein Spieler wählt zufällig einen Becher aus und zieht daraus zufällig eine Kugel. Er gewinnt, wenn die Kugel rot ist. Bei welcher Aufteilung der Kugeln auf die Becher ist die Gewinnwahrscheinlichkeit des Spielers am größten?

3 In einer Urne liegen zwei rote und drei grüne Kugeln. Nacheinander werden Kugeln ohne Zurücklegen gezogen.
a) Bei einem Spiel werden so viele Kugeln gezogen, bis von jeder Farbe mindestens eine Kugel gezogen ist. Wie viele Ziehungen sind im Mittel notwendig?
b) Bei einem Schulfest soll das Ziehen der Kugeln als faires Glücksspiel angeboten werden. Dabei soll der Einsatz 75 Cent betragen und folgende Bedingung gelten: Wenn man erst bei der 4. Ziehung die zweite Farbe zieht, verliert man seinen Einsatz vollständig.
Stellen Sie einen Gewinnplan für ein solches faires Glücksspiel auf.

Teil B — Bei der Lösung dieser Aufgaben können Sie die Formelsammlung und den Taschenrechner verwenden.

Tipp: Wenn Sie mit Baumdiagrammen arbeiten, zeichnen Sie zur Zeitersparnis nur die Teilbäume auf, die Sie zur Berechnung benötigen.

4 a) Aus einer undurchsichtigen Urne mit 15 gleich großen Kugeln (4 gelbe, 5 rote und 6 blaue) werden nacheinander 3 Kugeln ohne Zurücklegen gezogen. Mit welcher Wahrscheinlichkeit haben die drei gezogenen Kugeln
  (1) alle die gleiche Farbe;   (2) lauter verschiedene Farben?
b) Wie verändern sich die Wahrscheinlichkeiten für die Ergebnisse in Teilaufgabe a) beim Ziehen mit Zurücklegen?

5 2 % der elektronischen Bauteile, die in einer Fabrik hergestellt werden, sind nicht voll funktionsfähig. Bei der Endkontrolle werden 80 % dieser defekten Stücke entdeckt und entsorgt. Irrtümlich werden aber auch 5 % der funktionsfähigen Bauteile als scheinbar nicht funktionsfähig aussortiert. Bei 90 % der ausgelieferten defekten Bauteile führt der nicht entdeckte Fehler zur Reklamation des Artikels.
a) Stellen Sie die Informationen in einem Baumdiagramm zusammen.
b) Die Herstellungskosten für ein Bauteil können mit 1,00 € angesetzt werden, der Verkaufspreis mit 2,50 €, die Kosten für die Endkontrolle mit 0,10 € pro Bauteil, die Abwicklung einer Reklamation dagegen mit 8,00 €.
Bestimmen Sie die zu erwartenden Einnahmen bei einer Produktion von 10 000 Bauteilen.

Klausurtraining

Lösungen im Anhang

6 Bei der Qualitätskontrolle in einer Firma, die Solarpanele herstellt, werden Kontrollmessungen durchgeführt. Solarpanele, die nicht vollständig funktionstüchtig sind, werden zu 95% als solche erkannt. Allerdings kommt es auch in 2% der Fälle vor, dass wegen eines Messfehlers funktionstüchtige Panele irrtümlich als nicht funktionstüchtig angezeigt werden. Erfahrungsgemäß sind 90% der produzierten Solarpanele in Ordnung.
a) Stellen Sie den Sachverhalt in einem Baumdiagramm und einer Vierfeldertafel dar.
b) Ein zufällig ausgewähltes Solarpanel wird als fehlerhaft angezeigt. Mit welcher Wahrscheinlichkeit ist es tatsächlich nicht zu gebrauchen?

7 Hausratsversicherungen empfehlen ihren Kunden dringend, in den Wohnungen Rauchmelder anzubringen. Verbraucherorganisationen bemängeln jedoch, dass es regelmäßig – Schätzungen besagen, in 8 von 10 Fällen – zu Fehlalarmen kommt. In einem Viertel der Fälle kommt es vor, dass die Rauchmelder keinen Alarm geben, obwohl sich Rauch entwickelt hatte. Angenommen, es kommt im Mittel an einem Tag pro Jahr zu einer Rauchentwicklung, die gefährlich werden könnte (also: an 364 von 365 Tagen nicht).
Stellen Sie die Informationen in Form von Baumdiagrammen zusammen.
Beantworten Sie mithilfe dieser Berechnungen folgende Fragen:

> Einige Wahrscheinlichkeiten können Sie dem Aufgabentext entnehmen, einige müssen durch Berechnungen ergänzt werden.

(1) Wie groß ist die Wahrscheinlichkeit, dass es an einem Tag einen Alarm gibt?
An wie vielen Tagen im Jahr kommt es im Mittel zu einem Alarm?
(2) Mit welcher Wahrscheinlichkeit kommt es an einem Tag, an dem keine Rauchentwicklung stattfand, zu einem Alarm? An wie vielen Tagen im Jahr kommt es im Mittel zu solch einem Alarm?
(3) Wie groß ist die Wahrscheinlichkeit, dass es an einem Tag ohne Alarm tatsächlich keine Rauchentwicklung gab?

8 Die **Fernuniversität in Hagen** ist die einzige staatliche Fernuniversität in Deutschland. Nach Angaben des Statistischen Bundesamtes ist sie die größte deutsche Universität. Jedoch werden hier nicht alle Fächer angeboten; z. B. eignet sich das Studienfach Medizin nicht für ein Fernstudium.

Für das Jahr 2017 veröffentlichte das Landesamt für Statistik NRW folgende Daten über Studierende an NRW-Universitäten:
a) Entwickeln Sie aus den Daten jeweils eine Vierfeldertafel mit den Merkmalen
(1) Standort der Universität und Geschlecht der Studierenden;

	gesamt	Frauen	ausländische Staatsangehörigkeit
Studierende Fernuni Hagen	64 360	30 748	6 281
Studierende NRW gesamt	489 722	245 401	60 159

(2) Standort der Universität und Staatsangehörigkeit der Studierenden.

> Standort: Hagen oder Standort: andere Uni in NRW

b) Eine Person wird zufällig unter den Studierenden der NRW-Universitäten ausgewählt. Bestimmen Sie für (1) bzw. (2) jeweils die beiden möglichen Baumdiagramme mit den Wahrscheinlichkeiten für die möglichen Ergebnisse dieses Zufallsexperiments.
c) Untersuchen Sie, ob die in (1) bzw (2) genannten Merkmale jeweils voneinander abhängig oder unabhängig sind, und beschreiben Sie den zutreffenden Sachverhalt.

160

Punkte und Vektoren im Raum

5

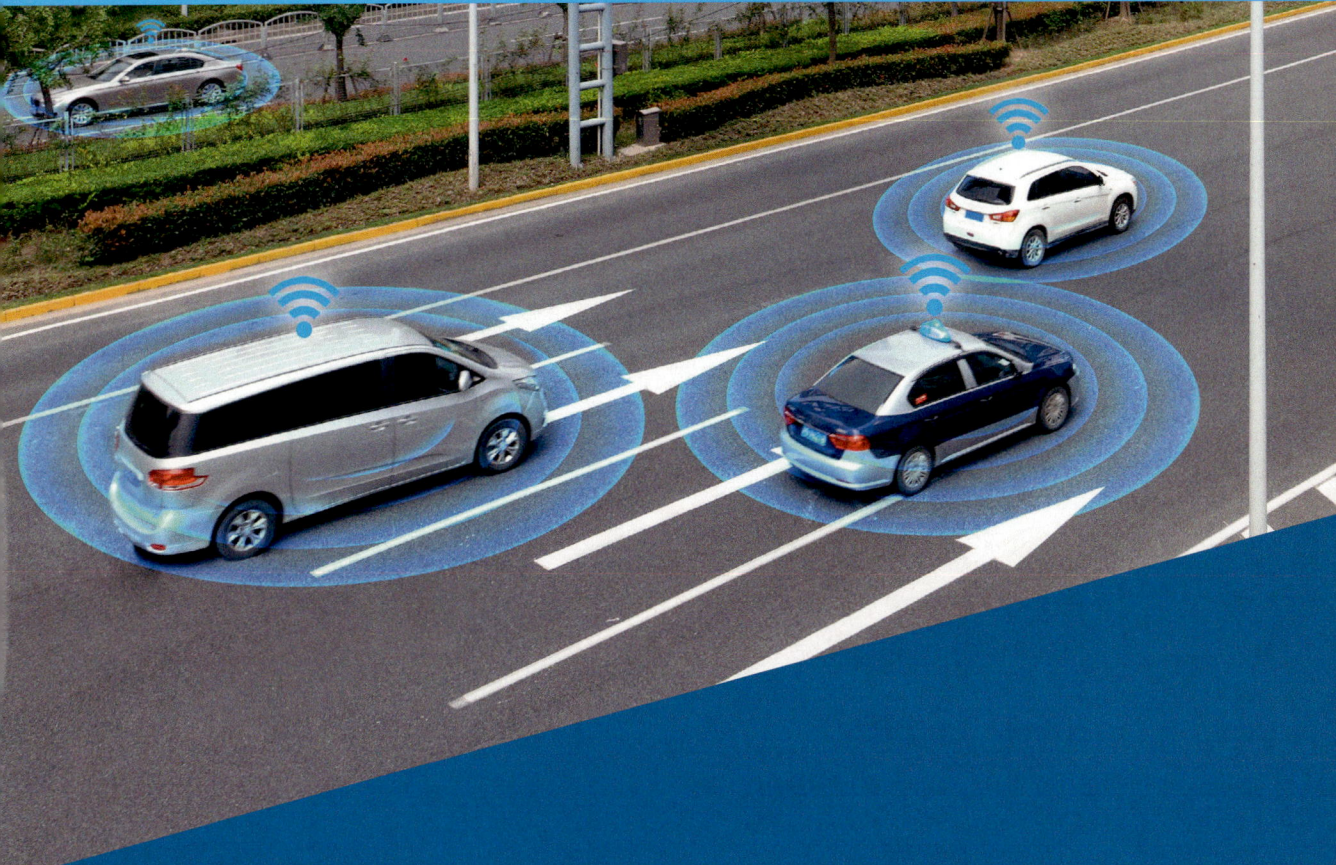

▲ In autonom fahrenden Autos werden Lidar-Systeme verwendet. Dabei steht Lidar für den englischen Begriff light detection and ranging, eine Methode zur optischen Abstands- und Geschwindigkeitsmessung. Das Lidar-System erkennt Objekte in der Umgebung des Autos und deren Geschwindigkeit. Es wandelt die Informationen in Zahlen um, die von der Steuersoftware des Wagens verarbeitet werden können.

In diesem Kapitel
erarbeiten Sie, wie Punkte im Raum als Zahlentripel $(x_1 \mid x_2 \mid x_3)$ erfasst werden, und lösen damit geometrische Fragestellungen im dreidimensionalen Raum rechnerisch. ▶

5.1 Punkte im Raum beschreiben

Einstieg

⊞ Wählen Sie in Ihrer Gruppe gemeinsam bestimmte Punkte im Klassenzimmer aus, wie z. B. die Ecke eines Tisches oder einen Punkt auf der Tafel.
Beschreiben Sie die Lage dieser Punkte möglichst präzise. Erläutern Sie Ihre Vorgehensweise. Vergleichen Sie Ihre Ergebnisse mit denen der anderen Gruppen.

Aufgabe mit Lösung

3-dimensionales Koordinatensystem

Der abgebildete Flachdachbungalow soll saniert werden.

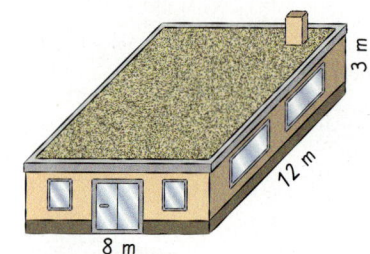

→ Legen Sie möglichst geschickt ein räumliches Koordinatensystem fest und zeichnen Sie ein Schrägbild des Bungalows in dieses Koordinatensystem. Geben Sie die Koordinaten der Eckpunkte des Bungalows an.

Lösung

Um den Bungalow zu beschreiben, müssen Länge, Breite und Höhe berücksichtigt werden. Deshalb wird das Koordinatensystem um eine dritte Achse so erweitert, dass alle drei Achsen paarweise orthogonal zueinander sind. Man legt z. B. den Ursprung in die untere Ecke links hinten, sodass eine Koordinatenachse in der Verlängerung der Kante nach vorn verläuft. Man nennt sie x_1-Achse. Die x_2-Achse zeigt in der Verlängerung einer Kante nach rechts, die x_3-Achse nach oben. Die gemeinsame Längeneinheit der drei Achsen ist hier in Metern angegeben.

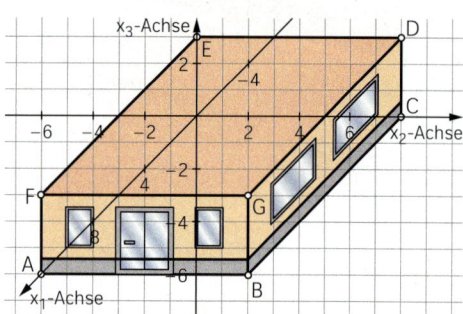

Um vom Koordinatenursprung O(0|0|0) zum Punkt A zu gelangen, geht man auf der x_1- Achse 12 m nach vorn; der Punkt A hat also die Koordinaten A(12|0|0).
Zum Punkt B gelangt man, indem man vom Ursprung 12 m nach vorn und 8 m nach rechts geht, also hat dieser Punkt die Koordinaten B(12|8|0). Entsprechend findet man die Koordinaten der anderen Punkte: C(0|8|0), D(0|8|3), E(0|0|3), F(12|0|3), G(12|8|3).

→ Der Bungalow soll mit einem 5 m hohen Spitzdach versehen werden. Die Spitze S soll über dem Mittelpunkt der Grundfläche (Schnittpunkt der Diagonalen) liegen. Konstruieren Sie die Dachspitze und geben Sie die Koordinaten an.
Die rechte Hälfte des Bungalows ist 2,5 m tief unterkellert. Geben Sie die Koordinaten der Eckpunkte des Kellers an und zeichnen Sie ihn in das vorhandene Schrägbild ein.

Lösung

Die Koordinaten der Dachspitze S bestimmen wir folgendermaßen: Die Dachspitze liegt über dem Mittelpunkt M der Grundfläche (Schnittpunkt der Diagonalen), also vom Ursprung aus $\frac{1}{2} \cdot 12\,m = 6\,m$ nach vorn und $\frac{1}{2} \cdot 8\,m = 4\,m$ nach rechts. Die Höhe der Spitze beträgt $3\,m + 5\,m = 8\,m$. Also hat die Dachspitze die Koordinaten $S(6|4|8)$.
Die vier Eckpunkte des Kellerbodens liegen 2,5 m tief unter der rechten Haushälfte. Sie haben die Koordinaten:
$H(12|4|-2,5);$ $L(12|8|-2,5);$
$J(0|8|-2,5);$ $K(0|4|-2,5).$

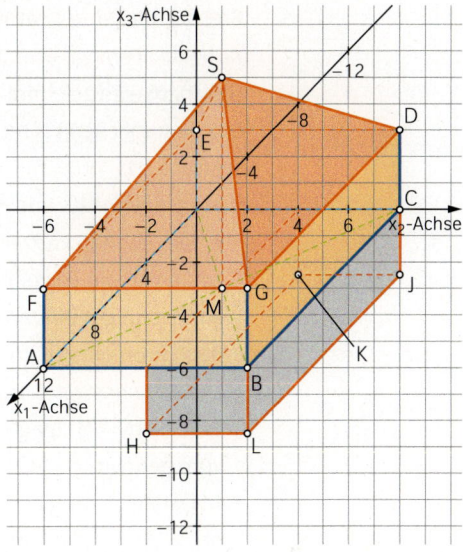

Information

Koordinatensystem im Raum

Um die Lage von Punkten im Raum zu beschreiben, kann man ein räumliches Koordinatensystem mit drei Achsen verwenden. Üblicherweise gilt dabei:

- Die Achsen besitzen einen gemeinsamen Nullpunkt O. Er heißt **Ursprung** des Koordinatensystems.
- Die Achsen sind paarweise orthogonal zueinander und bilden ein Rechtssystem, d.h., sie haben die Reihenfolge von Daumen, Zeigefinger und Mittelfinger der rechten Hand, wenn man diese orthogonal zueinander ausstreckt.
- Auf den Achsen werden Einheitsstrecken derselben Länge festgelegt. Diese Länge nennt man Einheit des Koordinatensystems.

Die erste, zweite und dritte Koordinatenachse werden auch x_1-Achse, x_2-Achse und x_3-Achse genannt. Je zwei Koordinatenachsen spannen eine Koordinatenebene auf. So spannen z.B. die x_1- und die x_2-Achse die $x_1 x_2$-Ebene auf. Die Koordinatenebenen sind paarweise orthogonal zueinander.

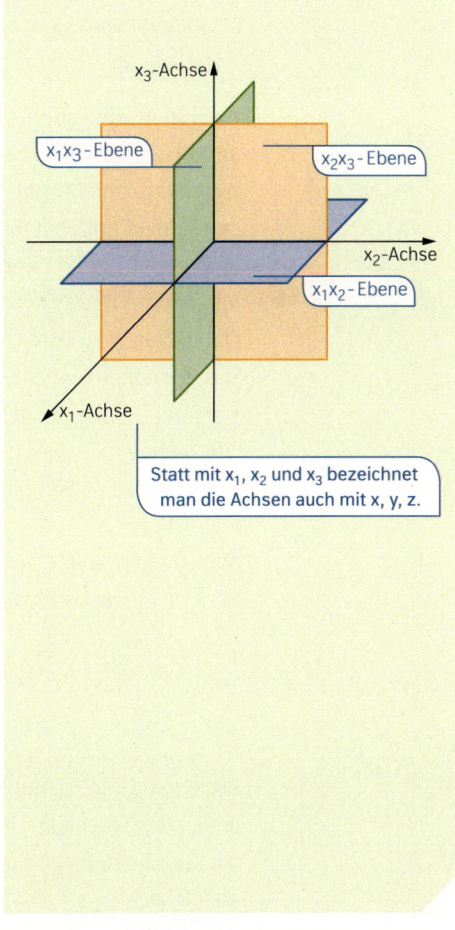

Statt mit x_1, x_2 und x_3 bezeichnet man die Achsen auch mit x, y, z.

Information

Schrägbild eines räumlichen Koordinatensystems zeichnen

Üblicherweise zeichnet man ein Schrägbild eines räumlichen kartesischen Koordinatensystems so:
- Man legt die x_2- und die x_3-Achse wie bei einem ebenen kartesischen Koordinatensystem in die Zeichenebene. Die Längeneinheit für die beiden Achsen legt man je nach Problemstellung geeignet fest.
- Die x_1-Achse zeichnet man unter einem Winkel $\alpha = 45°$ gegen die x_2-Achse nach vorn geneigt.
- In der Zeichnung entspricht dann auf der x_1-Achse die Länge der Diagonalen eines Kästchens einer Längeneinheit. Die Einheiten auf der x_1-Achse werden somit um den Faktor $k = \frac{1}{2} \cdot \sqrt{2} \approx 0{,}7$ verkürzt dargestellt.

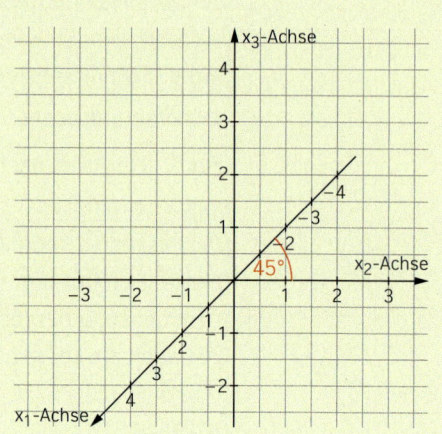

Punkte in ein räumliches Koordinatensystem einzeichnen

Zu jedem Zahlentripel, z. B. $(p_1|p_2|p_3)$, gehört ein Punkt mit diesen Koordinaten. Man findet ihn als Endpunkt eines Koordinatenzuges:

Dabei geht man vom Ursprung aus
- p_1 Einheiten in Richtung der x_1-Achse,
- dann p_2 Einheiten in Richtung der x_2-Achse,
- schließlich p_3 Einheiten in Richtung der x_3-Achse.

Man schreibt dafür $P(p_1|p_2|p_3)$ und liest: Punkt P mit den Koordinaten p_1, p_2, p_3.

Zum Einzeichnen des Punktes $P(2|-3|3{,}5)$ geht man vom Ursprung aus
- 2 Einheiten in Richtung der x_1-Achse,
- dann 3 Einheiten in negative Richtung der x_2-Achse,
- schließlich 3,5 Einheiten in Richtung der x_3-Achse.

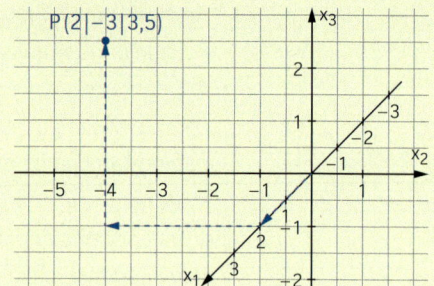

Anders als im 2-dimensionalen Koordinatensystem ist es aber hier nicht möglich, die Koordinaten von Punkten eindeutig abzulesen.

Der Punkt $Q(0|-4|2{,}5)$ wird an derselben Stelle im Schrägbild eingezeichnet wie der Punkt P.

5.1 Punkte im Raum beschreiben

Üben

1 Zeichnen Sie das Dreieck mit den Eckpunkten A, B, C in ein Koordinatensystem.
a) A(3|2|4), B(−2|−3|3), C(−4|1|−5)
b) A(3|1|−1), B(−1|4|1), C(−3|−3|2)

2 Zeichnen Sie die Punkte A(4|3|5), B(2|−3|−1) und C(6|3|4) in ein Koordinatensystem. Geben Sie jeweils zwei weitere Punkte an, die im Schrägbild an derselben Stelle wie Punkt A, B oder C erscheinen.

3 Lina hat den Punkt P(1|3|4) in das Koordinatensystem gezeichnet. Was hat sie dabei falsch gemacht?

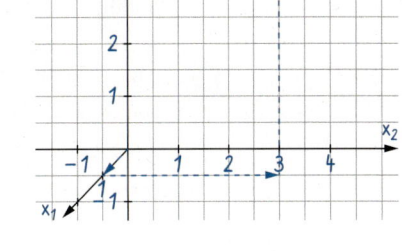

4 Eine gerade quadratische Pyramide hat die Höhe h = 8 cm. Die Grundfläche hat die Seitenlänge a = 10 cm.
Wählen Sie ein räumliches Koordinatensystem und zeichnen Sie die Pyramide ein.
Bestimmen Sie die Koordinaten aller Eckpunkte.
Hinweis: Je nach Lage des Koordinatensystems sind verschiedene Lösungen möglich.

5 Ein Turm hat vereinfacht die Form eines Quaders, auf den eine gerade Pyramide aufgesetzt wurde.
a) Wählen Sie ein Koordinatensystem mit D als Ursprung, sodass die Koordinatenachsen auf den Kanten des Quaders liegen. Zeichnen Sie ein Schrägbild des Turms und geben Sie die Koordinaten seiner Eckpunkte an.
b) Wählen Sie ein zweites Koordinatensystem, bei dem der Ursprung im Mittelpunkt M der Grundfläche ABCD liegt. Bestimmen Sie ebenfalls die Koordinaten aller Eckpunkte des Turms.
c) Vergleichen Sie die Koordinaten der Eckpunkte aus den Teilaufgaben a) und b) miteinander.

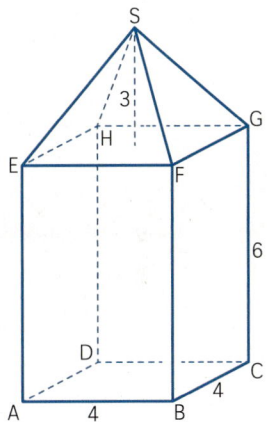

6 Bestimmen Sie die Koordinaten der angegebenen Punkte des Körpers im abgebildeten Schrägbild.

7 Wo liegen im Koordinatensystem alle Punkte,
a) deren x_1-Koordinate null ist;
b) deren x_3-Koordinate null ist;
c) deren x_1-Koordinate und x_2-Koordinate null sind;
d) deren x_3-Koordinate gleich 3 ist;
e) deren x_1-Koordinate gleich 2 ist und deren x_2-Koordinate gleich 3 ist?

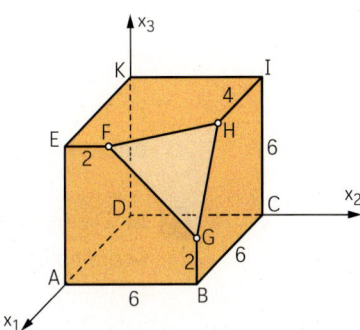

165

Punkte und Vektoren im Raum

8 Malte betrachtet das Koordinatensystem mit den eingezeichneten Punkten P und Q.
Er behauptet:
„Der Punkt P liegt in der x_2x_3-Ebene und hat die Koordinaten P(0|3|2), der Punkt Q liegt in der x_1x_2-Ebene und hat die Koordinaten Q(3|−1|0)."
Nehmen Sie zu Maltes Behauptung Stellung.

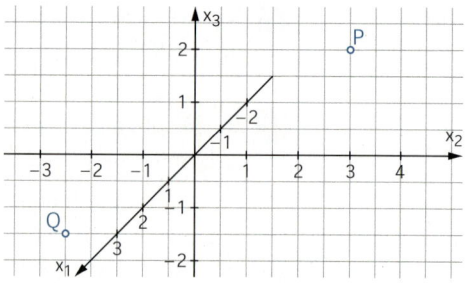

9 a) Welche Koordinaten haben die eingetragenen Ecken des abgebildeten Gebäudes?
b) Geben Sie an, welche Eckpunkte in der x_1x_2-Ebene, welche in der x_2x_3-Ebene und welche in der x_1x_3-Ebene liegen.
c) Welche Koordinaten hätten die Punkte, wenn der Ursprung in H wäre und die x_1-Achse in Richtung I und die x_3-Achse in Richtung E verliefe?
Welche Punkte des Gebäudes liegen jetzt in der x_1x_2-Ebene, welche in der x_2x_3-Ebene, welche in der x_1x_3-Ebene?

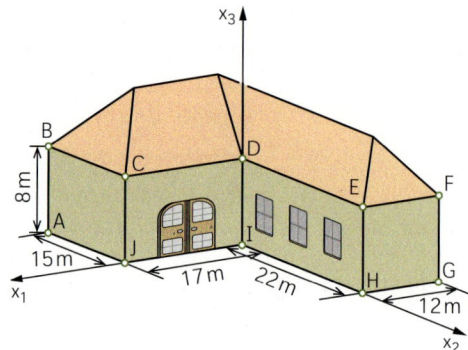

Projektion und Spiegelung von Punkten

Weiterüben

10 Gegeben ist der Punkt P(2|3|4).
a) Projiziert man den Punkt P parallel zur x_2-Achse in die x_1x_3-Koordinatenebene, so erhält man den Bildpunkt P′ von P in der x_1x_3-Koordinatenebene.
Bestimmen Sie die Koordinaten von P′.
b) Bestimmen Sie entsprechend die Bilder P″ und P‴ bei der Projektion von P in die x_1x_2-Ebene und in die x_2x_3-Ebene.
c) Der Punkt P wird an der x_1x_3-Koordinatenebene gespiegelt. Geben Sie die Koordinaten des Bildpunktes an.

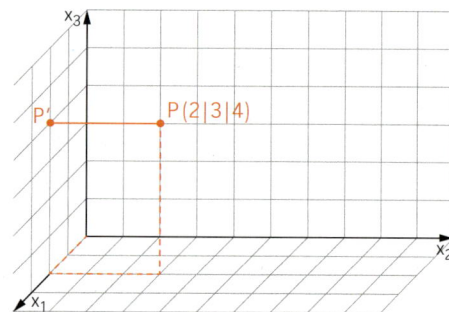

11 Die Punkte P(−4|0|0), Q(0|3|0), R(3|−2|4) und S(−8|5|−3) werden an einer Koordinatenebene oder am Koordinatenursprung gespiegelt.
Bestimmen Sie die Koordinaten der zugehörigen Bildpunkte.
a) Spiegelung an der x_1x_2-Ebene
b) Spiegelung an der x_1x_3-Ebene
c) Spiegelung an der x_2x_3-Ebene
d) Spiegelung am Koordinatenursprung

5.2 Vektoren

Einstieg

👥 Die Paketzustellung mithilfe von Drohnen befindet sich im Erprobungsstadium. Der Ort einer Drohne wird in einem lokalen Koordinatensystem mit der Einheit Meter beschrieben. Die Drohne befindet sich im Punkt P(45|−17|5) und soll das Paket auf der Dachterrasse eines Hauses im Punkt Q(36|−5|6) absetzen. Beschreiben Sie, wie die Drohne fliegen muss, um vom Punkt P zum Punkt Q zu gelangen.

Aufgabe mit Lösung

Ein Dreieck im Raum verschieben

Das Dreieck ABC mit A(1|−1|2), B(−1|−4|2) und C(1|−3|0) wird so verschoben, dass der Bildpunkt von A die Koordinaten A'(3|5|4) hat.

→ Bestimmen Sie die Koordinaten der Bildpunkte B' und C'.
Zeichnen Sie beide Dreiecke und die Verschiebungspfeile in ein Koordinatensystem.

Lösung

Man vergleicht die Koordinaten des Punktes A mit denen seines Bildpunktes A':

A(1 | −1 | 2   )
  +2 ↓ +6 ↓ +2 ↓
A'(3 | 5 | 4   )

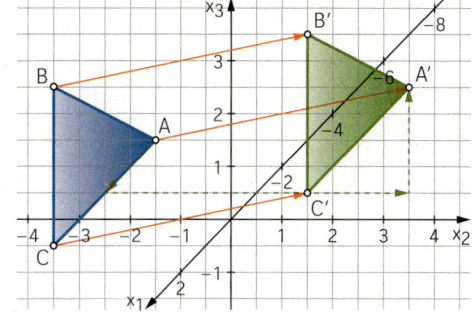

Um den Punkt A auf den Punkt A' zu verschieben, geht man

- in x_1-Richtung um 2 Einheiten nach vorn, nämlich vom x_1-Wert 1 zum x_1-Wert 3,
- in x_2-Richtung um 6 Einheiten nach rechts, nämlich vom x_2-Wert −1 zum x_2-Wert 5,
- in x_3-Richtung um 2 Einheiten nach oben, nämlich vom x_3-Wert 2 zum x_3-Wert 4.

Offensichtlich erhält man die Zahlenangaben der Verschiebung, indem man von den Koordinaten des Bildpunktes A' die Koordinaten des Punktes A subtrahiert. Ein negativer Zahlenwert bedeutet dann, dass man entgegen der Richtung der jeweiligen Koordinatenachse gehen muss. Die gleiche Verschiebung führt man auch mit den Koordinaten der Punkte B und C durch:

B'(−1 + 2|−4 + 6|2 + 2), also B'(1|2|4), sowie C'(1 + 2|−3 + 6|0 + 2), also C'(3|3|2).

→ Die gleiche Verschiebung soll mit einer beliebigen Figur ausgeführt werden. Wie kann man die Verschiebung durch Zahlen beschreiben?

Lösung

Die Koordinaten der Bildpunkte bei der Verschiebung können so bestimmt werden:
1. Koordinate + 2; 2. Koordinate + 6; 3. Koordinate + 2.

167

Punkte und Vektoren im Raum

Information

Vektoren

Definition

Ein **Vektor** mit drei Koordinaten ist ein Zahlentripel, das man als Spalte schreibt. Kurz werden Vektoren mit einem Kleinbuchstaben mit darübergesetztem Pfeil bezeichnet: $\vec{v} = \begin{pmatrix} v_1 \\ v_2 \\ v_3 \end{pmatrix}$

Der **Gegenvektor** des Vektors $\vec{v}$ ist der Vektor $-\vec{v} = \begin{pmatrix} -v_1 \\ -v_2 \\ -v_3 \end{pmatrix}$.

Der Vektor $\vec{o} = \begin{pmatrix} 0 \\ 0 \\ 0 \end{pmatrix}$ heißt **Nullvektor**.

$\vec{v} = \begin{pmatrix} 1 \\ -7 \\ 0 \end{pmatrix}$; $\vec{w} = \begin{pmatrix} -0{,}1 \\ -3 \\ \frac{1}{2} \end{pmatrix}$

$\vec{a} = \begin{pmatrix} -5 \\ 0 \\ 3 \end{pmatrix}$

Der Gegenvektor zu $\vec{a}$ ist $-\vec{a} = \begin{pmatrix} 5 \\ 0 \\ -3 \end{pmatrix}$.

Zusammenhang zwischen Vektoren und Pfeilen

Vektoren können zur Beschreibung einer Verschiebung verwendet werden. Die Koordinaten des Vektors geben an, wie man bei der Verschiebung im Koordinatensystem von einem Punkt zu seinem Bildpunkt kommt.

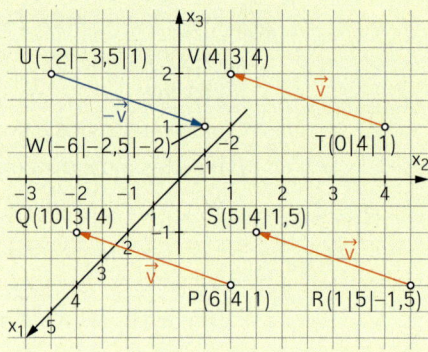

Der Vektor, der die Verschiebung eines Punktes P in den Punkt Q beschreibt, wird mit $\overrightarrow{PQ}$ bezeichnet.
Alle Verschiebungspfeile, die parallel zueinander, gleich gerichtet und gleich lang sind, veranschaulichen den gleichen Vektor. Umgekehrt bestimmt jeder Pfeil einen Vektor.

Der Pfeil von P(6|4|1) nach Q(10|3|4) veranschaulicht den Vektor $\vec{v}$ mit

$\vec{v} = \begin{pmatrix} 10-6 \\ 3-4 \\ 4-1 \end{pmatrix} = \begin{pmatrix} 4 \\ -1 \\ 3 \end{pmatrix}$.

Man schreibt deshalb auch $\overrightarrow{PQ} = \begin{pmatrix} 4 \\ -1 \\ 3 \end{pmatrix}$.

Es gilt: $\overrightarrow{PQ} = \overrightarrow{RS} = \overrightarrow{TV}$

Ortsvektor eines Punktes

Der Vektor $\overrightarrow{OP} = \vec{p} = \begin{pmatrix} p_1 \\ p_2 \\ p_3 \end{pmatrix}$ heißt **Ortsvektor** des Punktes $P(p_1|p_2|p_3)$.

Der Ortsvektor des Punktes $A(3|-1|2)$ ist der Vektor $\overrightarrow{OA} = \vec{a} = \begin{pmatrix} 3 \\ -1 \\ 2 \end{pmatrix}$.

Er beschreibt die Verschiebung des Koordinatenursprungs in den Punkt A.

5.2 Vektoren

Üben

1 Gegeben sind ein Punkt A und ein Vektor $\vec{v}$, der eine Verschiebung beschreibt. Bestimmen Sie die Koordinaten des Bildpunktes A'.

a) $A(5|3|-1);\ \vec{v} = \begin{pmatrix} 6 \\ 4 \\ 2 \end{pmatrix}$
b) $A(4,2|1,3|-2,5);\ \vec{v} = \begin{pmatrix} 6,4 \\ 4,1 \\ -8,4 \end{pmatrix}$

c) $A(6|4|-3);\ \vec{v} = \begin{pmatrix} 0 \\ 0 \\ 0 \end{pmatrix}$
d) $A(2|-5|1);\ \vec{v} = \begin{pmatrix} -2 \\ 5 \\ -1 \end{pmatrix}$

2 Das Dreieck mit den Eckpunkten $A(2|-3|-1)$, $B(1|-1|-2)$ und $C(1|-1|3)$ wird so verschoben, dass $A'(-1|2|0)$ der Bildpunkt von A ist.

a) Zeichnen Sie das Dreieck und das Bilddreieck.
b) Geben Sie den Vektor und den Gegenvektor dieser Verschiebung an.

3 Geben Sie den Gegenvektor an.

(1) $\vec{v} = \begin{pmatrix} 1 \\ -2 \\ 3 \end{pmatrix}$
(2) $\vec{v} = \begin{pmatrix} -2 \\ 0 \\ 1 \end{pmatrix}$
(3) $\vec{v} = \begin{pmatrix} r \\ -s \\ t \end{pmatrix}$
(4) $\vec{v} = \begin{pmatrix} 0 \\ 0 \\ 0 \end{pmatrix}$

4 Betrachten Sie den Vektor $\vec{v} = \begin{pmatrix} -4 \\ -3 \\ 3 \end{pmatrix}$.

a) Zeichnen Sie drei Pfeile, die zu $\vec{v}$ gehören, in ein Koordinatensystem ein.
b) Der Vektor $\vec{v}$ bildet bei einer Verschiebung den Punkt $A(3|5|2)$ auf den Punkt A' ab. Der Punkt B wird dabei auf den Punkt $B'(-8|17|-23)$ abgebildet. Bestimmen Sie die Koordinaten der Punkte A' und B.

5 Betrachten Sie die Vektoren $\overrightarrow{DA}$, $\overrightarrow{DC}$, $\overrightarrow{AB}$, $\overrightarrow{BC}$, $\overrightarrow{CG}$, $\overrightarrow{HF}$, $\overrightarrow{DB}$, $\overrightarrow{EF}$ in der Figur. Welche Vektoren sind gleich?

6 Der Vektor $\vec{v} = \begin{pmatrix} -3 \\ 2 \\ -1 \end{pmatrix}$ bildet den Punkt P bei einer Verschiebung auf den Punkt Q ab. Bestimmen Sie die Koordinaten des fehlenden Punktes Q bzw. P.

a) $P(12|-8|25)$
b) $Q(-6|15|17)$
c) $P(-1|-3|-7)$
d) $Q(q|q-5|3q+2)$

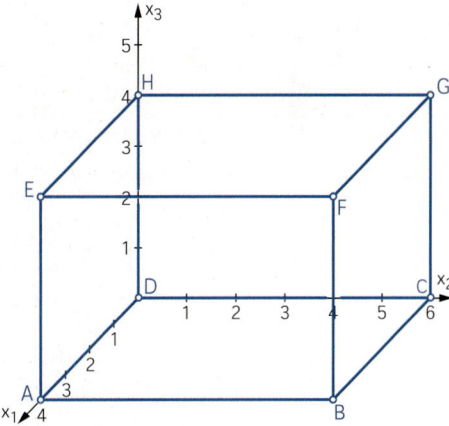

7 In der Abbildung gehören mehrere Pfeile zum gleichen Vektor.
Wie viele verschiedene Vektoren sind in der Abbildung dargestellt?

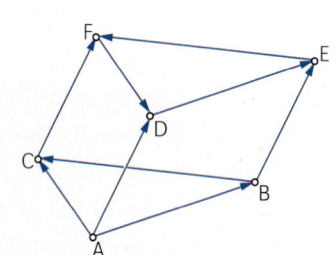

Punkte und Vektoren im Raum

8 ≡ In dem Koordinatensystem sind die Pfeile $\overrightarrow{AB}$ und $\overrightarrow{OC}$ eingezeichnet.

a) Welche Vektoren können zu diesen Pfeilen gehören?

b) Welche Koordinaten müsste man für die Punkte A und C wählen, damit $\overrightarrow{AB} = \overrightarrow{OC}$ gilt?

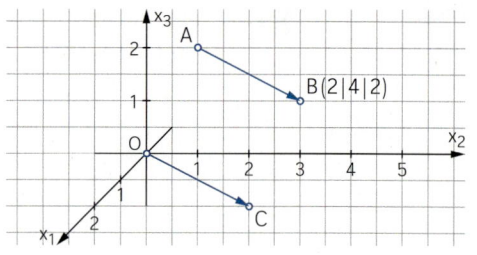

Länge eines Vektors bestimmen

9 ≡ Gegeben ist ein Punkt A. Man erhält den Bildpunkt A′ von A durch eine Verschiebung mit dem Vektor $\vec{v} = \begin{pmatrix} 5 \\ 7 \\ 1{,}5 \end{pmatrix}$.

Bestimmen Sie die Länge der Strecke $\overline{AA'}$.

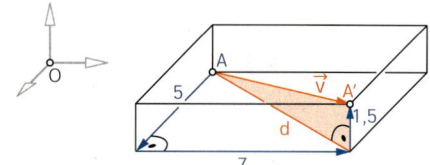

Information

Länge eines Vektors

Die **Länge** eines Vektors ist die Länge der Pfeile, die zu diesem Vektor gehören. Statt Länge eines Vektors sagt man auch **Betrag** des Vektors und schreibt dafür $|\vec{v}|$.

Für $\vec{v} = \begin{pmatrix} v_1 \\ v_2 \\ v_3 \end{pmatrix}$ gilt: $|\vec{v}| = \sqrt{v_1^2 + v_2^2 + v_3^2}$

Der **Abstand** zweier Punkte A und B ist die Länge des Vektors $\overrightarrow{AB}$, also $|AB| = |\overrightarrow{AB}|$.
Die Längeneinheit ist stets die Koordinateneinheit.

$\vec{v} = \begin{pmatrix} 1 \\ 2 \\ -3 \end{pmatrix}$ hat die Länge

$|\vec{v}| = \sqrt{1^2 + 2^2 + (-3)^2} = \sqrt{14} \approx 3{,}74$.

A(4|7|−3), B(6|5|−4),

$\overrightarrow{AB} = \begin{pmatrix} 2 \\ -2 \\ -1 \end{pmatrix}$

$|AB| = |\overrightarrow{AB}|$
$= \sqrt{2^2 + (-2)^2 + (-1)^2} = \sqrt{9} = 3$

Beweis:
Man zeichnet zum Vektor $\vec{v}$ einen zugehörigen Pfeil vom Ursprung O aus. Die gesuchte Länge des Vektors $\vec{v}$ ist die Länge der Strecke $\overline{OA}$, also $|\vec{v}| = |OA|$.
Die Strecke $\overline{OA}$ ist eine Raumdiagonale im Koordinatenquader von A.

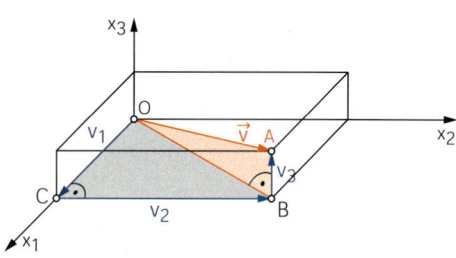

Im rot getönten rechtwinkligen Dreieck OBA gilt nach dem Satz von Pythagoras: $|OA|^2 = |OB|^2 + |BA|^2$
Im grau getönten rechtwinkligen Dreieck OCB gilt: $|OB|^2 = |OC|^2 + |CB|^2$
Insgesamt ist: $|OA|^2 = |OC|^2 + |CB|^2 + |BA|^2$
Damit erhält man: $|\vec{v}|^2 = v_1^2 + v_2^2 + v_3^2$, also $|\vec{v}| = \sqrt{v_1^2 + v_2^2 + v_3^2}$

5.2 Vektoren

10 Ermitteln Sie die Länge des Vektors $\vec{v}$.

a) $\vec{v} = \begin{pmatrix} 2 \\ -3 \\ -4 \end{pmatrix}$ b) $\vec{v} = \begin{pmatrix} 2 \\ 0 \\ 5 \end{pmatrix}$ c) $\vec{v} = \begin{pmatrix} 2 \\ 2 \\ 2 \end{pmatrix}$ d) $\vec{v} = \begin{pmatrix} 0 \\ 0 \\ 0 \end{pmatrix}$

11 Gegeben sind die Vektoren

(1) $\vec{a} = \begin{pmatrix} 2 \\ 1 \\ -3 \end{pmatrix}$, $\vec{b} = \begin{pmatrix} 4 \\ 1 \\ 3 \end{pmatrix}$, $\vec{c} = \begin{pmatrix} -4 \\ -2 \\ 1 \end{pmatrix}$, $\vec{d} = \begin{pmatrix} 3 \\ 2 \\ 1 \end{pmatrix}$; (2) $\vec{a} = \begin{pmatrix} 2 \\ 6 \\ 9 \end{pmatrix}$, $\vec{b} = \begin{pmatrix} 1 \\ -\frac{1}{2} \\ \frac{1}{9} \end{pmatrix}$, $\vec{c} = \begin{pmatrix} 4 \\ 1 \\ -3 \end{pmatrix}$, $\vec{d} = \begin{pmatrix} 3 \\ 9 \\ \frac{27}{2} \end{pmatrix}$.

Bestimmen Sie die Länge der Vektoren. Welche Vektoren sind gleich lang?

12 Berechnen Sie den Abstand des Punktes P vom Ursprung des Koordinatensystems.

a) $P(12|5|-6)$ b) $P(3|-2|1)$ c) $P(-5|-3|7)$ d) $P(-4|-1|-6)$

13 Wie lang ist die Strecke $\overline{PQ}$?

a) $P(4|-3|5)$; $Q(2|8|6)$ b) $P(6|-3|-2)$; $Q(4|8|-7)$
c) $P(1|-2|6)$; $Q(3|1|-5)$ d) $P(-7,5|12,3|9,6)$; $Q(3,3|-4,8|6,2)$

14 Bei einer Verschiebung wird der Punkt P auf den Punkt Q abgebildet. Geben Sie den Vektor an, der diese Verschiebung beschreibt. Berechnen Sie die Länge des Vektors.

a) $P(-3|4|12)$; $Q(4|-2|8)$ b) $P(25|-33|18)$; $Q(28|-37|21)$
c) $P(-8|2|4)$; $Q(11|-7|15)$ d) $P(-8|0|-8)$; $Q(0|-8|0)$

15 Max und Laura berechnen die Länge des Vektors $\vec{a} = \begin{pmatrix} 4 \\ -2 \\ 3 \end{pmatrix}$.

Max rechnet:

$\sqrt{4-2+3}$ 2.23607

Laura dagegen:

$\sqrt{4^2-2^2+3^2}$ 4.58258

Was wurde falsch gemacht? Wie lang ist der Vektor $\vec{a}$?

Weiterüben

16 a) Der Punkt $P(1|-3|8)$ wird an der x_1x_2-Ebene gespiegelt.
Bestimmen Sie die Koordinaten seines Bildpunktes P' und berechnen Sie die Länge des Vektors $\overrightarrow{PP'}$.

b) Der Punkt $A(-4|5|9)$ wird in die x_1x_2-Ebene projiziert.
Bestimmen Sie die Koordinaten seines Bildpunktes A' und berechnen Sie die Länge des Vektors $\overrightarrow{AA'}$.

17 Zeichnen Sie das Dreieck. Berechnen Sie seinen Umfang.

a) $A(3|-2|7)$, $B(-1|2|5)$, $C(6|8|-9)$ b) $A(-6,2|-1,8)$, $B(5,3|3,4)$, $C(1,7|6,4)$

18 Bestimmen Sie im Viereck ABCD die Längen der Seiten und der Diagonalen sowie den Umfang.

a) $A(-3|0|2)$, $B(4|1|0)$, $C(2|2|3)$, $D(-2|-1|0)$
b) $A(3|-2|1)$, $B(-1|2|3)$, $C(1|-1|2)$, $D(5|-5|0)$

171

5.3 Addition und Subtraktion von Vektoren

Einstieg

Ein Container wird beim Verladen zweimal verschoben. Zuerst wird sein Eckpunkt $A(-6|5|5)$ zum Punkt $A'(4|-2|0)$ verschoben. Danach bewegt sich der Eckpunkt von der Position A' zu $A''(-4|-8|8)$. Geben Sie die beiden Vektoren $\vec{v}$ und $\vec{w}$ an, die diese Verschiebungen beschreiben. Welcher Vektor gibt die gesamte Verschiebung von A nach A'' an? Wie hängt dieser Vektor mit den beiden Vektoren $\vec{v}$ und $\vec{w}$ zusammen?

Aufgabe mit Lösung

Zweimalige Verschiebung eines Dreiecks

Ein Dreieck hat die Eckpunkte $A(4|1|0)$, $B(0|-3|1)$ und $C(6|-1|2)$ und wird zuerst mit dem Vektor $\vec{v} = \begin{pmatrix} -3 \\ 4 \\ 2 \end{pmatrix}$ und danach mit dem Vektor $\vec{w} = \begin{pmatrix} 2 \\ -3 \\ 1 \end{pmatrix}$ verschoben.

→ Bestimmen Sie die Koordinaten der Eckpunkte der beiden Bilddreiecke. Zeichnen Sie das Ausgangsdreieck und die beiden Bilddreiecke in ein Koordinatensystem.

Lösung

Für das erste Bilddreieck erhalten wir:
$A'(4-3|1+4|0+2)$, also $A'(1|5|2)$;
$B'(0-3|-3+4|1+2)$, also $B'(-3|1|3)$;
$C'(6-3|-1+4|2+2)$, also $C'(3|3|4)$.
Für das zweite Bilddreieck erhalten wir:
$A'(1+2|5-3|2+1)$, also $A''(3|2|3)$;
$B'(-3+2|1-3|3+1)$, also $B''(-1|-2|4)$;
$C'(3+2|3-3|4+1)$, also $C''(5|0|5)$.

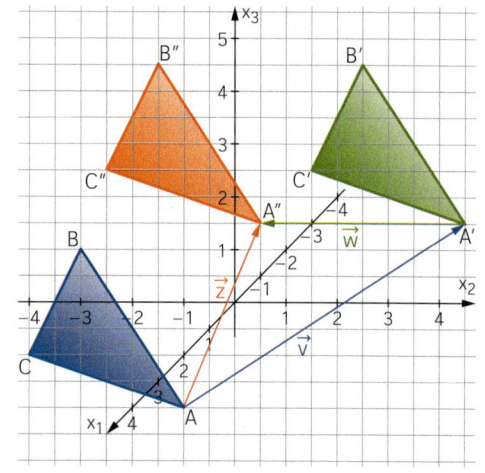

→ Geben Sie den Vektor $\vec{z}$ an, der die zweimalige Verschiebung durch eine Verschiebung ersetzt. Wie hängt $\vec{z}$ mit den beiden anderen Vektoren $\vec{v}$ und $\vec{w}$ zusammen?

Lösung

Durch die zweimalige Verschiebung ändert sich die erste Koordinate von A um $-3+2=-1$. Die zweite Koordinate ändert sich um $4+(-3)=1$ und die dritte Koordinate um $2+1=3$. Die zweimalige Verschiebung kann also auch durch eine Verschiebung mit dem Vektor $\vec{z} = \begin{pmatrix} -1 \\ 1 \\ 3 \end{pmatrix}$ beschrieben werden. Die Koordinaten von $\vec{z}$ erhält man, indem man die Koordinaten von $\vec{v}$ und $\vec{w}$ addiert: $\vec{z} = \begin{pmatrix} -3+2 \\ 4+(-3) \\ 2+1 \end{pmatrix} = \begin{pmatrix} -1 \\ 1 \\ 3 \end{pmatrix}$

5.3 Addition und Subtraktion von Vektoren

Information

Addieren und Subtrahieren von Vektoren

Definition

Zwei Vektoren $\vec{a} = \begin{pmatrix} a_1 \\ a_2 \\ a_3 \end{pmatrix}$ und $\vec{b} = \begin{pmatrix} b_1 \\ b_2 \\ b_3 \end{pmatrix}$ werden koordinatenweise addiert oder subtrahiert. Man nennt den Vektor

$$\vec{s} = \vec{a} + \vec{b} = \begin{pmatrix} a_1 + b_1 \\ a_2 + b_2 \\ a_3 + b_3 \end{pmatrix}$$

die **Summe** oder auch den **Summenvektor** von $\vec{a}$ und $\vec{b}$.

Der Vektor $\vec{d} = \vec{a} - \vec{b} = \begin{pmatrix} a_1 - b_1 \\ a_2 - b_2 \\ a_3 - b_3 \end{pmatrix}$ wird **Differenz** oder auch **Differenzvektor** von $\vec{a}$ und $\vec{b}$ genannt.

Hinweis: Man erhält den Differenzvektor $\vec{d}$ auch, indem man zum Vektor $\vec{a}$ den Gegenvektor $-\vec{b}$ von $\vec{b}$ addiert.

$\vec{a} = \begin{pmatrix} 3 \\ 1 \\ -2 \end{pmatrix}$ und $\vec{b} = \begin{pmatrix} -4 \\ 3 \\ 8 \end{pmatrix}$

$\vec{s} = \vec{a} + \vec{b} = \begin{pmatrix} 3 + (-4) \\ 1 + 3 \\ -2 + 8 \end{pmatrix}$

$= \begin{pmatrix} -1 \\ 4 \\ 6 \end{pmatrix}$

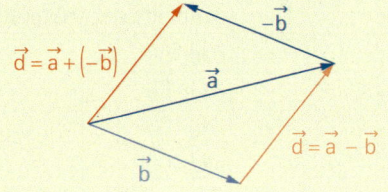

$\vec{d} = \vec{a} - \vec{b} = \begin{pmatrix} 3 - (-4) \\ 1 - 3 \\ -2 - 8 \end{pmatrix}$

$= \begin{pmatrix} 7 \\ -2 \\ -10 \end{pmatrix}$

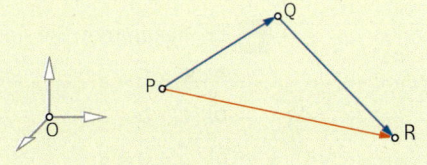

Dreiecksregel

Im Koordinatensystem gilt für alle Punkte P, Q und R folgende Regel:

$\overrightarrow{PQ} + \overrightarrow{QR} = \overrightarrow{PR}$

Für einen **Verbindungsvektor** $\overrightarrow{AB}$ zweier Punkte A und B und ihren Ortsvektoren gilt $\overrightarrow{OA} + \overrightarrow{AB} = \overrightarrow{OB}$.

Somit kann man den Verbindungsvektor zweier Punkte $A(a_1|a_2|a_3)$ und $B(b_1|b_2|b_3)$ wie folgt bestimmen:

$\overrightarrow{AB} = \overrightarrow{OB} - \overrightarrow{OA} = \begin{pmatrix} b_1 - a_1 \\ b_2 - a_2 \\ b_3 - a_3 \end{pmatrix}$

$A(5|4|-1)$ und $B(8|2|-3)$

$\overrightarrow{AB} = \begin{pmatrix} 8 - 5 \\ 2 - 4 \\ -3 - (-1) \end{pmatrix} = \begin{pmatrix} 3 \\ -2 \\ -2 \end{pmatrix}$

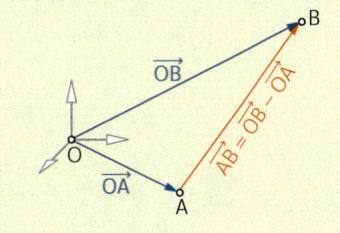

Üben

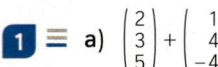 a) $\begin{pmatrix} 2 \\ 3 \\ 5 \end{pmatrix} + \begin{pmatrix} 1 \\ 4 \\ -4 \end{pmatrix}$ b) $\begin{pmatrix} 6 \\ 9 \\ 3 \end{pmatrix} + \begin{pmatrix} 0 \\ 0 \\ 0 \end{pmatrix}$ c) $\begin{pmatrix} 8 \\ -5 \\ 3 \end{pmatrix} + \begin{pmatrix} -6 \\ -1 \\ -3 \end{pmatrix}$ d) $\begin{pmatrix} -3 \\ 2 \\ -4 \end{pmatrix} + \begin{pmatrix} -1 \\ -4 \\ 6 \end{pmatrix}$

e) $\begin{pmatrix} 1 \\ 2 \\ 4 \end{pmatrix} - \begin{pmatrix} 3 \\ -1 \\ -1 \end{pmatrix}$ f) $\begin{pmatrix} 1 \\ -2 \\ 3 \end{pmatrix} - \begin{pmatrix} 5 \\ 4 \\ -2 \end{pmatrix}$ g) $\begin{pmatrix} -3 \\ 5 \\ -2 \end{pmatrix} - \begin{pmatrix} -7 \\ -1 \\ 3 \end{pmatrix}$ h) $\begin{pmatrix} 7 \\ -3 \\ -10 \end{pmatrix} - \begin{pmatrix} 5 \\ 8 \\ 1 \end{pmatrix}$

Punkte und Vektoren im Raum

2 ≡ Gegeben sind die abgebildeten Pfeile der Vektoren $\vec{a}$, $\vec{b}$, $\vec{c}$ und $\vec{d}$ in der x_1x_2-Ebene.
Übertragen Sie die vier Vektoren auf Karopapier und zeichnen Sie je einen Pfeil des angegebenen Summen- und Differenzvektors.
Geben Sie außerdem die Koordinaten der Vektoren an.

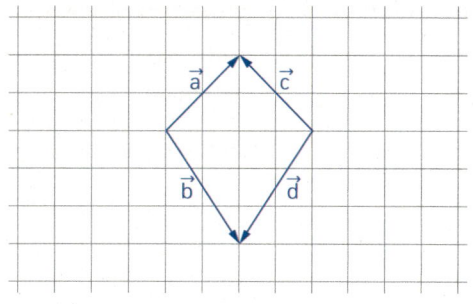

a) $\vec{a} + \vec{b}$
b) $\vec{a} + \vec{b} + \vec{c}$
c) $\vec{a} - \vec{c}$
d) $\vec{c} + \vec{d}$
e) $\vec{b} - \vec{a} + \vec{c}$
f) $\vec{a} - (\vec{b} + \vec{c}) + \vec{d}$
g) $\vec{a} - (\vec{b} + \vec{d})$
h) $\vec{c} + \vec{d} - \vec{a}$

3 ≡ Gegeben sind die drei Vektoren $\vec{a} = \overrightarrow{AB}$, $\vec{b} = \overrightarrow{AD}$ und $\vec{c} = \overrightarrow{AE}$.
Beschreiben Sie die folgenden Vektoren mithilfe der Vektoren $\vec{a}$, $\vec{b}$ und $\vec{c}$.

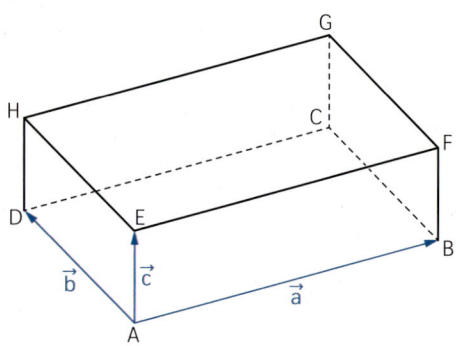

a) $\overrightarrow{AC}$
b) $\overrightarrow{BD}$
c) $\overrightarrow{EB}$
d) $\overrightarrow{EC}$
e) $\overrightarrow{GA}$
f) $\overrightarrow{FC}$
g) $\overrightarrow{GD}$
h) $\overrightarrow{HB}$

4 ≡ Bestimmen Sie den Vektor zeichnerisch.

a) $\vec{a} + \vec{c}$
b) $\vec{a} - \vec{b}$
c) $\vec{a} + \vec{b} + \vec{c}$

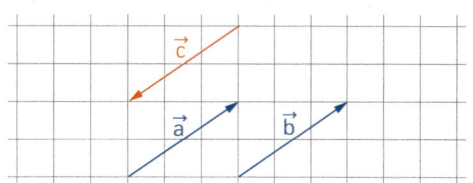

5 ≡ Vereinfachen Sie die Vektorsummen so weit wie möglich.
Fertigen Sie dazu jeweils eine Skizze an.

a) $\overrightarrow{AB} + \overrightarrow{BC} + \overrightarrow{CD}$
b) $\overrightarrow{AB} - \overrightarrow{CB} + \overrightarrow{CA}$
c) $\overrightarrow{RS} + \overrightarrow{SR}$
d) $\overrightarrow{RP} - (\overrightarrow{RP} - \overrightarrow{PQ}) + \overrightarrow{QS}$
e) $\overrightarrow{FG} + \overrightarrow{GH} - \overrightarrow{FF}$
f) $\overrightarrow{PQ} - (\overrightarrow{SR} - \overrightarrow{QR}) + \overrightarrow{SP}$

6 ≡ Gegeben sind die Punkte A, B, C, D, E und die Vektoren $\vec{r} = \overrightarrow{AB}$, $\vec{s} = \overrightarrow{CD}$, $\vec{t} = \overrightarrow{BE}$ und $\vec{u} = \overrightarrow{CA}$.
Beschreiben Sie die Vektoren $\overrightarrow{AC}$, $\overrightarrow{AD}$, $\overrightarrow{AE}$, $\overrightarrow{BA}$, $\overrightarrow{BC}$, $\overrightarrow{BD}$, $\overrightarrow{CB}$, $\overrightarrow{CE}$, $\overrightarrow{DA}$, $\overrightarrow{DB}$ und $\overrightarrow{DE}$ mithilfe von $\vec{r}$, $\vec{s}$, $\vec{t}$ und $\vec{u}$.

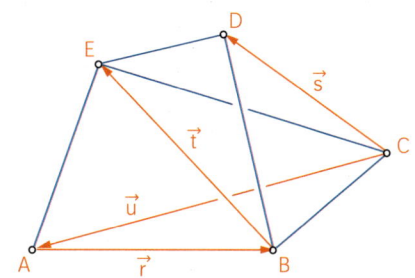

5.3 Addition und Subtraktion von Vektoren

7 Ein Dreieck hat die Eckpunkte $A(4|1|0)$, $B(0|-3|1)$ und $C(6|-1|3)$.
Verschieben Sie das Dreieck zuerst mit dem Vektor $\vec{v} = \begin{pmatrix} -3 \\ 4 \\ 2 \end{pmatrix}$ und anschließend mit dem Vektor $\vec{w} = \begin{pmatrix} 2 \\ -3 \\ 1 \end{pmatrix}$.

Geben Sie die Koordinaten der Eckpunkte des Bilddreiecks an.

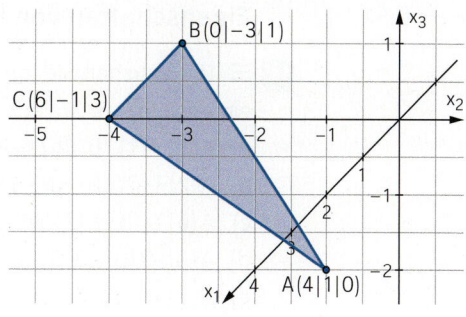

Zeichnen Sie das Ausgangsdreieck und das Bilddreieck mit einem einzigen Verschiebungspfeil in ein Koordinatensystem.

Abstand zweier Punkte im Raum

8 Zeigen Sie, dass man den Abstand zweier Punkte im Raum mit der angegebenen Formel berechnen kann.

> Für den Abstand zweier Punkte $A(a_1|a_2|a_3)$ und $B(b_1|b_2|b_3)$ gilt:
> $|AB| = |\overrightarrow{AB}|$
> $= \sqrt{(b_1 - a_1)^2 + (b_2 - a_2)^2 + (b_3 - a_3)^2}$

9 Berechnen Sie die Länge des Vektors $\overrightarrow{AB}$.
a) $A(-3|5|2)$; $B(8|-3|0)$
b) $A(6|6|6)$; $B(3|0|-2)$
c) $A(0|0|0)$; $B(-4|3|-5)$
d) $A(-2|-1|-5)$; $B(3|-5|2)$

10 Den Gipfel der Schneekoppe (tschechisch Sněžka) kann man über einen Sessellift erreichen. Der Lift führt von einer Talstation T über eine Zwischenstation Z auf die Bergstation B.

Der Vektor $\overrightarrow{TZ} = \begin{pmatrix} 563 \\ 676 \\ 682 \end{pmatrix}$ beschreibt näherungsweise den Weg des Liftes von der

Talstation zur Zwischenstation und der Vektor $\overrightarrow{ZB} = \begin{pmatrix} 1162 \\ 973 \\ 1434 \end{pmatrix}$ näherungsweise den Weg von der Zwischenstation zur Bergstation (Einheit des Koordinatensystems: 1 Meter).

a) Skizzieren Sie den Sachverhalt und bestimmen Sie den Vektor $\overrightarrow{TB}$.
b) Bei einer Erneuerung des Liftes wird die Zwischenstation verlegt. Der Weg von der Talstation zur Zwischenstation wird nun beschrieben durch $\overrightarrow{TZ}_{neu} = \begin{pmatrix} 488 \\ 534 \\ 645 \end{pmatrix}$.
Bestimmen Sie den Vektor $\overrightarrow{Z_{neu}B}$.
c) Vergleichen Sie die Längen der Wege von der Talstation zur Bergstation vor und nach der Verlegung der Zwischenstation.

Eigenschaften von Dreiecken und Vierecken untersuchen

11 ≡ Untersuchen Sie, ob das Dreieck ABC ein besonderes Dreieck ist.
a) A(3|7|1), B(8|7|−3), C(3|11|6)
b) A(2|1|0), B(10|−1|0), C(11|3|0)
c) A(6|1|0), B(2|3|0), C(3|0|2,5)
d) A(2|−2|5), B(0|2|1), C(3|−2|2)
e) A(−1|0|6), B(3|−4|4), C(1|4|2)

> Gegeben ist das Dreieck ABC mit A(1|2|1), B(3|4|2) und C(2|0|3).
>
> Seitenlängen:
>
> $a = |\overrightarrow{BC}| = \left\| \begin{pmatrix} -1 \\ -4 \\ 1 \end{pmatrix} \right\| = \sqrt{18}$;
>
> $b = |\overrightarrow{AC}| = \left\| \begin{pmatrix} 1 \\ -2 \\ 2 \end{pmatrix} \right\| = \sqrt{9} = 3$;
>
> $c = |\overrightarrow{AB}| = \left\| \begin{pmatrix} 2 \\ 2 \\ 1 \end{pmatrix} \right\| = \sqrt{9} = 3$
>
> Die Seiten b und c sind gleich lang, somit ist das Dreieck gleichschenklig. Falls das Dreieck rechtwinklig ist, muss der rechte Winkel gegenüber der längsten Seite, also a, liegen. Nach der Umkehrung des Satzes von Pythagoras ist in diesem Fall das Dreieck rechtwinklig, wenn gilt: $b^2 + c^2 = a^2$.
> Da $3^2 + 3^2 = 18 = \sqrt{18}^2$, gilt $b^2 + c^2 = a^2$ und das Dreieck ist rechtwinklig.

12 ≡ Zeichnen Sie das Dreieck ABC in ein Koordinatensystem, berechnen Sie die Seitenlängen des Dreiecks und geben Sie den Typ des Dreiecks an.
a) A(1|2|5), B(1|5|9), C(1|−1|1)
b) A(0|2|6), B(4|2|5), C(−1|3|2)

13 ≡ 🎲 Stellen Sie die besonderen Dreiecke und ihre Eigenschaften (Seitenlängen, Winkel) in einer Tabelle zusammen. Geben Sie für jedes Dreieck ein Beispiel an. Vergleichen Sie Ihre Ergebnisse und ergänzen Sie gegebenenfalls.

14 ≡ Untersuchen Sie, ob das Viereck ABCD ein Parallelogramm ist.
a) A(3|−1|2), B(1|0|−2), C(2|1|2), D(4|0|6)
b) A(5|0|2), B(0|−4|1), C(−3|1|0), D(−8|−3|−1)
c) A(7|6|5), B(10|7|8), C(1|5|4), D(−2|4|1)

15 ≡ Bestimmen Sie die Koordinaten des Punktes D so, dass ABCD ein Parallelogramm ist. Berechnen Sie die Seitenlängen des Parallelogramms.
a) A(3|−2|4), B(7|2|1), C(4|6|6)   b) A(8|4|9), B(4|−1|3), C(5|2|8)
c) A(3|4|−2), B(−3|−4|2), C(0|0|0)

Weiterüben

16 ≡ Der Werkzeughalter eines Industrieroboters ist mit einem Bohrer bestückt. Dieser soll von einem Startpunkt S aus geradlinig in Richtung seiner Achse bis zur Einsatzstelle P verschoben werden. Bei geeigneter Wahl eines Koordinatensystems liegt die Bohrerspitze im Punkt S(72|31|95), die Bohrstelle im Punkt P(68|45|83).
a) Zur Steuerung des Roboters muss angegeben werden, um wie viele Einheiten er den Roboterarm jeweils in Richtung der x_1-Achse, in Richtung der x_2-Achse und in Richtung der x_3-Achse bewegen muss. Welche Werte erhält man?
b) Die Bohrerhalterung liegt vor der Verschiebung im Punkt H(78|28|103). Geben Sie die Koordinaten seines Bildpunktes H' nach der Verschiebung an.
c) Wie lang ist der Weg der Bohrerspitze bei dieser Verschiebung?

5.4 Vervielfachen von Vektoren

Ziel

In diesem Abschnitt können Sie sich erarbeiten, wie man Vektoren mit einer reellen Zahl vervielfacht und welche geometrische Deutung dieser Rechenoperation zugrunde liegt.

Aufgabe mit Lösung

Vielfache eines Vektors bestimmen

Ein Wetterballon besteht aus einem Ballon mit einer Radiosonde und dient in der Meteorologie z. B. zur Messung von Temperatur, Luftdruck oder Luftfeuchtigkeit. Die gesammelten Daten werden per Funk an eine Bodenstation gesendet. Per GPS kann die Position der Radiosonde festgestellt und die Windrichtung ermittelt werden.

alle Koordinaten in Metern

Nach dem Start steigt eine Radiosonde in den ersten Minuten nahezu konstant pro Sekunde um den Vektor $\vec{v} = \begin{pmatrix} 0{,}5 \\ 2 \\ 4 \end{pmatrix}$.

➡ Zur Vereinfachung legt man das Koordinatensystem so fest, dass der Startpunkt in $O(0|0|0)$ liegt. An welchem Punkt P_1 befindet sich die Sonde nach einer Sekunde? Bestimmen Sie die Koordinaten dieses Punktes.

Lösung

Die Sonde erreicht nach einer Sekunde den Punkt mit dem Ortsvektor $\overrightarrow{OP_1} = \begin{pmatrix} 0{,}5 \\ 2 \\ 4 \end{pmatrix}$. Somit hat der Punkt P_1 die Koordinaten $P_1(0{,}5|2|4)$.

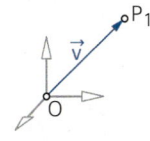

➡ Nach 3 und 7,5 Sekunden passiert die Sonde die Punkte P_3 und $P_{7{,}5}$. Bestimmen Sie die Koordinaten dieser Punkte.

Lösung

Da die Sonde konstant pro Sekunde um den Vektor $\vec{v} = \begin{pmatrix} 0{,}5 \\ 2 \\ 4 \end{pmatrix}$ steigt, gilt für den Ortsvektor $\overrightarrow{OP_3}$ des Punktes P_3 nach 3 Sekunden:

$$\overrightarrow{OP_3} = \vec{v} + \vec{v} + \vec{v} = \begin{pmatrix} 0{,}5 + 0{,}5 + 0{,}5 \\ 2 + 2 + 2 \\ 4 + 4 + 4 \end{pmatrix} = \begin{pmatrix} 3 \cdot 0{,}5 \\ 3 \cdot 2 \\ 3 \cdot 4 \end{pmatrix} = \begin{pmatrix} 1{,}5 \\ 6 \\ 12 \end{pmatrix}$$

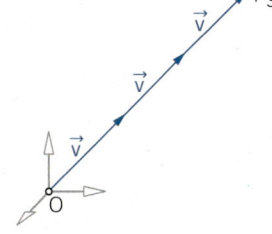

Nach drei Sekunden hat die Radiosonde einen dreimal so langen Weg zurückgelegt wie nach einer Sekunde. Den Ortsvektor $\overrightarrow{OP_3}$ erhält man durch dreimaliges Addieren des Vektors $\vec{v}$. In der Rechnung kann dies durch Multiplikation jeder Koordinate von $\vec{v}$ mit dem Faktor 3 realisiert werden. Man schreibt dafür $3 \cdot \vec{v}$. Entsprechend erhält man $\overrightarrow{OP_{7{,}5}}$:

$$\overrightarrow{OP_{7{,}5}} = 7{,}5 \cdot \vec{v} = \begin{pmatrix} 7{,}5 \cdot 0{,}5 \\ 7{,}5 \cdot 2 \\ 7{,}5 \cdot 4 \end{pmatrix} = \begin{pmatrix} 3{,}75 \\ 15 \\ 30 \end{pmatrix}$$

Die Sonde passiert somit nach 3 Sekunden den Punkt $P_3(1{,}5|6|12)$ und nach 7,5 Sekunden den Punkt $P_{7{,}5}(3{,}75|15|30)$.

Punkte und Vektoren im Raum — Selbstlernen

Information

Vervielfachen eines Vektors

Definition

Ein Vektor $\vec{v} = \begin{pmatrix} v_1 \\ v_2 \\ v_3 \end{pmatrix}$ wird koordinatenweise mit einer reellen Zahl r vervielfacht.
Man nennt den Vektor

$$r \cdot \vec{v} = r \cdot \begin{pmatrix} v_1 \\ v_2 \\ v_3 \end{pmatrix} = \begin{pmatrix} r \cdot v_1 \\ r \cdot v_2 \\ r \cdot v_3 \end{pmatrix}$$

das **r-fache des Vektors** $\vec{v}$.

Geometrische Deutung:

Für $\vec{v} \neq \vec{o}$ und $r \neq 0$ gilt:
- Die Pfeile der Vektoren $\vec{v}$ und $r \cdot \vec{v}$ sind parallel zueinander.
- Im Fall $r > 0$ haben die Pfeile des Vektors $r \cdot \vec{v}$ dieselbe Richtung und die r-fache Länge wie die Pfeile des Vektors $\vec{v}$.
- Im Fall $r < 0$ haben die Pfeile des Vektors $r \cdot \vec{v}$ die entgegengesetzte Richtung und die |r|-fache Länge wie die Pfeile des Vektors $\vec{v}$.

$\vec{v} = \begin{pmatrix} -2 \\ 0 \\ 3 \end{pmatrix}$

$1{,}5 \cdot \vec{v} = \begin{pmatrix} -3 \\ 0 \\ 4{,}5 \end{pmatrix}$

$\left(-\dfrac{3}{4}\right) \cdot \vec{v} = \begin{pmatrix} 1{,}5 \\ 0 \\ -2{,}25 \end{pmatrix}$

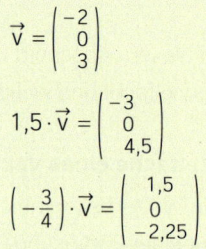

Kollineare Vektoren

Definition

Zwei Vektoren $\vec{v} \neq \vec{o}$ und $\vec{u} \neq \vec{o}$ heißen parallel zueinander, wenn sie Vielfache voneinander sind.
Man sagt auch: Die beiden Vektoren sind **kollinear**.

$\vec{v} = \begin{pmatrix} 3 \\ -1 \\ 4 \end{pmatrix}; \ \vec{u} = \begin{pmatrix} 1{,}5 \\ -0{,}5 \\ 2 \end{pmatrix}; \ \vec{w} = \begin{pmatrix} 6 \\ 5 \\ 4 \end{pmatrix}$

$\vec{v} \parallel \vec{u}$, da $\vec{u} = 0{,}5 \cdot \vec{v}$
$\vec{v} \nparallel \vec{w}$, da $\vec{u} \neq r \cdot \vec{v}$

Üben

1 Berechnen Sie.

a) $2 \cdot \begin{pmatrix} -1 \\ 5 \\ 7 \end{pmatrix}$ b) $1{,}5 \cdot \begin{pmatrix} 2 \\ -4 \\ 3 \end{pmatrix}$ c) $\left(-\dfrac{1}{2}\right) \cdot \begin{pmatrix} 4 \\ 0 \\ 5 \end{pmatrix}$ d) $(-3) \cdot \begin{pmatrix} 2 \\ 1 \\ -5 \end{pmatrix}$

2 Schreiben Sie den Vektor als ein Vielfaches eines Vektors mit ganzzahligen Koordinaten.

a) $\vec{a} = \begin{pmatrix} \frac{2}{3} \\ -1 \\ \frac{1}{3} \end{pmatrix}$ b) $\vec{a} = \begin{pmatrix} -4 \\ -\frac{3}{4} \\ \frac{1}{3} \end{pmatrix}$ c) $\vec{a} = \begin{pmatrix} 18 \\ -12 \\ 24 \end{pmatrix}$ d) $\vec{a} = \begin{pmatrix} -\frac{1}{2} \\ 20 \\ \frac{4}{6} \end{pmatrix}$

3 Begründen Sie: $\vec{b}$ ist kein Vielfaches des Vektors $\vec{a} = \begin{pmatrix} 2 \\ 4 \\ 1 \end{pmatrix}$.

a) $\vec{b} = \begin{pmatrix} -2 \\ -4 \\ 0 \end{pmatrix}$ b) $\vec{b} = \begin{pmatrix} 1 \\ 4 \\ 3 \end{pmatrix}$ c) $\vec{b} = \begin{pmatrix} 1 \\ 2 \\ 3 \end{pmatrix}$ d) $\vec{b} = \begin{pmatrix} t \\ -4 \\ 1 \end{pmatrix}$

5.4 Vervielfachen von Vektoren — Selbstlernen

4 Bestimmen Sie einen Vektor, der dieselbe Richtung wie der Vektor $\vec{a}$, aber die Länge 1 hat. Wie viele Lösungen gibt es?

a) $\vec{a} = \begin{pmatrix} 2 \\ -1 \\ 2 \end{pmatrix}$ 　　b) $\vec{a} = \begin{pmatrix} 5 \\ 3 \\ -4 \end{pmatrix}$

c) $\vec{a} = \begin{pmatrix} 9 \\ 0 \\ 5 \end{pmatrix}$ 　　d) $\vec{a} = \begin{pmatrix} 1 \\ 0 \\ 1 \end{pmatrix}$

> Der Vektor $\vec{a} = \begin{pmatrix} 3 \\ -4 \\ 2 \end{pmatrix}$ hat die Länge
> $|\vec{a}| = \sqrt{3^2 + (-4)^2 + 2^2} = \sqrt{29}$.
> Der Vektor $\vec{b} = \frac{1}{\sqrt{29}} \cdot \vec{a}$ hat die Länge 1 und die gleiche Richtung wie $\vec{a}$.

5 Untersuchen Sie, welche der Vektoren paarweise parallel zueinander sind.

$\vec{a} = \begin{pmatrix} 2 \\ -5 \\ 4 \end{pmatrix}$; $\vec{b} = \begin{pmatrix} -4 \\ 10 \\ 8 \end{pmatrix}$; $\vec{c} = \begin{pmatrix} -2{,}4 \\ 6 \\ -4{,}8 \end{pmatrix}$; $\vec{d} = \begin{pmatrix} -2 \\ 5 \\ 4 \end{pmatrix}$; $\vec{e} = \begin{pmatrix} 300 \\ -750 \\ 600 \end{pmatrix}$

6 Von den Vektoren $\vec{a}$, $\vec{b}$ und $\vec{c}$ sind die zugehörigen Pfeile gegeben.
Übertragen Sie die Pfeile wie im Beispiel darunter auf Karopapier und zeichnen Sie je einen Pfeil zu dem angegebenen Vektor.

a) $\vec{u} = \vec{a} + \frac{1}{2}\vec{b}$

b) $\vec{v} = 2\vec{c} + \frac{1}{2}\vec{b} - \frac{3}{4}\vec{a}$

c) $\vec{w} = 3\vec{c} - 4\vec{a}$

d) $\vec{z} = \vec{a} - \left(2\vec{b} + \frac{1}{2}\vec{c}\right)$

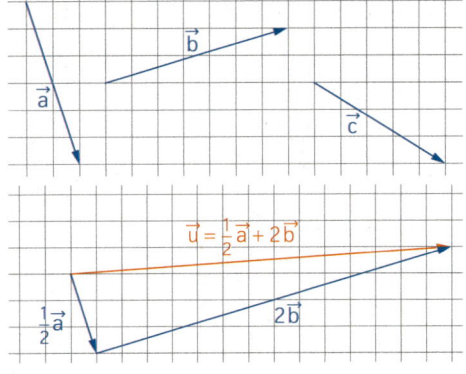

7 Stellen Sie den rot gezeichneten Vektor mithilfe der Vektoren $\vec{a}$ und $\vec{b}$ dar.

(1) 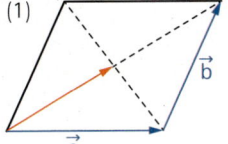　(2) 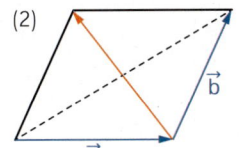　(3) 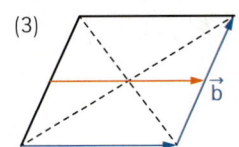　(4)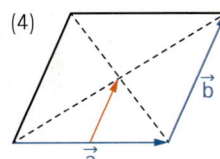

8 M_1, M_2 und M_3 sind die Mittelpunkte der Seitenflächen BCGF, CGHD bzw. ABFE des abgebildeten Quaders.
Stellen Sie die Vektoren $\overrightarrow{AM_1}$, $\overrightarrow{M_1M_2}$, $\overrightarrow{HM_3}$ und $\overrightarrow{M_2A}$ mithilfe der Vektoren $\vec{a}$, $\vec{b}$ und $\vec{c}$ dar.

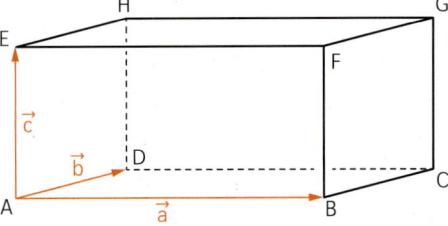

9 Die abgebildete Pyramide ABCDS ist eine senkrechte quadratische Pyramide.
Stellen Sie die Vektoren $\overrightarrow{MS}$, $\overrightarrow{CS}$ und $\overrightarrow{SB}$ mithilfe der Vektoren $\vec{a}$, $\vec{b}$ und $\vec{c}$ dar.

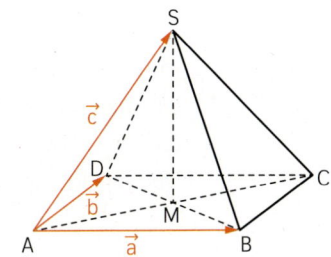

Punkte und Vektoren im Raum — Selbstlernen

Mittelpunkt einer Strecke

10 Gegeben sind die Punkte A(3|−4|7) und B(−9|8|3).
a) Bestimmen Sie die Koordinaten des Mittelpunktes der Strecke $\overline{AB}$.
b) Zeigen Sie den in der Information angegebenen Satz.

Information

Satz

Für den Mittelpunkt M einer Strecke $\overline{AB}$
gilt: $\vec{OM} = \frac{1}{2} \cdot (\vec{OA} + \vec{OB})$

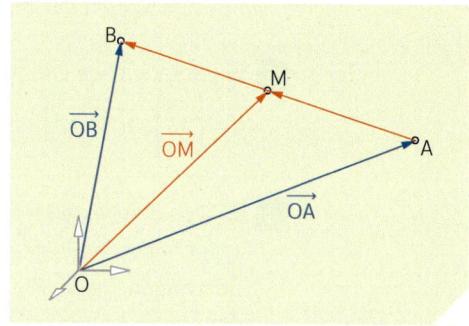

11 Gegeben ist ein Dreieck ABC mit den Eckpunkten A(2|1|4), B(−4|5|6) und C(6|−5|2). M_a, M_b und M_c sind die Seitenmittelpunkte des Dreiecks.
Bestimmen Sie die Koordinaten der Vektoren $\vec{AB}$, $\vec{AC}$, $\vec{BC}$ und $\vec{M_aM_b}$, $\vec{M_aM_c}$, $\vec{M_bM_c}$.
Welche Folgerungen können Sie für die Dreiecke ABC und $M_aM_bM_c$ ziehen?

Weiterüben

12 Die Eckpunkte eines Vierecks ABCD haben die Koordinaten A(−2|5|8), B(2|10|15), C(3|−2|9), D(−5|−12|−5).
Weisen Sie nach, dass ABCD ein Trapez ist.

13 a) Gegeben sind zwei Vektoren $\vec{a}$ und $\vec{b}$ wie abgebildet.
Man sagt: Die beiden Vektoren $\vec{a}$ und $\vec{b}$ spannen ein Parallelogramm auf.
Erläutern Sie die Bedeutung dieser Aussage.
Konstruieren Sie einen Pfeil des Vektors
$\frac{1}{2} \cdot \vec{a} + 2 \cdot \vec{b}$.

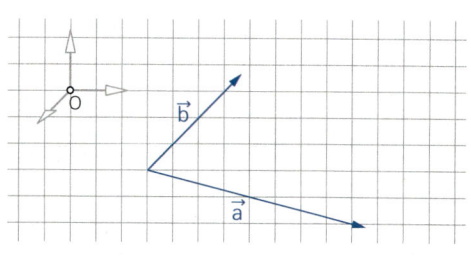

Beschreiben Sie, wie man zeichnerisch zu diesen beiden Vektoren $\vec{a}$ und $\vec{b}$ einen Vektor $\vec{c} = r \cdot \vec{a} + s \cdot \vec{b}$ mit $r, s \neq 0$ erhält.

b) In der Grafik spannen drei Vektoren $\vec{a}$, $\vec{b}$ und $\vec{c}$ einen Spat auf.
Untersuchen Sie, ob sich der Vektor $\vec{c}$ als Linearkombination der Vektoren $\vec{a}$ und $\vec{b}$ darstellen lässt.
Deuten Sie diesen Sachverhalt geometrisch.

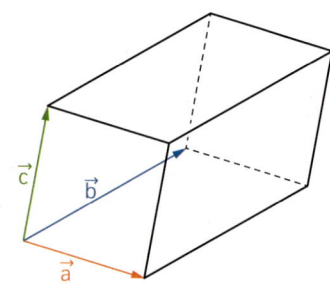

Das Wichtigste auf einen Blick

Koordinatensystem

Ein **Koordinatensystem im Raum** besteht aus drei Achsen mit einem gemeinsamen Nullpunkt, dem **Ursprung** des Koordinatensystems. Je zwei Achsen sind orthogonal zueinander und spannen eine **Koordinatenebene** auf. Auf den Achsen werden Einheitsstrecken derselben Länge festgelegt. Diese Länge nennt man **Einheit** des Koordinatensystems.
Zu jedem Zahlentripel $(x_1 | x_2 | x_3)$ gehört ein Punkt $P(x_1 | x_2 | x_3)$ im Koordinatensystem.

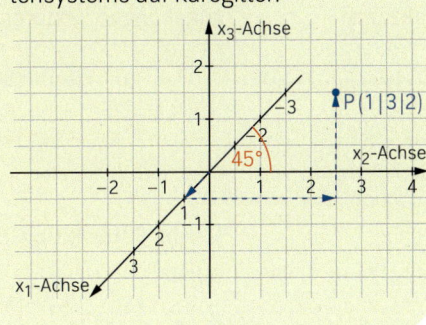

Schrägbild eines räumlichen Koordinatensystems auf Karogitter:

Vektoren

Ein Vektor $\vec{v}$ mit drei Koordinaten ist ein geordnetes Zahlentripel, das man als Spalte schreibt: $\vec{v} = \begin{pmatrix} v_1 \\ v_2 \\ v_3 \end{pmatrix}$.
Durch einen Vektor wird eine Verschiebung im Raum beschrieben.
Der Vektor $-\vec{v}$ ist der **Gegenvektor des Vektors** $\vec{v}$.

Den Vektor $\vec{p}$, der den Koordinatenursprung O in den Punkt P verschiebt, bezeichnet man als **Ortsvektor des Punktes P**:
$\vec{p} = \overrightarrow{OP}$.

$A(-1 | 4 | 5)$; $B(3 | -2 | 6)$
Verschiebung von A nach B mit dem Vektor:
$\vec{v} = \overrightarrow{AB} = \begin{pmatrix} 3-(-1) \\ -2-4 \\ 6-5 \end{pmatrix} = \begin{pmatrix} 4 \\ -6 \\ 1 \end{pmatrix}$

Gegenvektor:
$-\vec{v} = \begin{pmatrix} -4 \\ 6 \\ -1 \end{pmatrix}$

Ortsvektoren:
$\vec{a} = \overrightarrow{OA} = \begin{pmatrix} -1 \\ 4 \\ 5 \end{pmatrix}$;

$\vec{b} = \overrightarrow{OB} = \begin{pmatrix} 3 \\ -2 \\ 6 \end{pmatrix}$

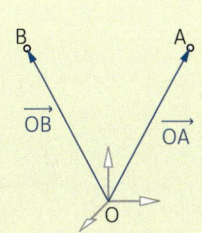

Länge eines Vektors

Unter der **Länge** oder dem **Betrag** eines Vektors $\vec{v}$ versteht man die Länge der Pfeile, die zu dem Vektor gehören.
Man schreibt: $|\vec{v}|$.
Für die Länge $|\vec{v}|$ eines Vektors $\vec{v} = \begin{pmatrix} v_1 \\ v_2 \\ v_3 \end{pmatrix}$ gilt:
$|\vec{v}| = \sqrt{v_1^2 + v_2^2 + v_3^2}$.

$\vec{v} = \begin{pmatrix} 4 \\ -6 \\ 1 \end{pmatrix}$

$|\vec{v}| = \sqrt{4^2 + (-6)^2 + 1^2} = \sqrt{53} \approx 7{,}28$

Abstand zweier Punkte

Der Abstand zweier Punkte $A(a_1 | a_2 | a_3)$ und $B(b_1 | b_2 | b_3)$ ist gleich der Länge des Verbindungsvektors $\overrightarrow{AB}$.
Es gilt also:
$|AB| = |\overrightarrow{AB}|$
$= \sqrt{(b_1 - a_1)^2 + (b_2 - a_2)^2 + (b_3 - a_3)^2}$

$|\overrightarrow{AB}| = \left| \begin{pmatrix} 3-(-1) \\ -2-4 \\ 6-5 \end{pmatrix} \right| = \sqrt{53}$
$\approx 7{,}28$

Das Wichtigste auf einen Blick

Addition und Subtraktion von Vektoren

Die Hintereinanderausführung zweier Verschiebungen entspricht der **Addition** der zugehörigen Vektoren $\vec{a}$ und $\vec{b}$.
Es gilt:
$$\vec{a} + \vec{b} = \begin{pmatrix} a_1 \\ a_2 \\ a_3 \end{pmatrix} + \begin{pmatrix} b_1 \\ b_2 \\ b_3 \end{pmatrix} = \begin{pmatrix} a_1 + b_1 \\ a_2 + b_2 \\ a_3 + b_3 \end{pmatrix}$$

Für die **Subtraktion** zweier Vektoren $\vec{a}$ und $\vec{b}$ gilt:
$$\vec{a} - \vec{b} = \begin{pmatrix} a_1 \\ a_2 \\ a_3 \end{pmatrix} - \begin{pmatrix} b_1 \\ b_2 \\ b_3 \end{pmatrix} = \begin{pmatrix} a_1 - b_1 \\ a_2 - b_2 \\ a_3 - b_3 \end{pmatrix}$$

$\vec{a} = \begin{pmatrix} 4 \\ -3 \\ 2 \end{pmatrix}$, $\vec{b} = \begin{pmatrix} -7 \\ 6 \\ -4 \end{pmatrix}$

$$\vec{a} + \vec{b} = \begin{pmatrix} 4 + (-7) \\ -3 + 6 \\ 2 + (-4) \end{pmatrix} = \begin{pmatrix} -3 \\ 3 \\ -2 \end{pmatrix}$$

$$\vec{a} - \vec{b} = \begin{pmatrix} 4 - (-7) \\ -3 - 6 \\ 2 - (-4) \end{pmatrix} = \begin{pmatrix} 11 \\ -9 \\ 6 \end{pmatrix}$$

Vervielfachen eines Vektors

Ein Vektor $\vec{v} = \begin{pmatrix} v_1 \\ v_2 \\ v_3 \end{pmatrix}$ wird koordinatenweise mit einer reellen Zahl r **vervielfacht**.

Es gilt: $r \cdot \vec{v} = r \cdot \begin{pmatrix} v_1 \\ v_2 \\ v_3 \end{pmatrix} = \begin{pmatrix} r \cdot v_1 \\ r \cdot v_2 \\ r \cdot v_3 \end{pmatrix}$.

Die Pfeile der Vektoren $\vec{v}$ und $r \cdot \vec{v}$ sind parallel zueinander.
Man sagt: Die Vektoren sind **kollinear**.

$$3 \cdot \begin{pmatrix} 4 \\ -6 \\ 1 \end{pmatrix} = \begin{pmatrix} 3 \cdot 4 \\ 3 \cdot (-6) \\ 3 \cdot 1 \end{pmatrix} = \begin{pmatrix} 12 \\ -18 \\ 3 \end{pmatrix}$$

Klausurtraining
Lösungen im Anhang

Teil A Lösen Sie die folgenden Aufgaben ohne Formelsammlung und ohne Taschenrechner.

1 Geben Sie die Koordinaten eines Punktes an, der nicht der Ursprung ist und der
   a) in der x_1x_2-Ebene und in der x_2x_3-Ebene liegt;
   b) in der x_1x_2-Ebene liegt und gleich weit von der x_1-Achse und der x_2-Achse entfernt ist;
   c) gleich weit von der x_2-Achse und der x_3-Achse entfernt ist.

2 Berechnen Sie: $\frac{1}{2} \cdot \begin{pmatrix} 4 \\ -3 \\ 6 \end{pmatrix} - 2 \cdot \begin{pmatrix} -2 \\ 1 \\ -1 \end{pmatrix} + \frac{2}{3} \cdot \begin{pmatrix} 9 \\ -6 \\ 4 \end{pmatrix}$

3 a) Berechnen Sie die Koordinaten des Mittelpunktes M der Strecke $\overline{AB}$ mit $A(-3|4|7)$ und $B(5|-2|1)$.
   b) $M(2|-3|-5)$ ist der Mittelpunkt der Strecke $\overline{PQ}$ mit $P(-3|1|4)$. Bestimmen Sie die Koordinaten von Q.

Klausurtraining

Lösungen im Anhang

4 In der Abbildung sehen Sie die Skizze eines Hauses mit Satteldach.

a) Zeichnen Sie das Haus maßstabsgetreu in ein kartesisches Koordinatensystem mit der angegebenen Lage ein.

b) Geben Sie die Koordinaten aller Eckpunkte des Gebäudes an.

c) Berechnen Sie die Längen der Dachkanten.

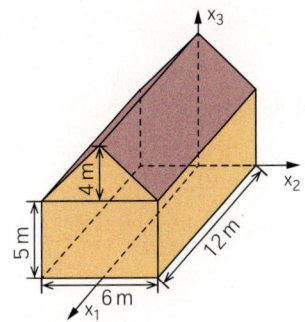

Teil B   **Bei der Lösung dieser Aufgaben können Sie die Formelsammlung und den Taschenrechner verwenden.**

5 Ein Heißluftballon bewegt sich nach dem Start einige Minuten lang nahezu konstant pro Sekunde um den Vektor $v = \begin{pmatrix} 1{,}2 \\ -1{,}8 \\ 0{,}5 \end{pmatrix}$ vorwärts (Koordinaten in Metern).

a) Geben Sie die Geschwindigkeit des Ballons nach dem Start in $\frac{km}{h}$ an.

b) Der Startpunkt des Ballons befand sich im Punkt $P_1(232\,|\,98\,|\,159)$. Bestimmen Sie die Koordinaten des Punktes P_2, in dem sich der Ballon zwei Minuten nach dem Start befindet.

c) Überprüfen Sie, ob der Ballon auf dem Weg von P_1 nach P_2 den Punkt $Q(340\,|\,-80\,|\,204)$ passiert hat.

6 Zeichnen Sie das Dreieck ABC mit den Eckpunkten $A(6\,|\,-2\,|\,1)$, $B(2\,|\,2\,|\,-1)$ und $C(-4\,|\,-1\,|\,3)$ in ein Koordinatensystem.
Welche der Dreiecksseiten ist am längsten? Begründen Sie Ihre Antwort.

7 Bestimmen Sie den Parameter t so, dass das Dreieck ABC mit den Eckpunkten $A(3\,|\,-2\,|\,4)$, $B(5\,|\,0\,|\,5)$, $C(1\,|\,t\,|\,2)$ gleichschenklig ist.

8 Ein Tauchboot bewegt sich in einer Stunde nahezu geradlinig vom Punkt $P_0(824\,|\,581\,|\,-18)$ zum Punkt $P_1(5840\,|\,3105\,|\,-30)$.
Die Koordinaten sind in Metern angegeben.

a) Bestimmen Sie die Koordinaten des Vektors $\vec{v}$, der diese Bewegung beschreibt, sowie die durchschnittliche Geschwindigkeit des Tauchboots in Knoten (kn).

1 kn ≈ 1,852 $\frac{km}{h}$

b) Das Tauchboot setzt seine Fahrt in den nächsten Stunden in gleicher Richtung mit unveränderter Geschwindigkeit fort.
Geben Sie die Koordinaten der Punkte P_2, P_3 und $P_{4,5}$ an, die das Tauchboot nach einer Fahrzeit von insgesamt 2 Stunden, 3 Stunden und 4,5 Stunden erreicht.

c) Vergleichen Sie die Vektoren $\overrightarrow{P_0P_2}$, $\overrightarrow{P_0P_3}$ sowie $\overrightarrow{P_0P_{4,5}}$ mit dem Vektor $\vec{v}$.

183

Lösungen: Klausurtraining

Kapitel 1 (Seite 46)

Teil A

1 (1) $2^3 \cdot 5^3 = 10^3 = 1\,000$

(2) $\left(\frac{3}{4}\right)^2 \cdot \left(\frac{2}{3}\right)^2 = \left(\frac{3 \cdot 2}{4 \cdot 3}\right)^2 = \left(\frac{1}{2}\right)^2 = \frac{1}{4}$

(3) $\frac{2 \cdot 5^2}{(2 \cdot 5)^2} = \frac{2 \cdot 5^2}{2^2 \cdot 5^2} = \frac{1}{2}$

(4) $\sqrt{(5^2 \cdot 2^2)^{-1}} = \sqrt{\frac{1}{5^2 \cdot 2^2}} = \frac{1}{\sqrt{5^2 \cdot 2^2}} = \frac{1}{10}$

2 (1) Graph h (2) Graph f
   (3) Graph k (4) Graph g

3 (1) Graph j (2) Graph f
   (3) Graph h (4) Graph g
   (5) Graph i

4 a) Der Graph wurde um 3 Einheiten nach unten verschoben.

b) Der Graph wurde an der x-Achse gespiegelt und mit dem Faktor $\frac{1}{2}$ gestreckt.

c) Der Graph wurde um 3 Einheiten nach links verschoben.

d) Der Graph wurde um eine Einheit nach rechts und um 2 Einheiten nach oben verschoben.

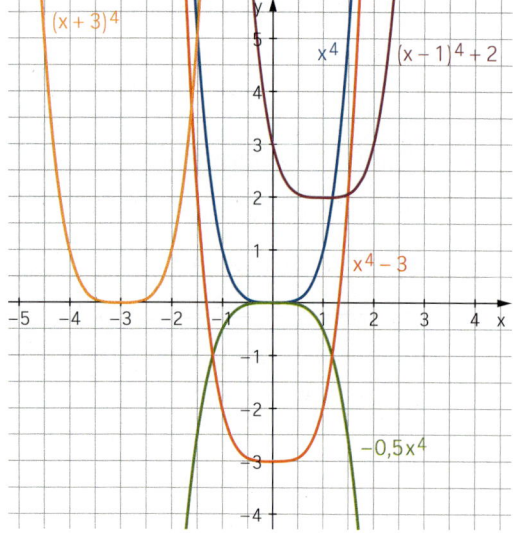

Teil B

5 a) $f(x) = 5 \cdot 1{,}1^x$

Der Graph steigt immer schneller an.

Geht man eine Einheit nach rechts, wird der Funktionswert mit dem Faktor 1,1 multipliziert.

b) Hier die Lösungen für 28, 29, 30 und 31 Tage:
$f(28) = 72{,}1$; $f(29) = 79{,}32$; $f(30) = 87{,}25$;
$f(31) = 95{,}97$

c) $5 \cdot 1{,}1^x = 10$

Aus dem Graphen liest man ab: ≈ 7 Tage.
Die Anfangshöhe hat sich also nach gut 7 Tagen verdoppelt.

6 a) Der Graph nähert sich immer weiter der x-Achse an, erreicht sie aber nicht.

Wenn man eine Einheit nach rechts geht, halbiert sich der Funktionswert.

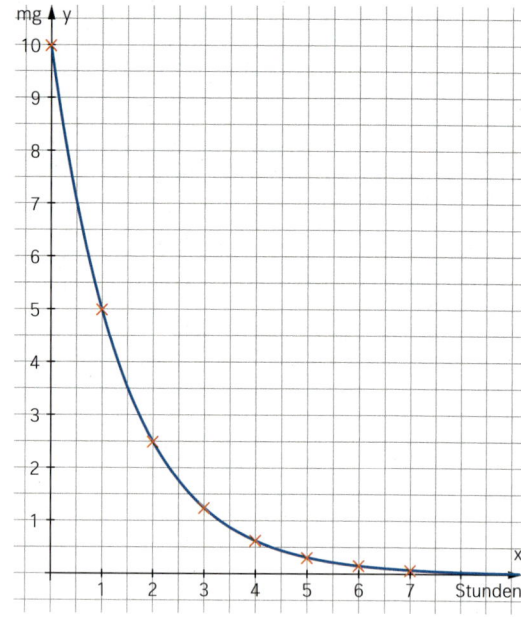

b) $f(x) = 10 \cdot \left(\frac{1}{2}\right)^x$

Das Einsetzen von negativen Werten beschreibt den (fiktiven) Fall, wie viel Chlor vorhanden war, bevor die Messung gestartet wurde.

c) $f\left(\frac{1}{3}\right) = 7{,}94$

Es sind noch ca. 8 mg Chlor vorhanden.

Lösungen: Klausurtraining

Kapitel 2 (Seiten 94 bis 96)

Teil A

1 a) $f'(x) = 8x^3 - 6x - \frac{1}{2}$
b) $f'(x) = -6x^3 + 4$
c) $f'(x) = 3 \cdot \sqrt{3}x^2 - 3$
d) $f'(x) = -2\sin(x)$

2 Linker Graph:
P(1,5|1); Q(0,5|0,5); $m = \frac{1-0,5}{1,5-0,5} = 0,5$
Rechter Graph:
P(2,5|15); Q(0,5|25); $m = \frac{15-25}{2,5-0,5} = -5$

3 a) $f'(x) = 2x$;
$f(3) = 6$; $f(-3) = -6$
b) $f'(x) = 6x$;
$f(3) = 18$; $f(-3) = -18$
c) $f'(x) = 2x - 4$;
$f(3) = 2$; $f(-3) = -10$
d) $f'(x) = 2x + 2$;
$f(3) = 8$; $f(-3) = -4$

4

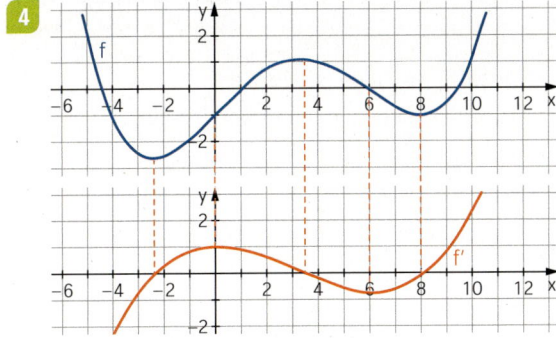

5 a) $f'(x) = x$; $f'(4) = 4$
Gleichung für die Tangente durch P(4|8):
$y = 4 \cdot (x-4) + 8 = 4x - 8$
b) $f'(x) = 3x^2 - 2$; $f'(2) = 10$
Gleichung für die Tangente durch P(2|4):
$y = 10 \cdot (x-2) + 4 = 10x - 16$

Teil B

6 a) $h(10) = 1600$
Die Bergstation liegt in 1600 m Höhe.
b) $\frac{h(4) - h(2)}{4-2} = 148,4 \frac{m}{min}$
$\frac{h(8) - h(6)}{8-6} = 88,4 \frac{m}{min}$
Die mittlere Änderungsrate zwischen der 2. und 4. Minute ist größer als die Änderungsrate zwischen der 6. und 8. Minute.
c) $h'(t) = -2,1t^2 + 6t + 150$
Zum Zeitpunkt 1,43 min ist die momentane Änderungsrate mit 154 $\frac{m}{min}$ am größten.

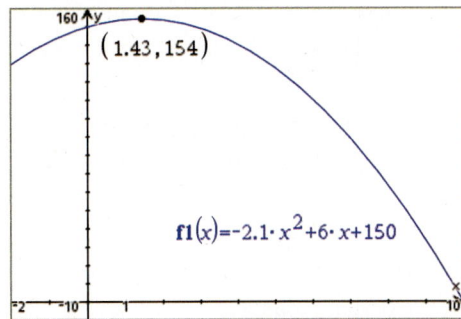

7 6. Juni – 7. Juni: $\frac{931\,cm - 836\,cm}{24\,h} \approx 3,96 \frac{cm}{h}$
7. Juni – 8. Juni: $\frac{959\,cm - 931\,cm}{24\,h} \approx 1,17 \frac{cm}{h}$
8. Juni – 9. Juni: $\frac{981\,cm - 959\,cm}{24\,h} \approx 0,92 \frac{cm}{h}$
9. Juni – 10. Juni: $\frac{964\,cm - 981\,cm}{24\,h} \approx -0,71 \frac{cm}{h}$
10. Juni – 11. Juni: $\frac{936\,cm - 964\,cm}{24\,h} \approx -1,17 \frac{cm}{h}$
Die größte durchschnittliche Änderungsrate war von 6. zum 7. Juni, die kleinste von 10. zum 11. Juni.
6. Juni – 9. Juni: $\frac{981\,cm - 836\,cm}{3 \cdot 24\,h} \approx 2,01 \frac{cm}{h}$
9. Juni – 11. Juni: $\frac{936\,cm - 981\,cm}{2 \cdot 24\,h} \approx -0,94 \frac{cm}{h}$
Vom 6. Juni bis 9. Juni ist die durchschnittliche Änderungsrate positiv. Sie liegt zwischen 0,92 $\frac{cm}{h}$ und 3,96 $\frac{cm}{h}$.
Vom 9. Juni bis 11. Juni ist die durchschnittliche Änderungsrate negativ. Sie liegt zwischen $-1,17 \frac{cm}{h}$ und $-0,71 \frac{cm}{h}$.

Lösungen: Klausurtraining

8 Der Punkt P(3|27) liegt auf der Geraden g und auf dem Graphen von f, denn f(3) = g(3) = 27.
Bestimmen der Tangente an den Graphen von f im Punkt P(3|27):
$f'(x) = 3x^2 - 6x + 3$; $f'(3) = 12$
Die Gleichung der Tangente lautet also:
$y = 12 \cdot (x - 3) + 27 = 12x - 9$
Somit ist die Gerade g keine Tangente an den Graphen von f im Punkt (3|27).
Die Gerade g schneidet den Graphen von f in P(3|27) und in den Punkten Q(2,45|22,05) und S(−2,45|−22,05).

9 (A) Die Graphen (2) und (4) passen.
Begründung: f' hat jeweils zwei Nullstellen, und zwar jeweils eine mit einem Vorzeichenwechsel von − nach + und jeweils eine mit einem Vorzeichenwechsel von + nach −.
(B) Der Graph (3) passt.
Begründung: f' hat eine Nullstelle ohne Vorzeichenwechsel.
(C) Der Graph (1) passt.
Begründung: f' hat keine Nullstellen.
(D) Der Graph (1) passt.
Begründung: $f'(x) > 0$ für alle x.

10 a)

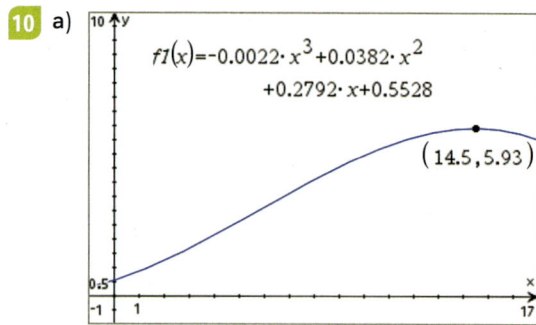

Zum Zeitpunkt t = 0 beginnt die Beobachtung. Nach 14,5 Tagen werden die Funktionswerte kleiner, das bedeutet, dass die Pflanze schrumpfen würde. Sinnvolle Werte liegen daher im Intervall [0; 14,5].

10 b) h(0) = 0,5528 m;
h(2) = 1,2464 m
c) $\frac{h(3) - h(1)}{3 - 1} = \frac{1,6748 - 0,868}{2} = 0,4034 \frac{m}{Tag}$
d) $h'(t) = -0,0066 t^2 + 0,0764 t + 0,2792$
$h'(10) = 0,3832 \frac{m}{Tag}$
Die momentane Wachstumsgeschwindigkeit 10 Tage nach Beobachtungsbeginn beträgt $0,3832 \frac{m}{Tag}$.
e) Zum Beispiel $h'(2) = 0,4056 \frac{m}{Tag}$ und $h'(4) = 0,4792 \frac{m}{Tag}$

11 Modellieren der Fußgängerbrücke in höchster Lage durch eine Parabel durch den Koordinatenursprung O(0|0) und den Punkt P(73,72|0), mit dem Scheitelpunkt $S\left(\frac{73,72}{2}\middle|9\right)$.

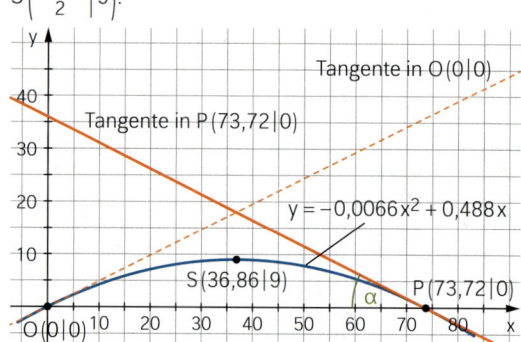

Ansatz: $y = -a \cdot x \cdot (x - 73,72)$
Einsetzen der Koordinaten von S ergibt:
$9 = -a \cdot \frac{73,72}{2}\left(-\frac{73,72}{2}\right)$,
also $a \approx 0,0066$
und damit $y = -0,0066 x^2 + 0,488 x$
Steigung der Tangente in O(0|0): m = 0,488
Steigung der Tangente in P(73,72|0): −m
Daraus ergibt sich:
$\tan(\alpha) = \frac{m}{1} = 0,488$, also $\alpha \approx 26°$.
Der berechnete Winkel unterscheidet sich deutlich von dem angegebenen Winkel von 45°.

Lösungen: Klausurtraining

Kapitel 3 (Seiten 127 bis 128)

Teil A

1 a) $-3; 4; 0$
b) $-3; \frac{1}{3}; -1$
c) $f(x) = x \cdot (x^2 + 5x + 6)$;
$-3; -2; 0$
d) $-3; -2; 2; 3$ (biquadratische Gleichung)

2 a)
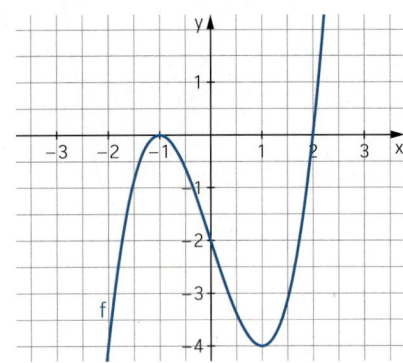

b)
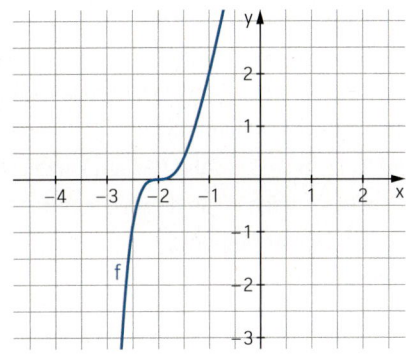

3 a) Der Graph von f' hat an den Stellen $x_1 = -4$ und $x_2 = 2$ Nullstellen mit Vorzeichenwechsel.
An der Stelle $x_1 = -4$ verläuft der Vorzeichenwechsel von + nach −, also hat der Graph von f an dieser Stelle einen Hochpunkt.
An der Stelle $x_2 = 2$ verläuft der Vorzeichenwechsel von − nach +, also hat der Graph von f an dieser Stelle einen Tiefpunkt.
Weitere Extrempunkte gibt es im Intervall $[-5; 3]$ nicht.
An der Stelle $x_3 = -1$ hat der Graph von f' einen Hochpunkt, der auf der x-Achse liegt.
Somit liegt an der Stelle $x_3 = -1$ eine Nullstelle ohne Vorzeichenwechsel von f'.
Der Graph von f hat an der Stelle $x_3 = -1$ also einen Sattelpunkt.

b)
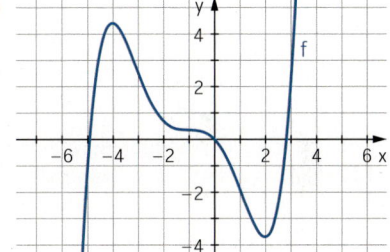

Lösungen: Klausurtraining

Teil B

4 a) Nullstellen von f:
$x_1 = 0$ doppelte Nullstelle ohne Vorzeichenwechsel,
$x_2 = 2$ einfache Nullstelle mit Vorzeichenwechsel
Globalverlauf:
Für $x \to -\infty$ gilt $f(x) \to -\infty$;
für $x \to \infty$ gilt $f(x) \to \infty$.

b) Aufgrund des Globalverlaufs muss an der doppelten Nullstelle $x_1 = 0$ ein Hochpunkt liegen. Für $0 < x < 2$ sind die Funktionswerte negativ, für $x > 2$ positiv. Also muss zwischen 0 und 2 ein Tiefpunkt liegen.

c) $f(0) = 0$, also $H(0|0)$

d)

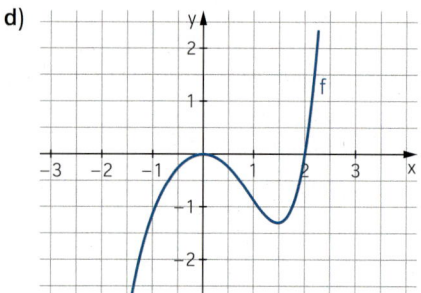

5 a) $f(x) = \frac{1}{9}x^2 \cdot (x^2 + 8x + 18)$
Nullstellen von f: $x = 0$ ist doppelte Nullstelle.
$f'(x) = \frac{4}{9}x^3 + \frac{8}{3}x^2 + 4x$
$= \frac{4}{9}x \cdot (x + 3)^2$
Nullstellen von f': 0; -3
Extrempunkte: $T(0|0)$
Sattelpunkt: $S(-3|3)$

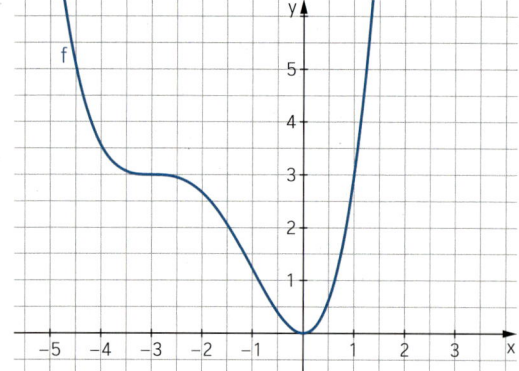

5 b) $f(x) = \frac{1}{2}(x-1)^2(x+3)$
$= \frac{1}{2}x^3 + \frac{1}{2}x^2 - \frac{5}{2}x + \frac{3}{2}$
Nullstellen von f: 1; -3
$f'(x) = \frac{3}{2}x^2 + x - \frac{5}{2}$
Nullstellen von f': $-\frac{5}{3}$; 1
Extrempunkte: $H\left(-\frac{5}{3}\left|\frac{128}{27}\right.\right) \approx 4{,}7$; $T(1|0)$

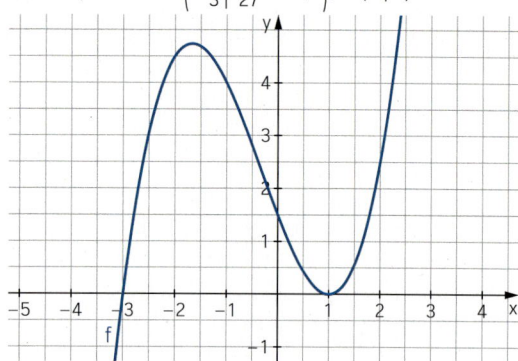

c) $f(x) = x^3 - \frac{7}{2}x^2 - 6x$; $f'(x) = 3x^2 - 7x - 6$
Nullstellen von f': $x_1 = -\frac{2}{3}$; $x_2 = 3$; beides sind einfache Nullstellen mit Vorzeichenwechsel.
An der Stelle $x_1 = -\frac{2}{3}$ erfährt f' einen Vorzeichenwechsel von + nach –, an dieser Stelle hat der Graph von f einen Hochpunkt.
An der Stelle $x_2 = 3$ erfährt f' einen Vorzeichenwechsel von – nach +, an dieser Stelle hat der Graph von f einen Tiefpunkt.
Nullstellen von f:
Aus $f(x) = x^3 - \frac{7}{2}x^2 - 6x = x \cdot \left(x^2 - \frac{7}{2}x - 6\right) = 0$
erhält man:
$x_{N_1} = 0$; $x_{N_2} = \frac{7-\sqrt{145}}{4} \approx -1{,}3$; $x_{N_3} = \frac{7+\sqrt{145}}{4} \approx 4{,}8$

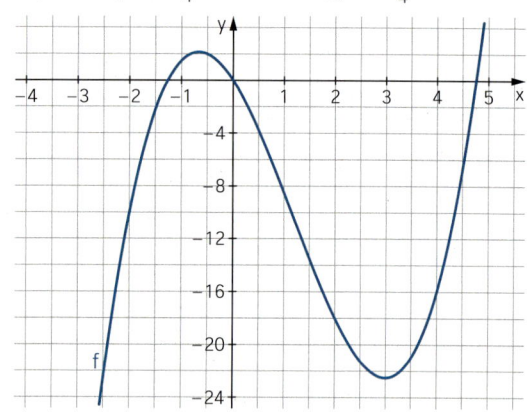

Lösungen: Klausurtraining

5 d) $f(x) = x^4 - 10x^2 + 9$

Nullstellen von f: $-3; -1; 1; 3$

Der Graph von f ist achsensymmetrisch zur y-Achse.

Schnittpunkt mit der y-Achse: $H(0|9)$

$f'(x) = 4x^3 - 20x = 4x \cdot (x^2 - 5)$
$= 4x \cdot (x - \sqrt{5}) \cdot (x + \sqrt{5})$

Nullstellen von f': $-\sqrt{5}; 0; \sqrt{5}$

Extrempunkte: $T_1(-\sqrt{5}|-16)$; $H(0|9)$; $T_2(\sqrt{5}|-16)$

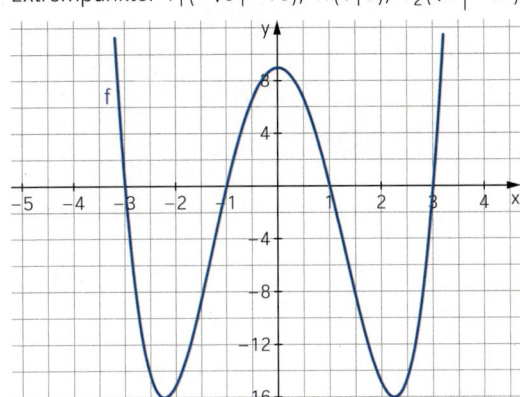

6 Tangentensteigungen an einer Stelle $x = u$:

$m_1 = f'(u) = -3u^2 - 2u + 1$;
$m_2 = g'(u) = 4u - 8$

Die beiden Tangenten sind an einer Stelle $x = u$ parallel zueinander, falls $m_1 = m_2$.

Die Gleichung $-3u^2 - 2u + 1 = 4u - 8$ hat die Lösungen:
$u_1 = -3$; $u_2 = 1$

Die Tangenten an die beiden Graphen sind also an den Stellen $u_1 = -3$ und $u_2 = 1$ parallel zueinander.

7 a) Für die Höhe h gilt:
$h = f(0) = \frac{125}{16}\,\text{m} \approx 7,8\,\text{m}$

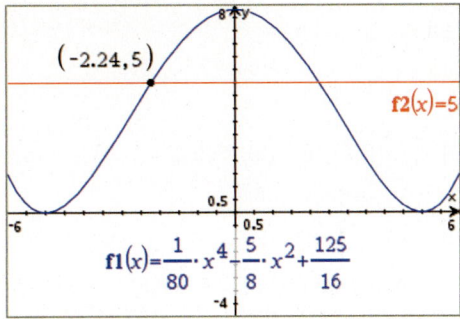

b) Aus Symmetriegründen genügt es, eine Schnittstelle des Graphen mit der Geraden $y = 5$ zu bestimmen.

$x \approx 2,24$

Der Weg würde ca. 4,48 m breit werden.

8 a)

Höhe des Startplatzes: $h(0) = 127$
Höhe des Landeplatzes: $h(100) = 156$
Der Startplatz hat die Höhe 127 m ü. NN, der Landeplatz 156 m ü NN.

b) Aus $h'(t) = 0$ erhält man $t \approx 43,6$ als einzige Lösung im Intervall $[0; 100]$.

Die maximale Höhe ist nach ca. 44 min erreicht, sie beträgt ca. 434 m ü. NN.

Im Zeitintervall $[0; 44]$ befand sich der Ballon im Steigflug, im Intervall $[44; 100]$ im Sinkflug.

Kapitel 4 (Seiten 159 bis 160)

Teil A

1 a) (1) $\left(\frac{1}{2}\right)^3 = \frac{1}{8} = 12{,}5\%$

(2) $P((5|6|6), (6|5|6), (6|6|5))$
$= 3 \cdot \frac{1}{216} = \frac{1}{72} \approx 1{,}4\%$

(3) $\left(\frac{5}{6}\right)^3 = \frac{125}{216} \approx 57{,}9\%$

b) P(Augensumme 10) = P(Augensumme 11)
$= \frac{27}{216} = \frac{1}{8} = 12{,}5\%$

2 Wenn in einem Becher eine rote Kugel und in dem anderen Becher die anderen drei, also zwei schwarze und eine rote Kugel sind, ergibt sich folgende Wahrscheinlichkeit:
$\frac{1}{2} \cdot \frac{1}{3} + \frac{1}{2} \cdot 1 = \frac{2}{3}$.
In allen anderen möglichen Fällen ergibt sich höchstens eine Wahrscheinlichkeit von $\frac{1}{2}$.

3 a)

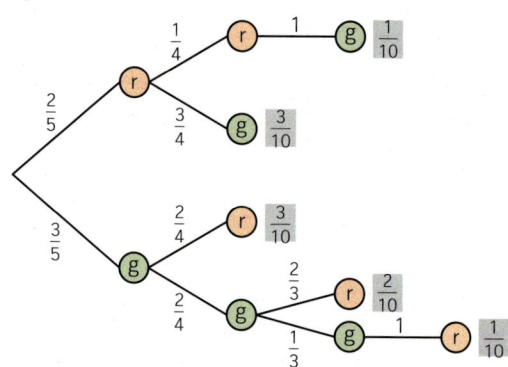

1. Ziehung 2. Ziehung 3. Ziehung 4. Ziehung

Aus dem Baumdiagramm kann man entnehmen: Man benötigt mit Wahrscheinlichkeit $\frac{6}{10}$ zwei Ziehungen, mit Wahrscheinlichkeit $\frac{3}{10}$ drei Ziehungen und mit Wahrscheinlichkeit $\frac{1}{10}$ vier Ziehungen. Im Mittel werden also $0{,}6 \cdot 2 + 0{,}3 \cdot 3 + 0{,}1 \cdot 4 = 2{,}5$ Ziehungen benötigt.

b) Wenn das Glücksspiel fair sein soll, darf bei dem Spiel auf lange Sicht weder Gewinn noch Verlust entstehen. Für die Gestaltung des Gewinnplans gibt es viele Möglichkeiten.
In 100 Spielen werden 75 € eingenommen. Wenn die Spielregel fair ist, dann werden im Mittel auch 75 € ausgezahlt, beispielsweise siehe Tabelle unten auf der Seite.

Tabelle zu Aufgabe 3 b)

Anzahl der Ziehungen	Wahrscheinlichkeit	erwartete Anzahl an Treffern/ Gewinnen bei 100 Spielen	Auszahlung (in €)	erwartete Auszahlung (in €) bei 100 Spielen
2	0,6	60	1	60
3	0,3	30	0,5	15
4	0,1	10	0	0
Kontrolle	Summe = 1	Summe = 100		Summe = 75

Lösungen: Klausurtraining

Teil B

4 a) Ziehen ohne Zurücklegen

(1)

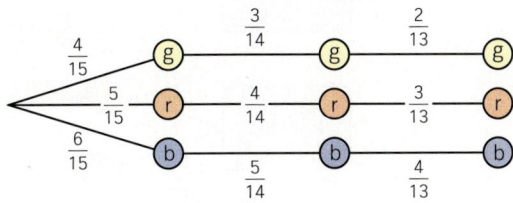

$$P(\text{alle gleiche Farbe}) = \frac{4 \cdot 3 \cdot 2 + 5 \cdot 4 \cdot 3 + 6 \cdot 5 \cdot 4}{15 \cdot 14 \cdot 13}$$
$$\approx 0{,}075$$

(2)

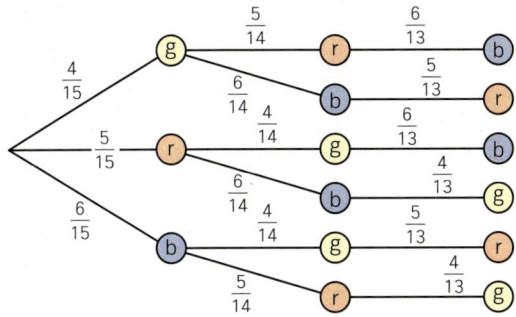

$$P(\text{lauter verschiedene Farben}) = 6 \cdot \frac{4 \cdot 5 \cdot 6}{15 \cdot 14 \cdot 13}$$
$$\approx 0{,}264$$

b) Ziehen mit Zurücklegen

(1) $P(\text{alle gleiche Farbe}) = \left(\frac{4}{15}\right)^3 + \left(\frac{5}{15}\right)^3 + \left(\frac{6}{15}\right)^3$
$\approx 0{,}12$

(2) $P(\text{lauter verschiedene Farben}) = 6 \cdot \frac{4 \cdot 5 \cdot 6}{15^3}$
$\approx 0{,}213$

5 a)

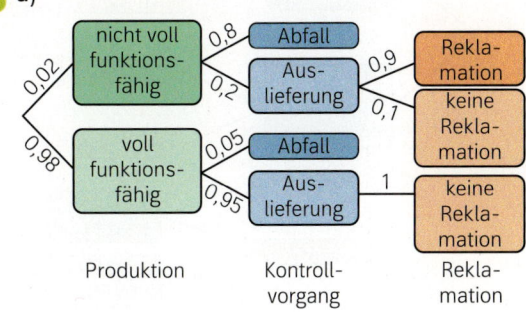

b) Siehe Tabelle unten auf der Seite.
Zu erwartende Einnahmen für 10 000 Bauteile: 12 087 €.

6 a)

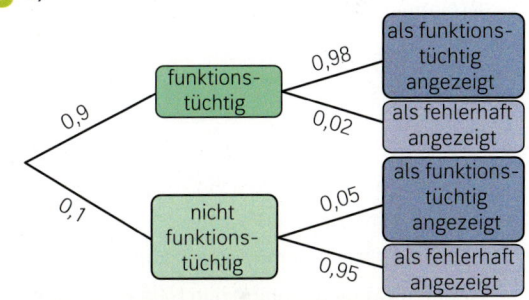

	als funktions- tüchtig angezeigt	als fehlerhaft angezeigt	gesamt
funktions- tüchtig	0,882	0,018	0,9
nicht funktions- tüchtig	0,005	0,095	0,1
gesamt	0,887	0,113	1

b) Ein fehlerhaft angezeigtes Solarpanel ist mit einer Wahrscheinlichkeit von 9,5 % tatsächlich nicht zu gebrauchen.

Tabelle zu Aufgabe 5 b)

	Wahrscheinlichkeit	Kosten (in €)	Einnahmen (in €)	zu erwartender Gewinn (in €)
Abfall	0,065	1,10	0	− 0,07150
Auslieferung mit Reklamation	0,0036	9,10	2,50	− 0,02376
Auslieferung ohne Reklamation	0,9314	1,10	2,50	+ 1,30396
zu erwartende Einnahmen pro Bauteil (in €):				+ 1,2087

Lösungen: Klausurtraining

7

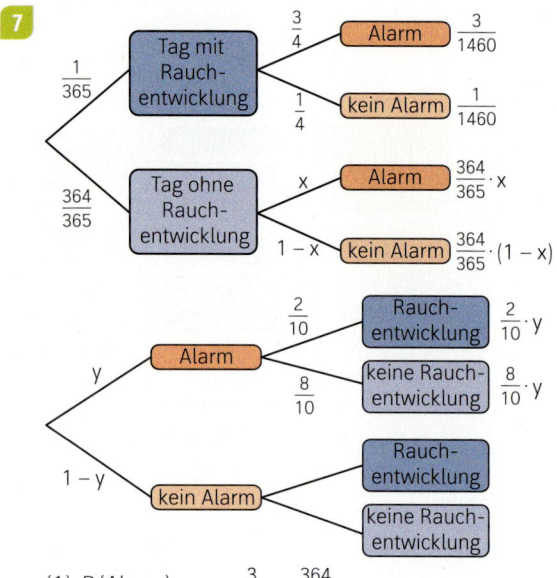

(1) P(Alarm) = y = $\frac{3}{1460} + \frac{364}{365} \cdot x$

P(Alarm und Tag mit Rauchentwicklung)

= $\frac{3}{1460} = \frac{2}{10} y$;

hieraus folgt:

P(Alarm) = y = $\frac{3}{1460} \cdot \frac{10}{2} = \frac{3}{292}$

Mit einer Wahrscheinlichkeit von $\frac{3}{292}$ kommt es an einem Tag zu einem Alarm, d.h. im Mittel an 3,75 Tagen eines Jahres, aber nur in einem von fünf Alarmen wurde der Alarm durch Rauch ausgelöst.

(2) P(Alarm und Tag ohne Rauchentwicklung)

= $\frac{8}{10} y = \frac{8 \cdot 3}{10 \cdot 292} = \frac{3}{365}$

$\frac{3}{365} = \frac{364}{365} \cdot x$, also $x = \frac{3}{364}$

Mit einer Wahrscheinlichkeit von $\frac{3}{364}$ kommt es an einem Tag, an dem keine Rauchentwicklung stattfindet, zu einem Alarm, d.h. im Mittel an ca. 3 Tagen eines Jahres.

7 Fortsetzung:

(3)

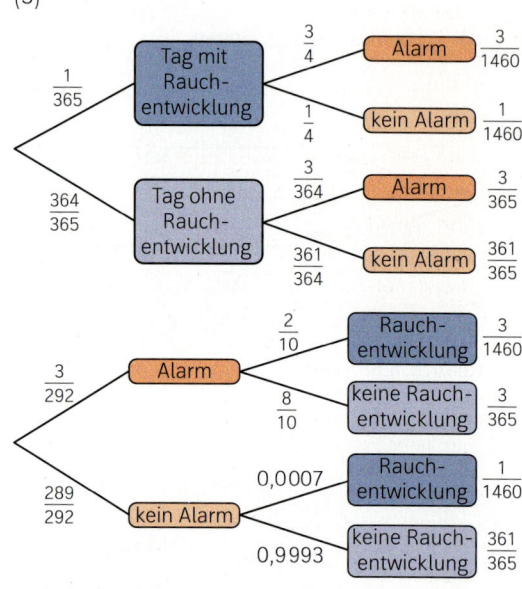

Wenn es an einem Tag keinen Alarm gibt, dann ist es mit einer Wahrscheinlichkeit von

$\frac{364}{365} \cdot \frac{361}{364} \cdot \frac{289}{292} \approx 99{,}9\,\%$ auch nicht zu einer Rauchentwicklung gekommen.

Lösungen: Klausurtraining

8 **a)** In Blau: durch Differenz- und Summenbildung ergänzte Daten

(1) absolute Häufigkeiten

	Frauen	Männer	gesamt
Studierende Fernuniversität Hagen	30 748	33 612	64 360
Studierende anderer Universitäten	214 653	210 709	425 362
gesamt	245 401	244 321	489 722

relative Häufigkeiten

	Frauen	Männer	gesamt
Studierende Fernuniversität Hagen	0,063	0,069	0,132
Studierende anderer Universitäten	0,438	0,430	0,868
gesamt	0,501	0,499	1,000

(2) absolute Häufigkeiten

	ausl.	deutsch	gesamt
Studierende Fernuniversität Hagen	6 281	58 079	64 360
Studierende anderer Universitäten	53 878	371 484	425 362
gesamt	60 159	429 563	489 722

relative Häufigkeiten

	ausl.	deutsch	gesamt
Studierende Fernuniversität Hagen	0,013	0,119	0,132
Studierende anderer Universitäten	0,110	0,758	0,868
gesamt	0,123	0,877	1,000

b) (1)

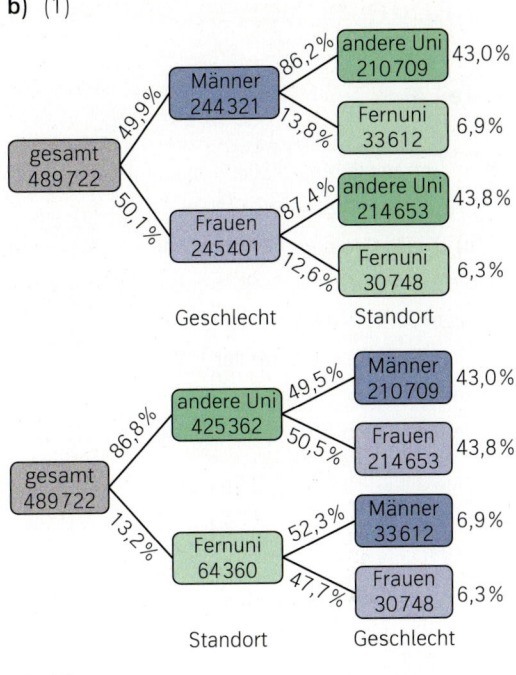

b) (2)

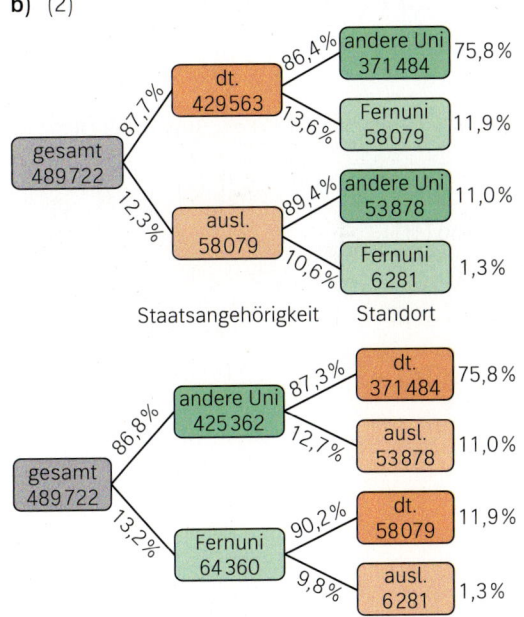

c) Kennzeichen voneinander unabhängiger Merkmale sind gleiche Teilbäume auf der 2. Stufe.

Da ein Unterschied bei den Wahrscheinlichkeiten der 2. Stufen besteht, kann man sagen: „Die Entscheidung, an der Fernuni Hagen oder an einer anderen Universität zu studieren, ist geschlechtsabhängig bzw. abhängig von der Staatsangehörigkeit."

Da die Unterschiede aber nur gering sind, könnte man auch vorsichtiger formulieren: „Die Geschlechtszugehörigkeit bzw. Staatsangehörigkeit spielt bei der Entscheidung nur eine geringe Rolle."

Kapitel 5 (Seiten 182 bis 183)

Teil A

1 a) Infrage kommen alle Punkte auf der x_2-Achse, z. B. $A(0|5|0)$ oder $B(0|-3|0)$.

b) Diese Bedingung wird von allen Punkten erfüllt, die auf der 1. Winkelhalbierenden der x_1x_2-Ebene liegen, z. B. $P(3|3|0)$ oder $Q(-7|-7|0)$.

c) Alle Punkte, die auf der 1. Winkelhalbierenden der x_2x_3-Ebene liegen, erfüllen diese Bedingung. Beispiele sind $R(0|2|2)$ oder $S(0|-4|-4)$.

2
$$\frac{1}{2} \cdot \begin{pmatrix} 4 \\ -3 \\ 6 \end{pmatrix} - 2 \cdot \begin{pmatrix} -2 \\ 1 \\ -1 \end{pmatrix} + \frac{2}{3} \cdot \begin{pmatrix} 9 \\ -6 \\ 4 \end{pmatrix}$$
$$= \begin{pmatrix} 2 \\ -\frac{3}{2} \\ 3 \end{pmatrix} - \begin{pmatrix} -4 \\ 2 \\ -2 \end{pmatrix} + \begin{pmatrix} 6 \\ -4 \\ \frac{8}{3} \end{pmatrix}$$
$$= \begin{pmatrix} 12 \\ -7\frac{1}{2} \\ 7\frac{2}{3} \end{pmatrix}$$

3 a) Für den Mittelpunkt der Strecke $\overline{AB}$ gilt:
$$\overrightarrow{OM} = \frac{1}{2} \cdot (\overrightarrow{OA} + \overrightarrow{OB}) = \frac{1}{2} \cdot \left(\begin{pmatrix} -3 \\ 4 \\ 7 \end{pmatrix} + \begin{pmatrix} 5 \\ -2 \\ 1 \end{pmatrix} \right) = \begin{pmatrix} 1 \\ 1 \\ 4 \end{pmatrix},$$
also $M(1|1|4)$.

b) Es gilt:
$$\overrightarrow{OQ} = \overrightarrow{OP} + 2 \cdot \overrightarrow{PM} = \begin{pmatrix} -3 \\ 1 \\ 4 \end{pmatrix} + 2 \cdot \begin{pmatrix} 5 \\ -4 \\ -9 \end{pmatrix} = \begin{pmatrix} 7 \\ -7 \\ -14 \end{pmatrix},$$
also $Q(7|-7|-14)$.

4 a)

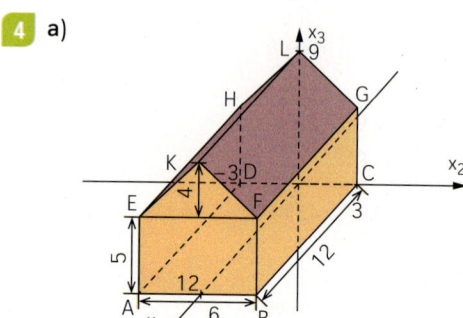

Koordinaten der Eckpunkte:
$A(12|-3|0)$; $B(12|3|0)$; $C(0|3|0)$; $D(0|-3|0)$; $E(12|-3|5)$; $F(12|3|5)$; $G(0|3|5)$; $H(0|-3|5)$; $K(12|0|9)$; $L(0|0|9)$

b) $|\overrightarrow{EK}| = |\overrightarrow{EK}| = \left\| \begin{pmatrix} 0 \\ 3 \\ 4 \end{pmatrix} \right\| = \sqrt{25} = 5$

Die Dachkanten $\overline{EK}$, $\overline{FK}$, $\overline{GL}$ und $\overline{HL}$ sind gleich lang, also alle 5 m lang.
Die Dachkante $\overline{KL}$ hat die Länge 12 m.

Teil B

5 a) Der Ballon bewegt sich pro Sekunde um die Strecke
$$|\vec{v}| = \sqrt{1{,}2^2 + (-1{,}8)^2 + 0{,}5^2} \approx 2{,}2 \text{ (in Metern)}.$$
Seine Geschwindigkeit beträgt
$$2{,}2 \, \frac{m}{s} = 2{,}2 \cdot \frac{3600 \text{ km}}{1000 \text{ h}} \approx 7{,}9 \, \frac{km}{h}.$$

b) $\overrightarrow{OP_2} = \overrightarrow{OP_1} + 120 \cdot \vec{v}$
$$= \begin{pmatrix} 232 \\ 98 \\ 159 \end{pmatrix} + \begin{pmatrix} 144 \\ -216 \\ 60 \end{pmatrix} = \begin{pmatrix} 376 \\ -118 \\ 219 \end{pmatrix}$$

Nach 2 Minuten befindet sich der Ballon im Punkt $P_2(376|-118|219)$.

Lösungen: Klausurtraining

5 c) Der Ballon passiert den Punkt Q, falls es eine reelle Zahl k gibt, sodass gilt:
$$\overrightarrow{OQ} = \overrightarrow{OP_1} + k \cdot \vec{v}$$
Also:
$$\begin{pmatrix} 340 \\ -80 \\ 204 \end{pmatrix} = \begin{pmatrix} 232 \\ 98 \\ 159 \end{pmatrix} + k \cdot \begin{pmatrix} 1{,}2 \\ -1{,}8 \\ 0{,}5 \end{pmatrix} = \begin{pmatrix} 232 + 1{,}2 \cdot k \\ 98 - 1{,}8 \cdot k \\ 159 + 0{,}5 \cdot k \end{pmatrix}$$
Vergleicht man die Koordinaten, erhält man aus der ersten Zeile die Gleichung $340 = 232 + 1{,}2 \cdot k$ mit der Lösung $k = 90$.
$$\begin{pmatrix} 232 \\ 98 \\ 159 \end{pmatrix} + 90 \cdot \begin{pmatrix} 1{,}2 \\ -1{,}8 \\ 0{,}5 \end{pmatrix} = \begin{pmatrix} 340 \\ -64 \\ 204 \end{pmatrix}$$
Der Ballon passiert also den Punkt Q nicht.

6

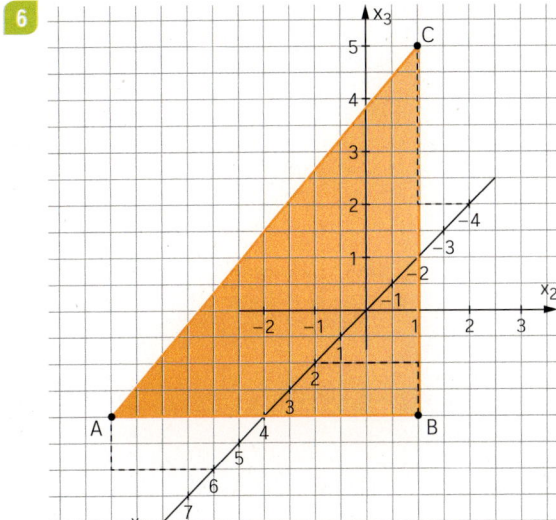

$a = |\overrightarrow{BC}| = \left\| \begin{pmatrix} -6 \\ -3 \\ 4 \end{pmatrix} \right\| = \sqrt{61}$;

$b = |\overrightarrow{AC}| = \left\| \begin{pmatrix} -10 \\ 1 \\ 2 \end{pmatrix} \right\| = \sqrt{105}$;

$c = |\overrightarrow{AB}| = \left\| \begin{pmatrix} -4 \\ 4 \\ -2 \end{pmatrix} \right\| = \sqrt{36} = 6$

Die Seite b ist am längsten.

7 Seitenlängen des Dreiecks:

$a = |\overrightarrow{BC}| = \left\| \begin{pmatrix} -4 \\ t \\ -3 \end{pmatrix} \right\| = \sqrt{(-4)^2 + t^2 + (-3)^2} = \sqrt{t^2 + 25}$

$b = |\overrightarrow{AC}| = \left\| \begin{pmatrix} -2 \\ t+2 \\ -2 \end{pmatrix} \right\| = \sqrt{(-2)^2 + (t+2)^2 + (-2)^2}$
$= \sqrt{t^2 + 4t + 12}$

$c = |\overrightarrow{AB}| = \left\| \begin{pmatrix} 2 \\ 2 \\ 1 \end{pmatrix} \right\| = \sqrt{9} = 3$

1. Möglichkeit: $a = c$,
also $\sqrt{t^2 + 25} = 3$ bzw. $t^2 + 25 = 9$.
Diese Gleichung hat keine Lösung, somit können die Seiten $\overline{BC}$ und $\overline{AB}$ nicht gleich lang sein.

2. Möglichkeit: $b = c$,
also $\sqrt{t^2 + 4t + 12} = 3$ bzw. $t^2 + 4t + 12 = 9$.
Dies führt auf die quadratische Gleichung $t^2 + 4t + 3 = 0$ mit den Lösungen $t_1 = -3$ oder $t_2 = -1$.
Probe:
Für $t_1 = -3$ gilt $b = |\overrightarrow{AC}| = \left\| \begin{pmatrix} -2 \\ -1 \\ -2 \end{pmatrix} \right\| = 3$;

für $t_2 = -1$ gilt $b = |\overrightarrow{AC}| = \left\| \begin{pmatrix} -2 \\ 1 \\ -2 \end{pmatrix} \right\| = 3$.

3. Möglichkeit: $a = b$,
also $\sqrt{t^2 + 25} = \sqrt{t^2 + 4t + 12}$ bzw.
$t^2 + 25 = t^2 + 4t + 12$, also $t = \frac{13}{4}$.
Probe:
$a = |\overrightarrow{BC}| = \left\| \begin{pmatrix} -4 \\ \frac{13}{4} \\ -3 \end{pmatrix} \right\| = \sqrt{\frac{569}{16}}$;

$b = |\overrightarrow{AC}| = \left\| \begin{pmatrix} -2 \\ \frac{21}{4} \\ -2 \end{pmatrix} \right\| = \sqrt{\frac{569}{16}}$

Das Dreieck ist gleichschenklig, falls man für t die Werte $t_1 = -3$, $t_2 = -1$ oder $t_3 = \frac{13}{4}$ einsetzt.

8 a) $\vec{v} = \begin{pmatrix} 5016 \\ 2524 \\ -12 \end{pmatrix}$

$|\vec{v}| = \sqrt{31\,530\,976}\,\frac{m}{h}$
$= 5615{,}245\,\frac{m}{h} \approx 5{,}62\,\frac{km}{h} = 3{,}03\,kn$

b) $P_2(10856 | 5629 | -42)$;
$P_3(15872 | 8153 | -54)$;
$P_{4,5}(23396 | 11939 | -72)$;

c) $\overrightarrow{P_0P_2} = 2 \cdot \vec{v}$; $\overrightarrow{P_0P_3} = 3 \cdot \vec{v}$; $\overrightarrow{P_0P_{4,5}} = 4{,}5 \cdot \vec{v}$

Mathematische Symbole

Mengen, Zahlen

$\mathbb{N}$	Menge der natürlichen Zahlen
$\mathbb{Z}$	Menge der ganzen Zahlen
$\mathbb{Q}$	Menge der rationalen Zahlen
$\mathbb{R}_+$	Menge der positiven reellen Zahlen einschließlich Null
$\mathbb{R} \setminus \{0\}$	Menge der reellen Zahlen ohne Null
$x \in M$	x ist Element von M
$\{x \in M \mid \ldots\}$	Menge aller x aus M, für die gilt ...
$\{a, b, c, d\}$	Menge mit den Elementen a, b, c, d
$\{\ \}$	leere Menge
$[a; b]$	abgeschlossenes Intervall, $\{x \in \mathbb{R} \mid a \leq x \leq b\}$
$]a; b[$	offenes Intervall, $\{x \in \mathbb{R} \mid a < x < b\}$
$a < b$	a kleiner b
$a \leq b$	a kleiner oder gleich b
$\|x\|$	Betrag von x
$\sqrt{x}$	Quadratwurzel aus x
$\sqrt[3]{x}$	Kubikwurzel aus x
$\sqrt[n]{x}$	n-te Wurzel aus x
b^x	Potenz b hoch x
$\sin(x)$	Sinus x
$\cos(x)$	Kosinus x
$\tan(x)$	Tangens x

Funktionen

$y = H(x)$	Heaviside-Funktion
$y = \sin(x)$	Sinusfunktion
$y = \cos(x)$	Kosinusfunktion
$y = \tan(x)$	Tangensfunktion
$x \mapsto f(x)$	Zuordnungsvorschrift der Funktion f
D_f	Definitionsbereich von f
W_f	Wertebereich von f
f'	Ableitungsfunktion von f
$f'(x_0)$	Ableitung von f an der Stelle x_0

Mathematische Symbole

Geometrie

$P(x\|y)$	Punkt mit den Koordinaten x und y
$P(x_1\|x_2\|x_3)$	Punkt mit den Koordinaten x_1, x_2 und x_3
AB	Gerade durch A und B
$\overline{AB}$	Strecke mit den Endpunkten A und B
$\|AB\|$	Länge der Strecke $\overline{AB}$
ABC	Dreieck mit den Eckpunkten A, B und C
$g \parallel h$	g parallel zu h
$g \perp h$	g orthogonal zu h
$\begin{pmatrix} v_1 \\ v_2 \\ v_3 \end{pmatrix}$	Vektor mit den Koordinaten v_1, v_2 und v_3
$\overrightarrow{OP}$	Ortsvektor des Punktes P
$\overrightarrow{PQ}$	Vektor von P nach Q
$\vec{v}$	Vektor $\vec{v}$
$-\vec{v}$	Gegenvektor von $\vec{v}$
$\vec{o}$	Nullvektor
$\|\vec{v}\|$	Länge (Betrag) des Vektors $\vec{v}$
$\vec{a} + \vec{b}$	Summe von $\vec{a}$ und $\vec{b}$
$r \cdot \vec{a}$	r-faches von $\vec{a}$

Stochastik

A	Ereignis A
$\overline{A}$	Gegenereignis zu A
$A \cap B$	Und-Ereignis von A und B
$P(E)$	Wahrscheinlichkeit für das Ereignis E
$P_B(A)$	Wahrscheinlichkeit für A unter der Bedingung B

Stichwortverzeichnis

A
Ableitung
   an einer Stelle 55, 92
   der Kosinusfunktion 86, 93
   der Kubikfunktion 77
   der Quadratfunktion 63
   der Sinusfunktion 86, 93
Ableitungsfunktion 67, 93
Ableitungsregeln
   Faktorregel 81, 93
   Potenzregel 78, 93
   Summenregel 81, 93
Abnahmerate 25
Abstand
   zweier Punkte 170, 175, 181
Achsensymmetrie 103
achsensymmetrisch zur y-Achse 103, 126
Änderungsrate
   lokale 55, 92
   mittlere 49, 92
Anfangswert 23, 44

B
Basis 9, 23, 43, 44
Baumdiagramm 134, 138, 142, 157, 158
Bayes, Thomas 146
bedingte Wahrscheinlichkeit 138, 157
   Satz von Bayes 146, 157
Bernoulli, Daniel 153
biquadratische Gleichung 107
Bogenmaß 34, 45

D
Definitionsbereich 115
Definitionslücke 16
Differenzenquotient 49, 92
Differenzierbarkeit 88
Differenzieren
   grafisches 67

Dreiecksregel 173
Durchschnittsgeschwindigkeit 56

E
Einheit des Koordinatensystems 163
Einheitskreis 32, 34, 45
elementare Summenregel 131
Ereignis 131
Ergebnismenge 130
Exponent 9, 43
Exponentialfunktion 23, 27, 44
exponentielles Wachstum 23, 45
Extrempunkte 113, 119
Extremstellen 113, 127
   hinreichendes Kriterium für 113, 127
   notwendiges Kriterium für 113, 127
Extremum
   globales 115
   lokales 115

F
Faktorregel 81, 93
fallend
   streng monoton 72, 93

G
ganzrationale Funktion 99, 126
   3. Grades 124
   Grad 99, 126
Gegenvektor 168, 181
Gesetz der großen Zahlen 130
globales Extremum 115
globales Maximum 115
globales Minimum 115
Globalverlauf 99, 119, 126
Gradmaß 34
grafisches Differenzieren 67
Graphen verschieben und strecken 38, 45

Grenzwert
   des Differenzenquotienten 55, 92
   von Sekantensteigungen 55

H
Halbwertszeit 25, 45
Heaviside, Oliver 89
Hochpunkt 67, 93, 113, 127
h-Schreibweise 63, 92
Hypotenuse 30

K
Kathete 30
knickfrei 89
Koeffizienten 99
kollinear 178, 182
Komplementärregel 131
Koordinatenachse 163
Koordinatenebene 163, 181
Koordinatensystem
   Einheit 163, 181
   im Raum 163, 181
   Ursprung 163, 181
Koordinatenursprung 181
Koordinatenzug 164
Kosinusfunktion 34, 45
Kubikfunktion 77
Kubikwurzelfunktion 15

L
Länge eines Vektors 170
Laplace-Experiment 130
Laplace-Regel 131
Leibniz, Gottfried Wilhelm 90
Linearfaktor 107
lokales Extremum 115
lokales Maximum 115
lokales Minimum 115

Stichwortverzeichnis

M

Maximum
    globales 115
    lokales 115
Minimum
    globales 115
    lokales 115
Mittelpunkt einer Strecke 180
Momentangeschwindigkeit 56
Monotonie
    streng monoton fallend 72, 93
    streng monoton wachsend 72, 93
Monotoniesatz 72

N

Newton, Isaac 90
Normale 123
Nullstellen 119
    ganzrationaler Funktionen 107, 126
    mehrfache 108
Nullvektor 168

O

Ortsvektor 168, 181

P

parallel 178
Pfadregeln 134, 157
Potenzen 9, 43
Potenzfunktion 16
    mit natürlichen Exponenten 43
    mit negativen ganzzahligen Exponenten 44
    mit rationalen Exponenten 44
Potenzgesetze 12, 43
potenzielles Wachstum 18
Potenzregel 78, 93
Projektion 166
Punkt mit extremaler Steigung 125

Punktsymmetrie 103
punktsymmetrisch zum Koordinatenursprung 103, 126

Q

Quadratfunktion 63
Quadratwurzelfunktion 15

R

Randextremum 115
Rechtssystem 163

S

Sattelpunkt 67, 93
Satz von Bayes 146, 157
Schrägbild 164
Sekante 49
senkrechte Tangente 88
Simulation 154
Sinusfunktion 34, 45
    Ableitung 93
Spiegelung 166
Spitze 88
Sprungstelle 88
Steigung
    der Sekante 92
    des Graphen 92
    eines Graphen 55
stochastische Unabhängigkeit 138, 157
Summenregel 81, 93
Symmetrie 119, 125, 126
    Achsensymmetrie 103
    Punktsymmetrie 103

T

Tangente 55, 92
Tiefpunkt 67, 93, 113, 127
Tupel 134

U

Untersuchung von ganzrationalen Funktionen 119
Ursprung 163, 181

V

Vektor 168, 181
    Addition 173, 182
    Differenz 173
    Länge 170, 181
    Pfeil 168
    Subtraktion 173, 182
    Summe 173
    vervielfachen 178, 182
Verbindungsvektor 173
Verdopplungszeit 25, 45
Vierfeldertafeln 142, 158
Vorzeichenwechsel-Kriterium 113, 127

W

wachsend
    streng monoton 72, 93
Wachstum
    exponentielles 23, 45
    kubisches 18
    potenzielles 18
    quadratisches 18
Wachstumsfaktor 44
Wahrscheinlichkeit 130
    bedingte 138, 157
Wahrscheinlichkeitsverteilung 150, 158
Wurzelgesetze 14

Z

zu erwartender Mittelwert 150, 158
Zufallsexperiment 130
    mehrstufiges 134
Zufallszahlen 155
Zuwachsrate 25

Bildquellenverzeichnis

|alamy images, Abingdon/Oxfordshire: GL Archive 90.2; Kiyoshi Takahase Segundo 167.1. |Bridgeman Images, Berlin: 90.1. |Colourbox.com, Odense: Hoffmann, Oliver 84.1. |ddp images GmbH, Hamburg: 147.1. |Druwe & Polastri, Cremlingen/Weddel: 123.1, 130.3, 162.1. |Fabian, Michael, Hannover: 130.2, 132.1, 132.2, 132.3, 132.4, 132.5. |fotolia.com, New York: DOC RABE Media 143.1; Faust, Michael 56.1; flytime 96.1; Schumann, Erik 152.1; Thomas Otto 68.1; Wolfilser 21.2. |Imago, Berlin: biky 65.1. |iStockphoto.com, Calgary: baibaz 156.1, 156.2; Bosca78 Titel; duncan1890 153.2; ra-photos 147.2; RobertCrum 148.1; sportpoint 3.2, 47.1; ViewApart 141.2. |juniors@wildlife Bildagentur GmbH, Hamburg: 53.1. |mauritius images GmbH, Mittenwald: Hänel, Karl-Heinz 42.1; ib/Kuttig, Siegfried 94.1; Photo Researchers 89.1; Spöttel, Bernhard 118.1; Warburton-Lee, John 146.1. |Minkus Images Fotodesignagentur, Isernhagen: 135.1. |OKAPIA KG - Michael Grzimek & Co., Frankfurt/M.: Kage, Manfred P. 8.1; NAS/Scimat 8.2; NAS/Westmorland, F. Stuart 183.1. |PantherMedia GmbH (panthermedia.net), München: benq44444 52.1. |Picture-Alliance GmbH, Frankfurt/M.: dpa/Becker, Marius 95.1; Koller, Pius 74.1. |Shutterstock.com, New York: 06photo 63.1; carballo 21.1; CreativeNature R.Zwerver 20.1; Everett Historica 53.2; Frazao, Filipe 153.1; Haylan, Edward 177.1; Novikov, Sergey 151.1; ThamKC 27.1; Vrublevski, Denis 139.1; Zapp2Photo 5.1, 161.1. |stock.adobe.com, Dublin: acrogame 153.3; Amarinj 172.1; Anton 152.2; Aufwind-Luftbilder 3.1, 7.1; Chan, Richie 31.2; Cherry-Merry 137.1; Chizek, Bill 31.1; Engelke, Peter 120.1; EVERST 57.1; eyetronic 4.2, 129.1; Fukume 82.1; goldencow_images 58.1; helivideo 54.2; Kaminer, Mattis 54.1; kirov1969 106.1; Kröger, Bernd 30.1; metr1c 101.1; Monkey Business 137.2; MP2 47.2; nerthuz 141.1; pyty 175.1; rcfotostock 48.2; Sanders, Gina 71.1; Schultes, Jeff 128.1; settawat 133.1; StarJumper 98.1; steuccio79 110.1; sushytska 4.1, 97.1; travelview 115.1; ykordik 112.1. |Trägerverein Wasserturm e.V., Lüneburg: StadtALg_P_17-L-42 84.2. |Warmuth, Torsten, Berlin: 48.1, 130.1.

Wir arbeiten sehr sorgfältig daran, für alle verwendeten Abbildungen die Rechteinhaberinnen und Rechteinhaber zu ermitteln. Sollte uns dies im Einzelfall nicht vollständig gelungen sein, werden berechtigte Ansprüche selbstverständlich im Rahmen der üblichen Vereinbarungen abgegolten.